Wilhelm Nerl · Das große Gamsbuch – Lebensweise, Hege und Jagd

Wilhelm Nerl

Das große Gamsbuch

Lebensweise, Hege und Jagd

Vorwort von Dr. Hans Eisenmann
Bayerischer Staatsminister für Ernährung,
Landwirtschaft und Forsten

WLV

W. Ludwig Verlag

Sonderausgabe 1985

ISBN 3-7787-2031-7

Satz und Druck: Ilmgaudruckerei Pfaffenhofen
Printed in Germany

Printed in Germany
Zeichnung im Text vom Verfasser

Zum Geleit

Die zunehmende Besiedelung der Gebirgstäler und die wachsende Zahl Erholungssuchender in den Alpen haben bewirkt, daß das Gamswild aus äsungsreicheren Lagen hinauf in die Matten- und Felsregion ausweicht. Den dort herrschenden rauhen Umweltbedingungen konnten sich nur wenige Tierarten auf Dauer anpassen. Wie die Berge gehört dieses Wild seit jeher zum Erlebnisbereich der einheimischen Bevölkerung und spielt in Sage und Brauchtum eine Rolle. Die Begegnung mit einem Gamsrudel ist für jeden Bergsteiger ein Erlebnis.

Was aber wissen die meisten von uns wirklich über die Lebensweise und die Bedürfnisse dieses Wildes? Das vorliegende Buch von Forstdirektor Wilhelm Nerl gibt auf diese Fragen Antworten. Es gibt einen umfassenden Einblick in Lebensraum und Lebensweise der Tiere, behandelt biologische Fragen, Hege und Bejagung und führt zu einem vertieften Verständnis der uns umgebenden Natur. Auch der Fachmann kann viel Neues und Interessantes von einem sachkundigen Forstmann und Jäger erfahren, der mit Herz und Verstand dieses Hochgebirgswild beobachtet und studiert hat.

Dr. Hans Eisenmann

I.
Naturgeschichte des Gamswildes

Cato der Ältere berichtet von „wilden Ziegen", die in Italien in den etrurischen Bergen vorkamen und von den Römern bejagt wurden. Er nennt sie Caprae ferae (d.i. „wilde Ziegen") und meint damit die Gemsen. In diesem Gebiet kommt auch heute noch Gamswild vor. Plinius der Ältere beschreibt ebenfalls diese „wilden Ziegen" und empfiehlt eine Mischung aus deren Fett und Milch als Heilmittel gegen die Schwindsucht. Albertus Magnus, der „Magus des Nordens", erwähnt in seinem Werk „de animalibus" die „Gemezen" und weist darauf hin, daß deren Hörner nicht zum Kämpfen, sondern nur zum Klettern dienen würden. Sie wären deshalb nach vorne gebogen. Albertus Magnus scheint nie eine Gemse gesehen zu haben; er dürfte das Opfer eines unzuverlässigen Berichterstatters oder gar des schon damals üblichen Jägerlateins geworden sein.

Heute sind in der Schriftsprache die Bezeichnungen Gemse, Gams und Gamswild üblich. Je nach ihrem Einstand spricht man auch von Waldgams und Gratgams, von Laubböcken, die in den Grünerlen stehen und von Latschenböcken, die in den Latschenfeldern ihren Einstand gewählt haben.

Es sind dies Bezeichnungen, die sich bei den Jägern herausgebildet haben, je nach dem Einstand, den bestimmte Rudel bevorzugen oder auch Kennzeichnungen des Revierteiles, in dem das Gamswild sich aufhält.

Da dieses aber dauernd, je nach der Jahreszeit, seinen Einstand wechselt, kann ein Gamsbock, der in der heißen Jahreszeit in einer Grünerlendickung steht, bei Einbruch kühler regnerischer Witterung auf der Sonnenseite, in der Felsregion, anzutreffen sein.

Auch Sommer- und Brunfteinstand sind oft weit voneinander entfernt.

Der zoologische Name des Gamswildes lautet Rupicapra rupicapra. Es bildet zusammen mit dem Goral und dem Serau, die beide in Zentral- und Ostasien vorkommen, und der Schneeziege, die in den Gebirgen Nordamerikas ihre Heimat hat, die Familie der „gemsenartigen Tiere" (Rupicaprinae). Sie sind Paarhufer und Wiederkäuer.

In vorgeschichtlicher Zeit war das Gamswild über ganz Mitteleuropa verbreitet, wie dies fossile Funde beweisen. Heute ist sein Vorkommen zurückgegangen, fast inselartig geworden.

Das Gamswild fehlt in Belgien, England, Holland und Skandinavien sowie auf den beiden amerikanischen Kontinenten und in Afrika.

Der zahlenmäßig höchste Bestand an Gamswild findet sich in den österreichischen Alpen, aber auch in ihrem übrigen Teil kommt es vor: in Deutschland (Bayern), Schweiz, Frankreich, Italien, Liechtenstein und Jugoslawien. Ferner gibt es Gams außerhalb des Alpenraumes in folgenden europäischen Ländern: in Spanien

(Pyrenäen), in Frankreich (französischer Jura), in Griechenland (Pindus), in Spanien (Cantabrische Berge), in Italien (Apenninen), in Jugoslawien (Karst), in Polen (Tatra), in Bulgarien (Rhodopengebirge und Balkangebirge), in Rumänien (transsylvanische Alpen und Karpaten), in der Türkei (Pontisches Gebirge, Taurus und Antitaurus).

Wiedereinbürgerungen sind in den letzten Jahren im Schwarzwald und in den Vogesen vorgenommen worden. Kleine Gamsvorkommen bestehen im Altvatergebirge und im Elbsandsteingebirge. Zu Beginn dieses Jahrhunderts wurde Gamswild nach Neuseeland gebracht. Es hat sich dort so stark vermehrt, daß heute seine Verminderung zur Verhinderung von größeren Erosionen notwendig geworden ist. Der damals zur Einbürgerung ausgewählte Mount Cook neigt zu Erosion und ist außerdem für die Schafweide freigegeben.

Nach ihrem Vorkommen werden in Anlehnung an die Arbeiten von Haltenorth und Trense beim Gamswild acht Unterarten ausgeschieden:

Name:	Verbreitungsgebiet:
Alpengams	Alpen, Karawanken, Vogesen, Schwarzwald
Pyrenäengams	Pyrenäen
Cantabrischer Gams	Cantabrische Berge (Spanien)
Abruzzengams	Apennin und Abruzzen
Balkangams	Jugoslawien, Albanien, Griechenland
Französischer Gams	Chartreuse Massiv in den französischen Alpen
Karpatengams	Transsylvanische Alpen
Kleinasiatische Gams	Taurus, Antitaurus, Pontisches Gebirge
Kaukasusgams	Kaukasus

Die einzelnen Arten unterscheiden sich kaum voneinander. Das vorliegende Buch beschränkt sich im wesentlichen auf das Gamswild in den Alpen.

Beschreibung

Das Gamswild ist wesentlich stärker als das Rehwild. Wir beschreiben das Reh als schlank und zierlich, den Gams als kräftig und gedrungen. Das Feistgewicht eines ausgewachsenen Gamsbocks, aufgebrochen und ohne Haupt, beträgt in der Feistzeit, Mitte Oktober, im Durchschnitt 25 Kilogramm. In der Brunft, in der der Bock kaum Äsung aufnimmt und dauernd in Bewegung ist, kann er bis zu 5 Kilogramm an Feist und Wildbret verlieren. Seine Körperhöhe beträgt 70-80 cm, die Länge, gemessen vom Stich bis zum Wedelansatz 90-110 cm. Das Gewicht der Geiß liegt im Durchschnitt etwa 10 Prozent unter dem des Bockes. Ihre Figur wirkt weniger gedrungen.

Das Haarkleid

Die Decke des Gamswildes ist im Sommer rotbraun, fast rehfarbig, im Winter schwarzbraun bis schwarz. Die Böcke sind dunkler als die Geißen. Entlang des Rückgrates findet sich bei Bock, Geiß und Kitz ein dunkler Streifen („Aalstrich"). Von den Lichtern zieht sich gegen den Äser ein schwarzbraunes Band, der sogenannte Zügel. Bei jüngeren Tieren (Bock und Geiß) ist er scharf gegen die Stirnblesse abgegrenzt, bei alten Stücken ist diese Grenze verschwommen und der Zügel wird grau. Er gilt als Merkmal zum Ansprechen des Alters. Alte Böcke zeigen in ihrer Behaarung nicht mehr das dunkle Schwarz, das die 5- bis 7jährigen Böcke im Winterkleid besitzen.

Die Behaarung des Gamswildes besteht aus den Wollhaaren und den Deckhaaren. Die Wollhaare sind Unterhaare, die im Winter einen guten Wärmeschutz liefern.

Die Deckhaare zerfallen in die Grannenhaare und die Leithaare. Die Grannenhaare sind die normale Behaarung, die die Wollhaare überdeckt, die Leithaare wachsen nur entlang der Wirbelsäule. Aus diesen Haaren, deren Wachstum bereits im Frühjahr beginnt, wird der Gamsbart gebunden. Die Leithaare des Gamsbartes sind in ihrer ganzen Ausdehnung leicht gewellt. Die Spitze ist weiß bis gelblichweiß, man nennt sie „Reif". Der Gamsbart ist umso wertvoller, je weißer der Reif und je dunkler das Haar. Nach unten gegen die Haarwurzel wird das Haar heller, fast mausgrau. Es gibt aber auch blinde Haare, das sind solche, die keinen Reif besitzen.

Am Träger sind die Barthaare steif und kurz, gegen die Schulter zu werden sie länger, die besten und längsten Haare finden sich am Rückgrat bei den Schlegeln. Dort können sie eine Länge bis zu 23 cm erreichen. Ende Dezember bis Anfang Januar ist der Bart ausgewachsen; dann beginnt er „fuchsig" zu werden und auszufallen. – Die weiße Spitze, die leicht gedreht ist, entsteht durch das Aussetzen der Pigmentierung. In den Kalkalpen haben die Böcke meist bessere Bärte als im Urgestein. Gamsböcke aus waldreichen Revieren haben mehr Barthaare als Böcke aus felsigen Einständen. Die 4- bis 6jährigen Böcke besitzen in der Regel die besten Bärte.

Keinen Reif haben die Leithaare der Kohlgams. Die Kohlgams sind eine Mutation: Mit Ausnahme der weißen Blesse auf der Stirn und den Haaren in den Lauschern ist ein Kohlgams vollkommen schwarz. In den Kalkalpen kommen Kohlgams sehr selten vor, dagegen sind sie im Gasteiner Tal, im Raum Großarl, verhältnismäßig häufig. Da die Barthaare der Kohlgams keinen Reif besitzen, glauben manche Jäger für eine Ausrottung sprechen zu dürfen. Dies ist bestimmt falsch, da der Kohlgams ein Spiel der Natur darstellt, das zu zerstören der Jäger nicht berechtigt ist. Krucke und Bart sind menschliche Wertmaßstäbe, die für die Erhaltung der Art keine Bedeutung haben. Hinsichtlich der Anfälligkeit gegenüber der Gamsräude unterscheiden sich die Kohlgams nicht vom gewöhnlichen Gams.

Das Haarkleid ist ein guter Weiser für den Gesundheitszustand aller Schalenwildarten. Je schneller ein Gams verfärbt und je glänzender und straffer sein Haar, desto gesünder ist er. Spät verhärende Tiere sind meist krank (Parasiten des Magentraktes und des Lungensystems oder beginnende Räude). Solche Tiere wären bevorzugt aus der Wildbahn zu nehmen.

Mit Ausnahme der Leithaare, die nicht gewechselt werden, verhärt der Gams zweimal im Jahr: Vom Winter zum Sommer und vom Sommer zum Winter. Die zweite Verhärung fällt in die Schußzeit. Sie sollte ausgenützt werden, um spätverhärende Stücke abzuschießen, da diese irgendwie geschwächt sind. Ganz weiße Gams (Albinos) sind selten, häufiger finden sich Teilalbinos, die an den Läufen weiße Stellen zeigen. Über solche Stücke hält der Aberglaube der Jäger seine Hand: Man sagt, daß der Erleger eines weißen Gams innerhalb von Jahresfrist sterben müsse. Als Beispiel wird der österreichische Thronfolger, Franz Ferdinand, angeführt, bei dem sich dies bewahrheitet hat. Beim Gamsriegeln kam ihm ein weißer Gams vor den Lauf. Der begleitende Jäger fühlte sich verpflichtet, ihn von dem herrschenden Aberglauben zu unterrichten. Trotzdem schoß der Thronfolger und traf. Seine Gemahlin, die neben ihm auf dem Stand saß und stickte, fragte ihn, warum er trotzdem geschossen habe. Seine Antwort war, „ach, sterben müssen wir alle". Noch ehe das Jahr um war, wurden der Erzherzog und seine Frau in Sarajevo ermordet.

Das Gebiß

Zahnformel des ausgewachsenen Tieres

3	3	0	0	3	3
3	3	4	4	3	3
M	P	I	I	P	M

I = incisivi = Schneidezähne
P = Praemolares = Vordere Mahlzähne
M = Molares = Hintere Mahlzähne

Bereits in der dritten Lebenswoche beginnt im Unterkiefer die Bildung der Schneidezähne, etwas später entwickeln sich die vorderen Backenzähne. In der untenstehenden Tabelle ist die Entwicklung des Gebisses dargestellt: die Milchzähne, die gewechselt werden, sind durch arabische, die bleibenden Zähne durch römische Ziffern gekennzeichnet.

Im Alter von 18 Monaten besteht das Gebiß aus 6 Milchschneidezähnen, 2 Dauerschneidezähnen, 6 Milchbackenzähnen und 4 Dauerbackenzähnen. Im 28. Monat wechselt der Gams im Unterkiefer den dritten Schneidezahn und bekommt den dritten und sechsten Backenzahn.

Die Ausbildung des Gebisses ist im Alter von 48 Monaten beendet. Es besteht dann wie bei allen Wiederkäuern aus 32 Zähnen.

Schema der Entwicklung des Gebisses

Das Gamswild besitzt im Oberkiefer keine Schneidezähne.

Oberkiefer	Lebensmonat	Prämolaren				Molaren	
	2	1	2	3			
	4	1	2	3			
	6-14	1	2	3		IV	
	16	1	2	3		IV	
	18-26	1	2	3	IV	V	
	28	1	2	3	IV	V	
	30	I	II	III	IV	V	VI
	32-38	I	II	III	IV	V	VI
	40-48	I	II	III	IV	V	VI

Unterkiefer	Lebensmonat	Schneidezähne				Prämolaren				Molaren	
	4	1	2	3	4	1	2	3			
	6-14	1	2	3	4	1	2	3	IV		
	16	1	2	3	IV	1	2	3	IV		
	18-26	1	2	3	IV	1	2	3	IV	V	
	28	1	2	III	IV	1	2	III	IV	V	VI
	30	1	2	III	IV	1	II	III	IV	V	VI
	32-38	1	II	III	IV	I	II	III	IV	V	VI
	40-48	I	II	III	IV	I	II	III	IV	V	VI

In der obenstehenden Tabelle ist nur eine Kieferhälfte dargestellt.

Geruch – Gesicht – Gehör

Am besten ausgebildet ist beim Gamswild der Geruchssinn; schon auf weite Entfernungen ist es in der Lage, den Menschen zu wittern und dann zu flüchten.

Etwas weniger gut ist sein Gesichtssinn. Liegende und in Ruhe befindliche Personen erkennt das Gamswild nicht, einen sich bewegenden aufrecht gehenden Menschen jedoch sofort. Es beginnt zu pfeifen und mit dem Vorderlauf zu stampfen. In diesem Falle sollte der Jäger möglichst rasch sich in einer Deckung unsichtbar machen. Man schreibt dem Gamswild nicht ganz zu Unrecht eine gewisse Neugierde zu. Dies bestätigt auch seine Auswahl der Ruheplätze („Betten"), die sich meist an Felsvorsprüngen oder Steilabbrüchen befinden, also an Stellen, die eine gute Aussicht auf das tieferliegende Gelände gewähren. Das Auge des Gams ist verhältnismäßig groß. Die quergestellte Pupille kann sich rasch verengen und erweitern, um sich den im Gebirge stark wechselnden Lichtverhältnissen anzupassen. Es ist dies auch eine Schutzmaßnahme gegen grelles Licht auf sonnenbeschienenen Schneefeldern.

Überdurchschnittlich entwickelt ist das Gehör. Regelmäßig sich wiederholende Geräusche, wie sie beim Pirschen im Harsch entstehen, oder gar das Anstoßen der Eisenzwinge des Bergstockes an einen Stein („Gamsglockenläuten") bringen den Gams zum Abspringen. Ein einzelnes Stück flüchtet nicht ohne ein paar Mal zu verhoffen um nach der Störung umzuschauen. „Haberlmachen" nennt der Jäger diese gefährliche Gewohnheit, die schon vielen Gamsböcken den Tod gebracht hat. Ein „Haberl" reicht nämlich bei einem gewandten Schützen für einen gezielten Schuß aus.

Die Brunftfeigen

Die Brunftfeigen sind Drüsen, die in der Brunft stark anschwellen und ein im Geruch an Moschus erinnerndes Sekret absondern. Sie befinden sich am Haupt hinter den Stirnzapfen. Beide Geschlechter haben diese Drüsen. Im Sommer sind sie kaum sichtbar. Die Gamsböcke pflegen, ähnlich den Rehböcken, ihren Einstand mit Duftmarken zu versehen, indem sie Äste und Büsche mit den Krucken und den Drüsen bearbeiten.

Das Gehirn

Das Gamsgehirn enthält von allen Tiergehirnen am meisten Phosphor. Überdurchschnittliche „Intelligenz" (?) besitzt das Gamswild deshalb jedoch nicht.

Das Gesäuge

Die Gamsgeiß hat, wie auch die Rehgeiß, vier Zitzen am Gesäuge. Das Kitz trinkt bis Ende Dezember – Anfang Januar die mütterliche Nahrung. Erst im Alter von sechs Monaten beginnt es wiederzukäuen.

Der Wedel

Der Wedel ist etwas breiter als der Wedel der Ziege und 8-9 cm lang. Ist ein Gams beunruhigt oder erregt, dann streckt es den Wedel waagrecht aus und stellt die Rückenhaare auf.

Der Magen

Das Gamswild hat, wie alle Wiederkäuer, einen viergeteilten Magen. Es ist in der Lage, in verhältnismäßig kurzer Zeit viel Nahrung aufzunehmen und diese im Pansen zu speichern. Von dort kommt die Nahrung in den Netzmagen, wo die Vorverdauung beginnt. Ist der Pansen gefüllt, so beginnt das Wiederkäuen. Die im Netzmagen vorverdaute Nahrung wird durch Aufstoßen nochmals in den Äser gebracht und gründlich gekaut. Nach dieser Zerkleinerung wandert die Nahrung in den Blättermagen und von da in den Labmagen. Dort findet die weitere Aufschließung statt. Die Aufnahme der verdauten Nahrung in den tierischen Organismus erfolgt im Gescheide.

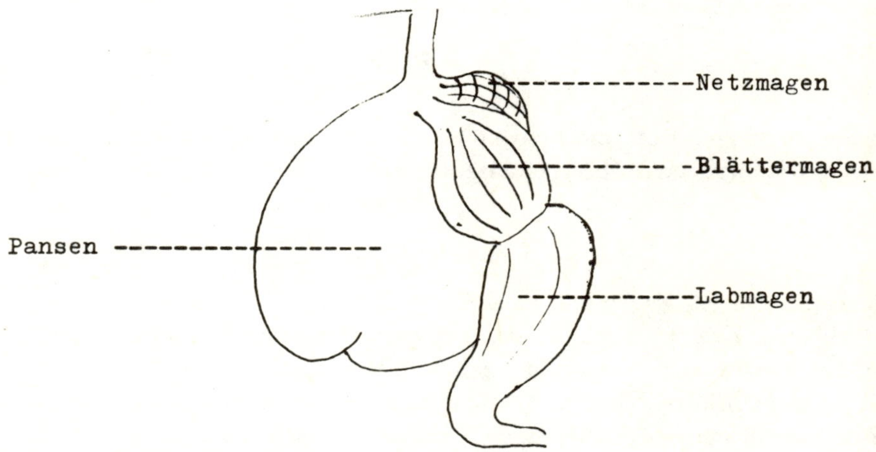

Schema des viergeteilten Wiederkäuermagens

Als eine Abnormität des Verdauungstrakts kann man die Bezoarsteine bezeichnen, die mitunter im Pansen vorkommen. Sie heißen auch Gamskugeln und gelten in der Heilkunde des Volkes als wertvolles Heilmittel. Fein geschabt, im Schnaps getrunken, sollen sie auf ältere Jäger verjüngend wirken!? Diese Gamskugeln bestehen aus Harz und Pflanzenfasern. Sie sind rund oder oval.

Gamskugeln, auch Bezoarsteine genannt
(aus der Damographia des Adam Lebenwaldt, 1694)

Galle

Im Gegensatz zum Rot- und Rehwild besitzt das Gamswild eine Gallenblase, die möglichst sofort beim Aufbrechen ausgeschärft werden soll. Sie befindet sich an der Leber.

Lautäußerungen

Meckern, blädern, klagen und pfeifen.

Geiß und Kitz verständigen sich gegenseitig durch eine Lautäußerung, die entfernt an das Meckern einer Ziege erinnert. Häufig zu hören ist das Meckern bei Kitzen und Jahrlingen, die den Anschluß an das Rudel verloren haben. Man sollte deshalb vermeiden, ein Stück „aus dem Rudel" zu schießen, um den Jungtieren das Gefühl des Verlassenseins zu ersparen.

Jüngerer Gamsbock im Frühjahr: das braune Lahnergras bildet eine wenig nahrhafte, aber zur Not ausreichende Äsung. Der helle Fleck am Schlegel ist ein Zeichen der Jugend. (A)

Vierjähriger Gamsbock; da das Haupthöhenwachstum im zweiten und dritten Jahr stattfindet, wird diese Krucke immer niedrig bleiben. (H)

6–7jähriger Gamsbock mit gut sichtbaren Pinselhaaren. An der Krucke sind Pechringe einwandfrei zu sehen. (P)

Die ein- bis dreijährigen Böcke bilden kleine Rudel, die sich ohne Einhaltung von Wechseln im Revier herumtreiben. (H)

Jüngerer Bock im Winterkleid. Der helle Keulenfleck, ein Zeichen der Jugend, ist deutlich erkennbar. (A)

Das Blädern ist eine Lautäußerung, die nur bei den Böcken in der Brunftzeit zu beobachten ist. Der Bock blädert, wenn er nach der Geiß sucht, indem er die Luft aus dem fest geschlossenen Äser preßt. Dieses Geräusch ist leicht nachzuahmen, man kann mitunter damit einen Bock zum Zustehen bringen.

Das Klagen des Gamswildes ist ein lautes Blöken, ein Angst- und Schmerzlaut. Böcke, die von einem stärkeren Gegner verfolgt werden, klagen. Sie klagen verstärkt, wenn sie, in die Enge getrieben, gehakelt werden. Dieses Klagen finden wir bei Bock und Geiß.

Bei einem plötzlichen Zusammentreffen mit dem Menschen, den der Gams nicht erkennt, solange er sich ruhig verhält, pfeifen Bock und Geiß. Das Pfeifen wird meist von einem Stampfen mit den Vorderläufen begleitet und löst beim Rudel sofort Unruhe aus.

Das Pfeifen wird durch Ausstoßen der Luft durch die Nasenlöcher hervorgerufen.

Die Losung

Die Gamslosung ist etwas größer als die Losung des Rehwildes. Man kann an der Größe der Bohnen stärkere und schwächere Stücke unterscheiden. Auch je nach der Jahreszeit ändert sich die äußere Form und das Aussehen der Losung. Im Frühjahr ist die Losung infolge der saftigen Äsung häufig breiig, im Sommer sind die Bohnen zu Trauben zusammengepreßt und glänzend. Sie haben dann große Ähnlichkeit mit der Losung von Schafen. Die Winterlosung ist trocken, selten hängen mehrere Bohnen zusammen.

Läufe und Schalen

Dem Felsgelände, dem eigentlichen Lebensraum des Gamswildes angepaßt, sind die Läufe kräftig und die Schalen hart. Sie unterliegen einer dauernden Abnutzung. Schalenentartungen entstehen, wenn das Tier in einen ungeeigneten Lebensraum, z. B. in das Gehege eines zoologischen Gartens versetzt wird, in dem der Boden zu weich ist. Wir unterscheiden die normalen Schalen und die Afterklauen, auch Geäfter genannt. Die Schalen sind immer etwas gespreizt, weniger, wenn das Tier langsam zieht, mehr beim raschen Bergabflüchten, am stärksten beim Bergrutschen im Schnee. In diesem Falle werden auch die Afterklauen eingesetzt.

Die Stärke der Schalen gibt auch einen Hinweis auf die Stärke des Tieres. Die Geiß hat schwächere Schalen als der Bock. Bei älteren Tieren sind die Afterklauen stark abgenutzt, „ausgefranst". In der Geschwindigkeit und Sicherheit des Kletterns kann sich der Mensch nicht mit dem Gamswild messen! Ein Gams nimmt eine Felswand, für deren Durchkletterung der Mensch Stunden benötigen würde, in wenigen Minuten. Mit den harten Schalen kann ein Gams sich auch auf schmalen Leisten und abschüssigen Platten halten. Auf unsicheren wackeligen Stellen verweilt er nur Bruchteile von Sekunden, um sich sofort wieder abzuschnellen.

Fluchten mit einer Weite von 5-6 Meter sind häufig. Sehr selten stürzt ein Gams ab. Auch in diesem Falle zeigt sich seine Gelenkigkeit. Ein stürzender Gams dreht sich im Fallen wie eine Katze und kommt fast immer zuerst mit den Läufen am Boden an. Das Gamswild klettert besser bergauf als bergab. Ist es nicht beunruhigt, dann zieht es abwärts in Serpentinen. Vom Hunde gehetzt ist es aber auch in der Lage, steile Rinnen nahezu senkrecht zu nehmen. Längere Hetzen erschöpfen den Gams, so daß er den Lecker heraushängen läßt.

Die Gefahren von Steinschlag und Lawinen kennen die Gams. Sie meiden im allgemeinen Lawinenhänge, mitunter scheinen sie die Beschaffenheit des Schnees durch Schlagen mit den Läufen zu untersuchen.

Schwimmen

Erstaunlich ist die Leistung des Gamswildes im Wasser. Seen und Flüsse werden ohne Schwierigkeiten überwunden, wenn ein Tier sich verfolgt fühlt. Ohne einen gewissen Zwang geht ein gesunder Gams nicht ins Wasser.

Tiere, die von der Gamsräude befallen sind, suchen die kühlende Nähe des Wassers auf oder gehen sogar ins Wasser. Im Königssee wurde schon wiederholt räudebefallenes Gamswild erlegt.

Auffallend ist die wasserabstoßende Wirkung des Haarkleides. Ein Gams, der einen Fluß durchronnen hat, braucht sich nur ein paar Mal zu schütteln, um wieder trocken zu sein.

Das Gamswild hat nicht das Bedürfnis zu suhlen, wie das Rotwild.

Wachsamkeit

Es ist nicht richtig – wie früher angenommen wurde – daß bei einem Rudel bestimmte Stücke immer die Rolle einer „Wachgemse“ übernehmen, die bei Gefahr das Rudel durch Pfeifen warnen müßte.

Bei jedem größeren Rudel gibt es einige ältere Geißen, die beim Ziehen von einem Äsungsplatz zum anderen oder von der Schattseite zur Sonnseite das Rudel anführen. Ältere Stücke sind immer vorsichtiger als jüngere. Sie nehmen eine Gefahr auch zuerst wahr. Beim Flüchtigwerden eines alten Stückes schließen sich die jüngeren diesem sofort an. So entsteht der Eindruck, dieses Stück hätte als „Wachposten“ das Rudel gewarnt.

Das Gamswild bevorzugt, wie auch das Rotwild, den Rudelverband. Eine Ausnahme bilden ältere Böcke, die allein stehen oder in Gruppen zu zwei oder drei die Feistzeit verbringen. Ab Mitte Oktober verlassen sie den Sommereinstand und stellen sich in der Nähe eines Rudels ein.

Das Alter des Gamswildes

In der freien Wildbahn kann das Gamswild ein Alter bis zu zwanzig Jahren erreichen. Die älteste bekannte Gamskrucke zeigt ein Alter von 23 Jahren. Grundsätzlich darf man feststellen, daß die Geißen ein höheres Alter erreichen als die Böcke, die selten 16 Jahre erreichen.

Die vorgenannten Zahlen müssen jedoch als Ausnahmen gelten. Im allgemeinen liegt die physische Altersgrenze beim Bock etwa zwischen 14 und 16 Jahren, bei der Geiß zwischen 16 und 20 Jahren. Je nach den Revierverhältnissen erreichen aber nur sehr wenige Stücke diese Altersstufen.

Die Lebensverhältnisse im Gamsgebirg sind zu hart und vor allem die Winter zu lang, als daß der tierische Organismus diese Beanspruchungen zwanzig Jahre lang durchhalten könnte. Unter einem frühen Wintereinbruch leiden besonders die Böcke, die, geschwächt durch die Brunft, ihre Verluste an Wildbret und Feist nicht mehr ausgleichen können und dann im Spätwinter an Entkräftung eingehen.

Bei den Geißen treten in höherem Alter oft Erkrankungen der Eierstöcke auf, die entweder ein Verwerfen oder ein Nichtmehraufnehmen zur Folge haben. Die Kitze alter Geißen sind meist schwach. An den Krucken von sehr alten Geißen wird man beobachten, daß von einem gewissen Alter ab, häufig die Jahrringe breiter werden und daß die neue Breite bis zum Lebensende beibehalten wird. Von diesem Zeitpunkt an hat die Geiß nicht mehr aufgenommen. Die für das Werden des Nachwuchses bestimmten Reserven kamen teilweise der Entwicklung der Trophäe zugute.

Die Erlegung von Gamsgeißen über 12 Jahren bedeutet für den gamsgerechten Jäger eine gewisse Genugtuung, da sie eine echte Hegemaßnahme darstellt.

Es möchte jedoch unentschieden bleiben, ob das langsame Hinüberdämmern oder der Schuß des Jägers, die für das Tier angenehmere Todesart ist.

Lokalrassen

Wie bei allen Wildarten gibt es auch beim Gamswild gewisse Lokalrassen, die sich geringfügig voneinander unterscheiden. So sind die Krucken der Böcke aus den östlichen Ländern wesentlich stärker, als die Krucken der Gams in den Alpen. Auch die Wildbretgewichte sind höher. Der Weltrekordgams stammt aus Rumänien. Stark und hoch sind auch die Krucken der österreichischen Gams aus der Gegend südlich von Klagenfurt (Loiblpaß). Auch auf kleinem Raum bilden sich oft gewisse

Unterschiede heraus. Als Beispiel darf der Watzmannstock bei Berchtesgaden genannt werden: Die dort vorkommende Lokalrasse zeichnet sich durch starke niedere Krucken aus. Der Ausdruck „Watzmannbummerl“ ist für diese Böcke allgemein im Gebrauch. Im benachbarten Lattengebirge besaßen vor etwa 80 Jahren die Gams außergewöhnlich hohe Krucken, derentwegen Prinz Leopold, ein Angehöriger des bayerischen Königshauses, dieses Revier pachtete. Prinz Leopold war aber nicht nur ein passionierter Jäger, sondern auch ein hervorragender Kugelschütze auf flüchtiges Wild. Bei den damals üblichen „Rieglern“ pflegte er immer die besten Kruckenträger auszuwählen, ohne auf deren Alter Rücksicht zu nehmen. Nachdem diese Art des Jagens jahrzehntelang betrieben wurde, sind heute Gamskrucken von überdurchschnittlicher Höhe auch im Lattengebirge kaum mehr zu erbeuten. Vielleicht wäre es möglich, in längerer Zeit durch Verdrängungs-„zucht“ wieder die früheren Kruckenhöhen zu erreichen.

Auch bezüglich der Lebenserwartung bestehen zwischen verschiedenen Standorten erhebliche Unterschiede, die auf äußere Ursachen (Äsung, Winterdauer und Äsungskonkurrenz durch Schafe) zurückzuführen sein können.

Blutauffrischung

Von „Blutauffrischungen“ beim Gamswild, die eine Verbesserung der Trophäengüte bezwecken sollen, möchte eindringlichst abgeraten werden. Derartige Maßnahmen könnten überhaupt nur Erfolg haben, wenn sie mit einer größeren Zahl männlicher und weiblicher Tiere durchgeführt werden. Vorher müßte aber der bodenständige Bestand fast ausgerottet sein, damit die neu zugeführte Rasse sich überhaupt durchsetzen kann. Der Jäger sollte eigentlich mit den seinem Revier gemäßen Wildbretgewichten und Trophäen zufrieden sein und sich an der erheblichen Vielfalt der Krucken erfreuen. Der Laie findet, daß alle Gamskrucken fast gleich aussehen, der Jäger erkennt doch recht wesentliche Unterschiede der Höhe, der Stärke und der Auslage nach.

Wichtiger als die Krucke ist die Gesundheit des Gamsbestandes. Die einseitige Überschätzung der Krucke und des Bartes sind keine Grundsätze für eine sinnvolle Gamshege!

Äsungswahl und Verdauungsvorgänge im Pansen des Gamswildes

(Dr. Dr. habil Drescher-Kaden)

Das Gamswild benötigt wie alle Tiere, zu seiner Erhaltung, Bewegung und Fortpflanzung eine bestimmte Nährstoffmenge, die vom natürlichen Äsungsangebot gedeckt werden muß.

Von der Vegetationsmenge eines Lebensraumes ist für das Gamswild nur ein bestimmter, jahreszeitlich wechselnder Anteil erreichbar, aus dem die Tiere ihre Äsung auswählen.

Die Äsungswahl ist von vielen Faktoren beeinflußt. So hängt sie u. a. vom Angebot, von Äsungskonkurrenten, von Geschmacksrichtungen und nicht zuletzt von der Kapazität und der Leistung der Verdauungsorgane ab.

Das Gamswild kann sich aufgrund der Leistungen seines Verdauungstraktes extremen Ernährungsbedingungen anpassen.

Eine entscheidende Rolle kommt hierbei dem Pansen zu, da die in ihm lebenden Mikroorganismen (Kleinstlebewesen) den Hauptteil der Verdauungsarbeit leisten. Man unterteilt sie in Bakterien und Protozoen. Die Bakterien können Pflanzenbestandteile, wie die Zellulose, abbauen, die sonst vom Wiederkäuer nicht nutzbar wären. Sie bilden auch bestimmte Vitamine (z. B. die der B-Gruppe), so daß diese nicht über die Nahrung aufgenommen werden müssen.

Die Bakterien verwerten zudem einfache Stickstoffverbindungen, wie z. B. Harnstoff, zur Bildung von Bakterieneiweiß. Der in der Leber gebildete Harnstoff kann über den Speichel oder direkt aus dem Körperkreislauf durch die Pansenwand in den Pansen gelangen und in Notzeiten ein zu geringes Eiweißangebot in gewissem Maß ausgleichen.

Im Gegensatz zu den Bakterien bauen die Protozoen Zellulose nicht ab. Ihre Bedeutung für die Ernährung des Wiederkäuers liegt u. a. darin, daß sie ein hochwertigeres Eiweiß als die Äsung besitzen.

Die Bakterien und Protozoen werden mit dem Nahrungsbrei vom Pansen weitertransportiert und im Labmagen und Darmtrakt verdaut.

Durch die ausgleichende Zwischenschaltung der Pansenmikroorganismen in den Ablauf des Nahrungsabbaus können die Wiederkäuer extremen Änderungen des Äsungsangebotes besser begegnen.

Eine sinnvolle Wildstandsbewirtschaftung erfordert daher nicht nur Kenntnisse über die Wechselbeziehungen zwischen Kapazität eines Lebensraumes und Wilddichte, sondern auch über den Einfluß des jahreszeitlich wechselnden Äsungsangebots auf die Nahrungswahl, Verdauung und Versorgungslage des Wildes.

Ausbildung des Verdauungstraktes beim Großwild

Die Umstellung vom saugenden Jungtier zum „funktionellen" Wiederkäuer beginnt, wenn der Pansen-Haubenraum und der Labmagen etwa gleiche Größen aufweisen und hält an, bis die Größenverhältnisse im Verdauungstrakt des ausgewachsenen Tieres erreicht sind.

Diese Umstellungsphase beginnt beim Gamswild etwa mit dem ersten Lebensmonat und ist spätestens nach 5 Monaten abgeschlossen. Innerhalb dieser Zeit steigt der Pansen-Haubenanteil am Magentrakt von 50 auf 90 % des Gesamtgewichts.

Bei der ausgewachsenen Gams beträgt der Anteil des vollen Verdauungstraktes am Körpergewicht etwa 24 %. Er liegt damit in der Größenordnung des Rotwildes, doch unter dem des Mufflon und über dem des Rehes. Im Sommer ist der volle Magentrakt etwa doppelt, im Winter sogar dreifach so schwer wie das Gescheide.

Da der Pansen-Haubenraum als Nahrungsspeicher ca. 90 % des Magensystems einnimmt, beruhen diese jahreszeitlichen Unterschiede vor allem auf Gewichtsschwankungen des Panseninhaltes.

Der Pansen-Haubenraum kann bei erwachsenem Gamswild 7 bis 10 Liter fassen. Er ist aber durchschnittlich nur zu 50 % seines maximalen Fassungsvermögens mit Äsung gefüllt. Beim lebenden Tier schließt sich aber die Pansenwand um den Futterbrei. Sie zeigt beim Gamswild im Gegensatz zum Reh eine ungleichmäßige Zottenausbildung und starke Wülste (Pfeiler) (Abbildung 1).

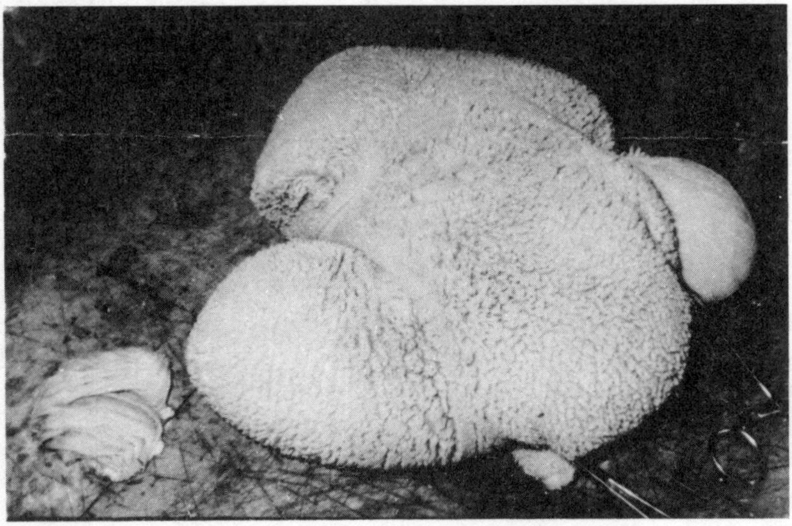

Abbildung 1: Innenansicht des Pansen-Haubenraumes von Gamswild

Während eines Äsungsintervalls nimmt Gamswild im Winter jeweils eine größere Futtermenge auf, die wegen ihrer schweren Verdaulichkeit im Pansen lange verweilt und zwischendurch intensiv wiedergekaut wird. Daher ist die Zahl der täglichen Äsungsperioden geringer als im Sommer.

In günstigen Vegetationszeiten wird hingegen die Pansenkapazität nicht voll ausgenutzt, da die Sommeräsung leichter verdaulich ist und auch den Pansen schneller passiert. Das Gamswild braucht öfter am Tag Äsungsnachschub, so daß dann mehrere, jeweils kürzere Äsungsperioden zu beobachten sind.

Während der Brunft nimmt der Gamsbock nur wenig Äsung auf. Zeitweise ist der Pansen nur etwa mit 10 % seines maximalen Fassungsvermögens gefüllt. Gegen Ende der Brunft verringert sich die Menge des Verdauungsbreies auch im Darmtrakt, da kaum Nachschub folgt (Abbildung 2 und 2 a).

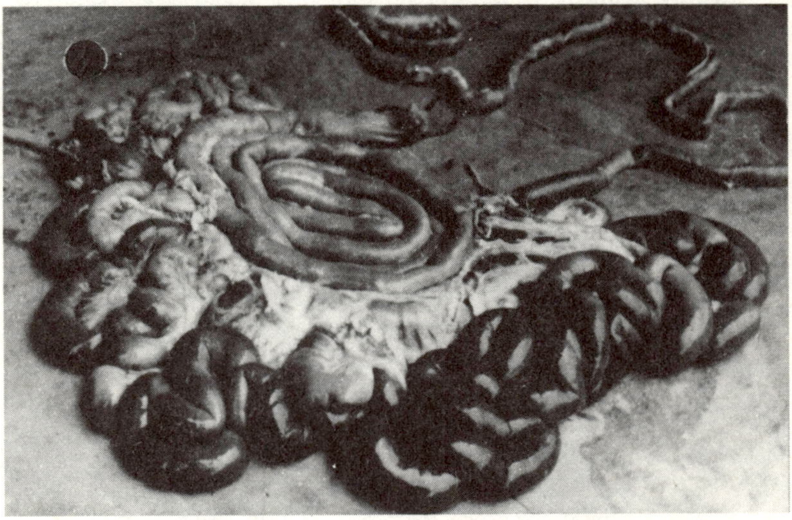

Sommer

Kitz Brunft

Abbildung 2 und 2a: Der Darmtrakt eines Gamsbockes im Sommer (2) und eines Gamsbockes in der Brunft, verglichen mit einem Gamskitz aus demselben Zeitraum (2a)

Äsungswahl

Die Beobachtung äsender Gemsen, die Ermittlung verbissener Pflanzen und die botanische Untersuchung des Panseninhaltes geben Aufschluß über die aufgenommenen Pflanzenarten.

Vielfach ist es jedoch schwer zu entscheiden, ob die verzehrten Pflanzen gewählt oder nur zufällig mit in den Pansen gelangten. Durch den Verdauungsprozeß zeigen die Pflanzen je nach ihrer Struktur und Verweildauer im Pansen einen unterschiedlichen Grad der Gewebeauflösung (Abbildung 3).

Auch wenn man sich nur auf die Zuordnung der Pflanzenteile zu Pflanzengruppen beschränkt, bleiben im Sommer etwa 20 % und im Winter 10 % der gröberen Pflanzenmasse botanisch unbestimmbar.

Winter

Sommer

Sommer

Abbildung 3: Isolierte Pflanzenteile aus dem Gamspansen

Verglichen mit dem Rotwild des gleichen Gebietes verzehrt Gamswild eine größere Artenvielzahl an Pflanzen, insbesondere an Kräutern. Wie Abbildung 4 zeigt, bilden jedoch Gräser im Sommer und im Winter den Hauptteil seiner Äsung.

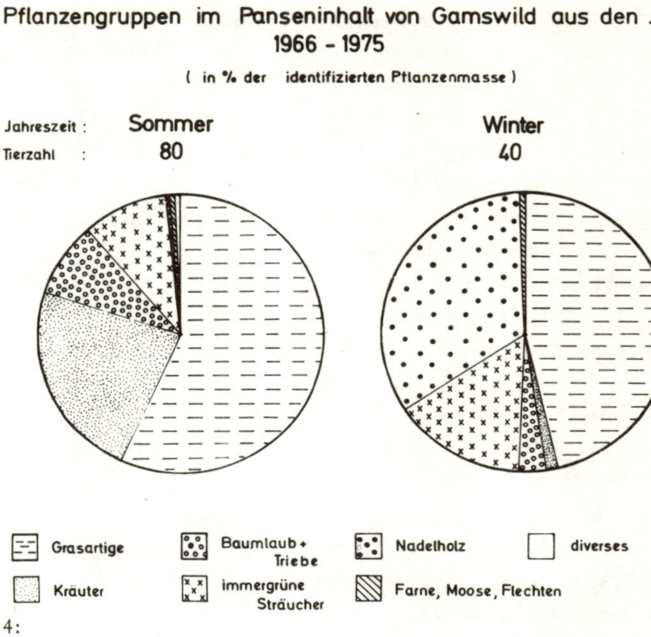

Abbildung 4:

Im Sommer wird neben Gras eine größere Menge an Laub- und Krautäsung aufgenommen. In den Wintermonaten tritt hingegen der Nadelholzanteil (in den Untersuchungsgebieten vorwiegend Fichte, weniger Latsche) oder der Anteil an immergrünen Sträuchern und Laubtrieben (z. B. behaarte Alpenrose, buchsblättriges Kreuzkraut, Schneeheide, Weide, Vogelbeere, Ahorn, Buche) je nach Schneelage und Standort in den Vordergrund. Flechten wurden in unserem Material kaum gefunden.

Mit den Jahreszeiten wechselt nicht nur die artenmäßige Zusammensetzung der Äsung, sondern auch die Größe der Pflanzenpartikel im Pansen. Im Sommer nimmt Gamswild vermehrt blättrige, großflächige Pflanzen auf, die wegen ihres zarteren Gewebes im Pansen rasch zerfallen. So bestehen im Sommer 65 % des getrockneten Panseninhalts aus Partikeln unter 0,5 mm^2, im Winter nur 45 %. Dies ist wiederum ein Zeichen der schwereren Verdaulichkeit der Winteräsung.

Es ist weitgehend noch unbekannt, warum das Gamswild einzelne Pflanzenarten zu bestimmten Jahreszeiten auf bestimmten Standorten bevorzugt, andere wiederum ablehnt.

Vielfach liegen auch widersprechende Beobachtungen vor.

Während z. B Arten wie die behaarte Alpenrose, Rindsauge, verschiedene Schmetterlingsblütler und Rosenarten als beliebte Gamsäsungspflanzen gelten, ist man über den Bevorzugungsgrad von Frauenmantel, Gamskresse, große Gemswurz, Brillenschötchen und buchsblättriges Kreuzkraut nicht einig.

Die Äsungspflanzen kann man also kaum nach Beliebtheitsgraden einordnen. Vielmehr sind je nach der Zusammensetzung des Äsungsangebots im Lebensraum, der Jahreszeit, der Witterung, dem Bodentyp und der Äsungskonkurrenz erhebliche Unterschiede zu beobachten. Auch die körperliche Verfassung der Gams oder erlernte Geschmacksrichtungen beeinflussen die Wahl bestimmter Pflanzen. Selbst wenn es sich um begehrte Äsungspflanzen handelt, werden seltene Pflanzen in geringer Menge im Pansen gefunden.

Über die Eigenschaften der Pflanzen, die zur Wahl oder Ablehnung beim Gamswild führen, ist nur wenig bekannt.

Diskutiert werden: Struktur, Feuchtigkeitsgehalt, Rohnährstoffzusammensetzung, Mineralstoffgehalt (Mengenelemente wie Natrium, Kalium, Calcium, Phosphor, Chlor) oder Spurenelemente wie Eisen, Kupfer, Kobalt, Selen). Auch Vitamine oder deren Vorstufen, Alkaloide, Gerbstoffe, ätherische Öle, Geruchs- und Geschmacksstoffe und Farbe können die Aufnahme beeinflussen.

So werden scharfkantige, stachlige, borstige Pflanzen mit hohen Kieselsäureablagerungen z. B. Labkraut, Schachtelhalm, Rasenschmiele und Brennessel vielfach gemieden. In getrocknetem Zustand oder nach Frosteinwirkung wird z. B. die Brennessel vom Gamswild angenommen.

Stark riechende Pflanzen lehnt es wie alle Wildarten meist ab; der Lauch wiederum wird trotz seines für den Menschen abstoßenden Geruchs vom Gams geäst.

Eine Reihe bevorzugter Äsungspflanzen weist einen hohen Roheiweißgehalt auf, wie z. B. Kleearten, Fuchskreuzkraut, Rindsauge u. a. Die Rohnährstoffzusammensetzung anderer begehrter Pflanzen spricht jedoch nur für einen durchschnittlichen Wert als Äsungspflanze wie z. B. Heidelbeere, Preiselbeere, Erika, Alpenrose und Himbeere. Letztere ist durch einen hohen Gehalt an anderen wertvollen Inhaltsstoffen ausgezeichnet (Calcium, Provitamine, Gerbstoffe).

Die Eberesche fällt ebenfalls weniger durch ein günstiges Nährstoffangebot als durch einen höheren Gehalt an bestimmten Spurenelementen (Eisen, Mangan) und Para-ascorbinsäure auf.

Nährstoffe im Panseninhalt

Die chemische Zusammensetzung einzelner Gamsäsungspflanzen besagt jedoch nur wenig über die tatsächlich in den Gamspansen gelangenden Nährstoffe, da die Äsungspflanzen in unterschiedlicher Menge aufgenommen werden.

Der Panseninhalt, aus dem die Pansenmikroorganismen ausgewaschen wurden, kann aber als Hinweis auf die vom Gams verzehrte „Mischäsung“ verwendet werden. Nachteilig ist, daß durch das Auswaschen leichter lösliche Nährstoffe der anverdauten Pflanzen nicht erfaßt werden.

In Tabelle 1 ist der Gehalt an Zellulose, Lignin und Roheiweiß in der „Gamsäsung“ mit fortschreitender Jahreszeit aufgeführt.

Tabelle 1: Konzentrationsänderungen an Zellulose, Lignin und Rohprotein im ausgewaschenen Panseninhalt von Gamswild mit fortschreitender Jahreszeit

Monate	Juni/Juli	August/Sept.	Nov./Dez.
Tierzahl	15	15	10
	Durchschnittlicher Gehalt (g) in 100 g Trockenmasse		
Zellulose	16,5	26	26
Lignin	13	18	32
Rohprotein	15	12	7

Wie aus Tabelle 1 ersichtlich, steigt der Gehalt an Zellulose und Lignin in den Pflanzen von Juni im Ablauf des Jahres an, dagegen nimmt der Anteil an Rohprotein um etwa 50 % ab.

Bei günstigem Angebot im Sommer nimmt das Gamswild meist rohproteinreichere, zellulose- und ligninärmere Äsung als das Rotwild aus dem gleichen Gebiet auf.

Wenn die Zellwände der Pflanzen durch Zellulose- und Lignineinlagerungen mit zunehmendem Reifegrad verstärkt werden, ist zudem das absinkende Eiweißangebot der Pflanzenzellen schwerer zugänglich, da Lignin kaum angreifbar ist. Dies erfordert hohe Abbauleistungen der Pansenmikroorganismen, deren Wachstum und Vermehrung wiederum von der Menge und Verdaulichkeit der Äsung abhängen.

Im Panseninhalt selbst finden wir neben den Äsungsbestandteilen und deren Abbauprodukten auch die Mikroorganismenmasse und den abgeschluckten Speichel.

Daher spiegelt die Rohnährstoffzusammensetzung des gesamten Panseninhaltes (Tabelle 2) nicht nur die jahreszeitlichen Änderungen des Äsungsangebotes, sondern auch deren Einfluß auf die Mikroorganismenmenge wider.

Tabelle 2: Die ungefähre Rohnährstoffzusammensetzung im Panseninhalt des Gamswildes im Sommer und im Winter

Jahreszeit	Sommer	Winter
Tierzahl	103	40
	Durchschnittlicher Gehalt (g) in 100 g Trockemasse	
Rohprotein	29	16
Rohfaser	22	36
Rohfett	7	5
Rohasche	12	8
Stickstoff-freie Extraktstoffe	30	35

Vergleicht man den Rohproteingehalt der „Mischäsung" aus Tabelle 1 mit dem des Panseninhalts (Tabelle 2) so findet man hier wegen der eiweißreicheren Mikroorganismen wesentlich höhere Werte. Im Sommer weist das günstige Äsungsangebot schon einen hohen Roheiweißanteil auf. Darüber hinaus fördert es das mikrobielle Wachstum in starkem Maße.

Die stickstoffärmere, schwerer-verdauliche Notäsung im Winter läßt zwar die Mikroorganismenmenge im Pansen etwas absinken (insbesondere die empfindlichen Protozoen), doch nur in geringerem Umfang, da diese nicht allein auf das Stickstoffangebot der Äsung angewiesen sind (vergl. Seite 1).

Die Mikroorganismen im Pansen gleichen also extreme Unterschiede im Äsungsangebot aus. Durch sie wird die geringe Nährstoffqualität und -menge der Winteräsung gemildert, so daß eine gleichmäßigere Versorgung des Organismus auch bei wechselnden Ernährungsbedingungen gewährleistet ist.

Im Gegensatz zum Roheiweiß ist der Gehalt an Rohfaser im Sommer niedriger als im Winter. In der Rohfaser befindet sich die Hauptmenge an Zellulose und Lignin. Ihr hoher Gehalt im Pansen von Wintergemsen spricht also für eine schlechtere Verdaulichkeit. Auffällig ist die in den Monaten Juni bis August erhöhte Konzentration an Rohfett und mineralischen Bestandteilen (Rohasche) im Panseninhalt. Das Rohfett enthält neben Fett u. a. noch Pflanzenfarbstoffe (Pigmente), ätherische Öle und Vorstufen fettlöslicher Vitamine. Durch die Pflanzenfarbstoffe ist das Rohfett im Panseninhalt im Sommer intensiv gefärbt, während es im Winter blasser erscheint.

Dem hohen Rohaschegehalt im Panseninhalt aus den Sommermonaten entspricht auch eine erhöhte Calciumkonzentration, die aber je nach Biotop (Mineralstoffgehalt der Äsungspflanzen), stark schwanken kann. So liegt der Calciumgehalt in Gebieten mit Kalksteinböden mit 2,5 % der Panseninhalt-Trockenmasse höher als in Revieren, wo das Gamswild seine Äsung von Urgesteinsböden aufnimmt (0,9 %).

Mikroorganismen im Panseninhalt

Die Nahrungszusammensetzung beeinflußt wiederum die Menge und Artenvielfalt an Pansenmikroorganismen. Ihre Bestimmung läßt daher Rückschlüsse auf die Äsungsqualität zu.

Abbildung 5 zeigt ein Mikrophoto (200-fache Vergrößerung) von verschiedenen Protozoen (P) und Bakterien (B) im Gamspansen.

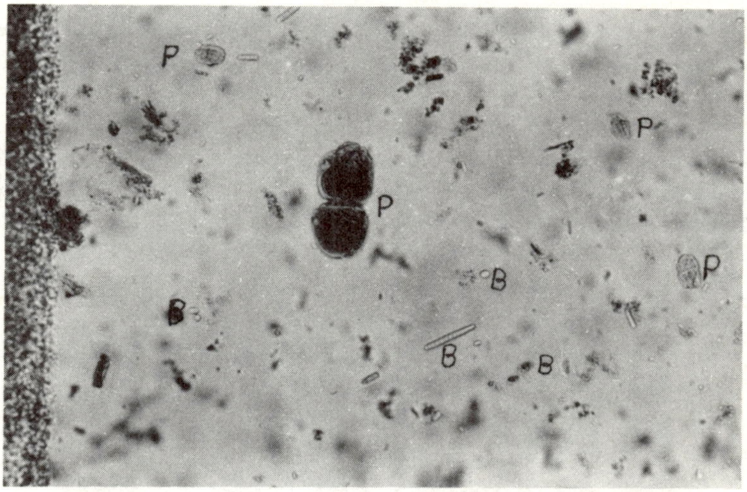

Abbildung 5: Bakterien (B) und Protozoen (P) im Pansen von Gamswild im Sommer .

Während der Vegetationsperiode findet man etwa doppelt so viele Protozoen im Gamspansen wie im Winter. Auch die Artenverteilung ändert sich zum Winter hin, da einzelne anspruchsvollere Protozoenarten nur im Sommer die geeigneten Nahrungsbedingungen finden. Im Gegensatz zu den Protozoen scheint die Gesamtmenge der Bakterien vom Äsungsangebot kaum beeinflußt, da sie in fast gleicher Zahl im Sommer wie im Winter vorkommen. Eine Ausnahme bilden die sog. „großen Bakterien", die empfindlicher auf Umstellungen im Äsungsangebot reagieren. Als Anzeichen für mindere Äsungsqualität und -menge findet man sie in Notzeiten seltener, da sie vor allem eiweißreiche, leichtverdauliche, energiereiche Rationen benötigen (Tabelle 3).

Tabelle 3: Mikroorganismen im Panseninhalt von Gemsen

Jahreszeit	Sommer	Winter
Tierzahl	100	35
Bakterien		
Gesamtzahl im g Panseninhalt	50 000 Mill.	40 000 Mill.
„große Bakterien“ im g Panseninhalt	1 200 Mill.	600 Mill.
Protozoen		
Gesamtzahl im g Panseninhalt	1,5 Mill.	0,7 Mill.

Nahrungsabbau im Panseninhalt

Über die Rohnährstoffbestimmung und die Ermittlung der Mikroorganismenzahl hinaus kann man den Umfang des Futterabbaus im Pansen durch sog. „Fermentationsversuche“ erfassen.

Hierzu verwendet man bei Tieren in freier Wildbahn den sog. „künstlichen Pansen“. Hierbei wird der Panseninhalt von erlegten Gemsen in sauerstoff-freier Atmosphäre bei 39° C bebrütet und die Aufschließung der Äsung in bestimmten Zeitabständen ermittelt.

Abbildung 6: Sog. „künstlicher Pansen“ zur Ermittlung des Äsungsabbaus im Panseninhalt von Gemsen.

Im Pansen des Gamswildes werden von den Mikroorganismen etwa ⅔ der verzehrten Naturäsung aufgeschlossen. Dabei erfolgt der Abbau von Kohlenhydraten der Äsung (z. B. Zellulose, Stärke, Pentosane, Zucker) zu kurzkettigen, einfacheren Verbindungen den sog. „flüchtigen Fettsäuren" (FFS wie z. B. Essigsäure). Die Verdauung der Eiweißstoffe im Pansen führt u. a. zur Freisetzung von Ammoniak, der von den Bakterien zum Wachstum verwendet wird.

Die hierfür notwendige Energie liefert die Vergärung der Kohlenhydrate. Im Verlauf des weiteren Verdauungstraktes werden die Mikroorganismen verdaut und als Eiweißquelle vom Gamswild verwertet.

Wie Tabelle 4 zeigt, ist die Vergärung von Kohlenhydraten zu flüchtigen Fettsäuren und der Abbau von Eiweiß zu Ammoniak bei der Sommeräsung wesentlich rascher als im Winter.

Tabelle 4: Fermentation von Naturäsung im Panseninhalt von Gamswild

Jahreszeit	Sommer	Winter
Tierzahl	90	26
Abbau von Kohlenhydraten		
Produktion flüchtiger Fettsäuren		
(mMol FFS/kg Panseninhalt und Stunde)	45	22
Abbau von Eiweißstoffen		
Freisetzung von Ammoniak		
(mg Stickstoff/kg Panseninhalt und Stunde)	50	10

Die hohen sommerlichen Fermentationsraten (= Gärungsraten) deuten offensichtlich auf eine gute Nährstoffversorgung der Pansenmikroorganismen hin. Im Winter sind die Aktivitäten der Mikroorganismen erniedrigt, was auf die schlechtere Äsungsqualität zurückzuführen ist. Zudem erschwert die gröbere Struktur die Zugänglichkeit der Zellinhaltsstoffe und damit deren Verdauung. Deshalb muß das Gamswild das Fassungsvermögen des Nahrungsspeichers – Pansen — stärker ausnutzen. Die Äsung verweilt im Winter lange Zeit im Pansen. Im Sommer wird der Nahrungsbrei hingegen schneller in die nachfolgenden Verdauungstraktabschnitte transportiert.

Entsprechend der Äsungsqualität werden die flüchtigen Fettsäuren beim Kohlenhydratabbau in unterschiedlichen Mengenverhältnissen gebildet. Dies ist wiederum von Bedeutung für die Energieversorgung der Gams. Die Vergärung grobfaserigen, schwerer-verdaulichen Materials mit hohem Zellulosegehalt liefert einen höheren Essigsäureanteil (Winter). Bei größerer Menge an leicht-verdaulichen Kohlenhydraten und feinerer Pflanzenstruktur findet man eine stärkere Produktion der energiereicheren Propion- und Buttersäure (Sommer).

Berechnungen über die Nahrungsaufnahme und die Versorgungslage von Gemsen

Aus den Fermentationsraten und der botanisch-chemischen Analyse des gesamten sowie des ausgewaschenen Panseninhaltes lassen sich überschlägig die täglich verzehrten Kohlenhydratmengen abschätzen. Von diesem Wert ist die aufgenommene Futtermenge abzuleiten. Diese Berechnungen sind insofern von Interesse, da bisher Angaben über die tägliche Nahrungsaufnahme freilebender Gemsen fehlen. Aus unseren Messungen ergibt sich eine tägliche Äsungsaufnahme für ausgewachsenes Gamswild von 800–850 g Pflanzentrockenmasse im Sommer und 600–650 g im Winter.

Das entspricht überschlägig einer Menge von 5 kg Frischfutter im Sommer. Da die winterliche Äsung trockener ist, kommt man in dieser Jahreszeit auf einen Verzehr von 3 kg Frischäsung.

Durch Verarbeitung dieser Äsungsmenge können im Gamspansen etwa 150 g (getrocknete) Mikroorganismen während der Vegetationsperiode und 110 g im Winter gebildet werden. Diese neue Nährstoffquelle verwertet das Gamswild im weiteren Verdauungstrakt, wobei im Labmagen und Dünndarm verschiedene Verdauungssäfte auf den Nahrungsbrei einwirken. Im Blinddarm setzen Bakterien die Verdauungsarbeit fort.

Den größten Teil seines Energiebedarfs muß das Gamswild nun durch die Verwertung der flüchtigen Fettsäuren aus dem Pansen decken. Diese werden durch die Pansenwand in den Körperkreislauf aufgenommen und größtenteils in der Leber abgebaut. Hierbei wird Energie gewonnen, wobei Propion- und Buttersäure höhere Werte als Essigsäure liefern.

Der Energieverbrauch wie auch die Ausgaben im Eiweißstoffwechsel kann bei der Gemse im Jahresablauf schwanken. Zudem bestehen geschlechts- und altersbedingte Unterschiede.

Unter normalen Umständen ist Gamswild in der Lage, seinen Wärmehaushalt weitgehend so zu regulieren, daß die Energieausgaben zum Wärmeausgleich im Sommer und Winter etwa gleich bleiben. Beispielsweise wechselt Gamswild zweimal im Jahr sein Haarkleid, bezieht im Sommer andere Einstände als im Winter und paßt sich in seinem Bewegungsverhalten den Witterungsbedingungen an. Doch extreme Witterungsverhältnisse wie Wetterstürze, starke Regenfälle, begleitet von hohen Windgeschwindigkeiten, lassen den Energieverbrauch der Tiere – insbesondere der Jungtiere – übermäßig ansteigen.

Für den Bewegungsaufwand einer Gams muß man – abgeleitet vom Energieverbrauch anderer Tierarten – überschlagsmäßig 10 % über den Erhaltungsbedarf ansetzen. Hierbei ist berücksichtigt, daß die Energieausgaben für die Steigleistung

Serau im Sommerhaar (Capricornis Sumatraensis Crispus)

Goral (Nemoraedus Goral Caudatus)

Schneeziege

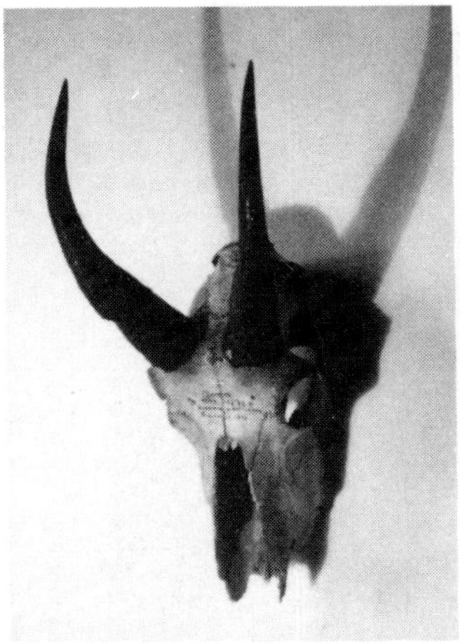

Schneeziege

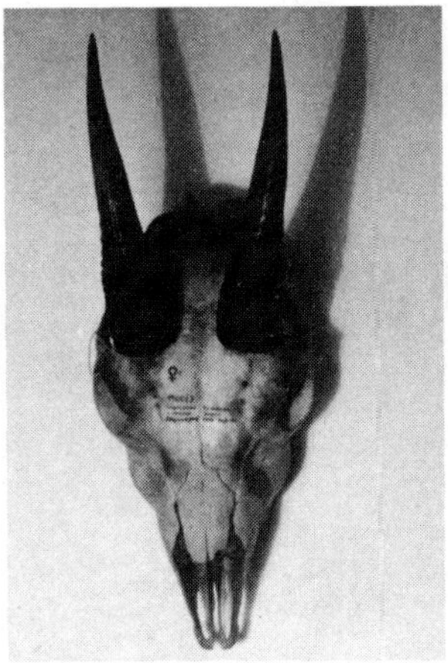

Serau

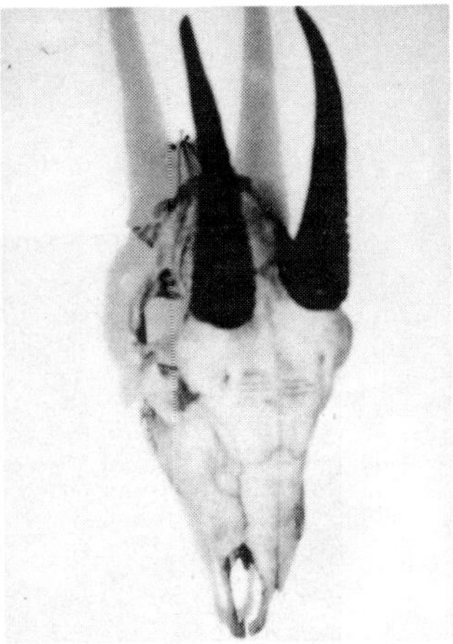

Goral

Die oben abgebildeten Trophäen stammen von drei verschiedenen Tieren, die zur Familie der Rupicaprinae (gemsenartige Tiere) gehören. Die Schneeziege hat ihre Heimat in Nordamerika, der Serau in Asien (Himalaya/Sibirien), und der Goral im malaiischen Archipel.

Die *Schneeziege* ist am größten.

Körpermaße:	Länge:	1,30 m – 1,60 m
	Schulterhöhe:	0,90 m – 1,20 m
	Gewicht:	75–140 kg

Der *Serau*

Körpermaße:	Länge:	1,30 m – 1,50 m
	Schulterhöhe:	0,85 m – 1,20 m
	Gewicht:	50 – 100 kg

Der *Goral*

Körpermaße:	Länge:	0,90 m – 1,30 m
	Schulterhöhe:	0,60 – 0,70 m
	Gewicht:	22 – 32 kg

Der Nichtvorgebildete ist geneigt, die drei Hörner der gleichen Tierart zuzuteilen. Sie leben trotz ihrer Ähnlichkeit kontinentenweit getrennt.

Gamsbock im Herbst: Er hat vollkommen verhärt und ist „zeckerlfoast". In der Brunft wird er wohl den Feist restlos verlieren. (P)

Feistbock in der Ruhe. Die starken Schläuche sprechen für einen Bock. Nach der noch sehr scharfen Abgrenzung der Zügel gegen das weißgelbe Gesicht dürfte es sich um einen mittelalten Bock handeln. (P)

Geiß und Kitz beim Bergabwechseln. Das glatte, glänzende Haarkleid der beiden zeugt von einwandfreier Gesundheit. (H)

Gamskitz in voller Flucht. (H)

eines ans Gebirge gewöhnten Tieres geringer sind als bei einem Tier, das kurzfristig diesen Anstrengungen ausgesetzt ist.

Hinzu treten die periodischen Leistungen des Haarwechsels, des Kruckenwachstums, des Körperwachstums von Jungtieren, die Trag- und Säugezeit der Gamsgeißen. Vor allem im Frühsommer werden enorme Anforderungen an den durch die Winternotzeit geschwächten Körper gestellt. Sie belasten nicht nur den Eiweiß-, sondern auch den Energiestoffwechsel.

Die höchsten Leistungen des Gamswildes fallen in die Zeit des günstigsten Äsungsangebots oder – wie bei der Brunft – in eine Zeit, für die der Gamsbock bereits Körperreserven speichern konnte. So zeigt Abbildung 2 a die Fett-Ummantelung des fast leeren Darmtraktes von einem brunftenden Gamsbock.

Diesen Ausgaben steht die Versorgung über die Verdauungsleistungen im Pansen und anderen Verdauungstraktabschnitten gegenüber. Trotz ausgeprägten Selektionsverhaltens variiert die vom Gams aufgenommene Äsung aufgrund der jahreszeitlich wechselnden Vegetationszusammensetzung. Dank der Zwischenschaltung der Mikroorganismen schwankt die Eiweißversorgung in geringerem Umfang als die Energieversorgung. Wie auf Seite 21 dargelegt, bauen Bakterien auch andere Stickstoffquellen in Eiweiß ein und gleichen das Eiweißangebot der Äsung aus.

Anders ist es mit der Energieversorgung durch die Bereitstellung flüchtiger Fettsäuren. Zwar vermag Gamswild zusätzlich durch die Gärung im Blinddarm oder bei der Verbrennung anderer Nahrungsbausteine noch etwas Energie zu gewinnen. Das Gamswild kann aber im Winter trotz aller regulatorischer Mechanismen und Anpassungsvorgänge seine Energieausgaben kaum zu 60 % durch die Naturäsung decken.

Harte Winterbedingungen mit unzureichendem Nahrungsangebot lassen die Körperreserven des Gamswildes schnell schwinden. Dabei werden zunächst die energiereichen Feistreserven, dann die Körpermasse angegriffen. Jungtiere sind im Winter besonders gefährdet. Sie weisen einen höheren Energieverbrauch als alte Tiere auf, weil sie im Verhältnis zur Körpermasse eine größere Körperoberfläche besitzen. Durch die Verarbeitung der vielseitigen, leicht-verdaulichen Naturäsung im Sommer gewinnt das Gamswild Energiebeträge, die weit über den Erhaltungsbedarf des Tieres hinausgehen. Mit Einsetzen der Vegetationsperiode wird zunächst Körpersubstanz gebildet, dann aber bei Gamsböcken und nichtführenden Geißen Feist angelagert. Im Juni/Juli finden sich bei Gamsböcken noch geringe Fettmengen. Ende August aber weisen Gamsböcke bis zu 2,5 kg Gekrösefett und bis zu 300 g Feist um die Nieren herum auf.

In dieser Zeit brauchen Jungtiere und führende Geißen neben Eiweiß noch Energieträger für ihre Leistungen, so daß sie erst im Spätsommer und Herbst Energie zur Feistbildung abzweigen können. Sie besitzen Ende August bis 200 g Gekröse- und Nierenkapselfett.

Abschließende Betrachtung

In keinem Fall reicht die im Winter erreichbare Naturäsung zur Erhaltung des Gamswildes aus. Die Tiere sind unbedingt auf die im Sommer und Herbst gespeicherten Fett- und Eiweißreserven angewiesen. Nur ein reiches Äsungsangebot, aus dem die Tiere ihre Nahrung wählen können, vermag diese Reserven zu liefern.

Dies bedeutet jedoch, daß die Gemsen im Sommer eine genügend große Äsungsfläche zur Verfügung haben müssen und die Äsungskonkurrenz einen gewissen Umfang nicht überschreiten darf. Dabei ist einmal die Konkurrenz innerhalb der Art und zwischen Gamswild und vergleichbaren Äsungstypen, wie z. B. Rotwild, zu beachten.

Durch Zersiedelung und Tourismus können sich Rot- und Gamswild oftmals nicht mehr wie früher aus dem Weg gehen und sind gezwungen, einen Lebensraum zu übernutzen. Die Höhe der Wildbestände sollte daher nicht nur auf die winterliche Notzeit zugeschnitten sein.

Eine relativ geringe Wilddichte im Sommer gewährleistet eine optimale Äsungswahl in einem großen Einstandsgebiet, ohne daß beliebte Äsungspflanzen sich wegen Übernutzung ungenügend regenerieren.

Zum anderen sollten die Tiere die Vegetationsperiode durch Wanderungen in andere Höhenlagen mit späterem Vegetationsbeginn möglichst ausgedehnt nutzen können.

Diesem Rhythmus – reiches Angebot im Sommer, schlechte Versorgung im Winter – haben sich die Wildtiere hervorragend angepaßt. Auch bei Rotwild, Rehen und Weißwedelwild ergaben sich im Tierversuch trotz gleichbleibenden Futterangebots eine Stagnation im Futterverzehr und in der Gewichtsentwicklung im Winter.

Obwohl für Gamswild derartige Untersuchungen fehlen, ist anzunehmen, daß sich diese in jahreszeitlichen Extremen lebende Tierart in dieser Hinsicht ähnlich verhält.

Aus diesem Grund erscheint eine winterliche Zusatzfütterung des Gamswildes unnötig, es sei denn, der Gamsbestand würde die sommerliche Äsungskapazität übersteigen.

Gamswild kann mit knapper, schwer-verdaulicher Äsung durch den Winter kommen, wenn es genügend Feistvorräte im Sommer und Herbst gebildet hat. Hierzu würde auch ein Geschlechterverhältnis von 1:1 beitragen, da durch einen raschen Beschlag, also Brunftverkürzung, die Feistreserven der Böcke geschont würden.

II.
Lebensweise und Verhalten

Der alpine Lebensraum
und andere Mitbewohner

Die Lebensweise des Gamswildes

Anfang Juni, nach einer Tragzeit von 180–190 Tagen, setzt die Gamsgeiß ein Kitz. Zwillingsgeburten sind selten, sie kommen aber vor. In dem milderen Klima des Schwarzwaldes und der Vogesen sind sie häufiger. Ganz selten sind Drillingsgeburten, die aber auch schon beobachtet worden sind. Kurz vor dem Setzen trennen sich die tragenden Geißen vom Rudel, auch vom Jahrling, dem Nachwuchs des Vorjahres, und ziehen sich in ruhige, vom Menschen weniger begangene Revierteile zurück. Schon nach zwei Stunden ist das neugeborene Kitz in der Lage, seiner Mutter zu folgen.

Gefährlich ist für das neugeborene Kitz kalte Witterung, wie sie im Juni, zur Setzzeit, in den Bergen häufig ist. In vielen Fällen geht dann das Kitz an Unterkühlung ein. In den ersten Lebenswochen besitzt es noch nicht die arteigene Gamswitterung. Diese stellt sich erst nach etwa drei Wochen ein. Es ist dies eine Schutzmaßnahme der Natur, die das hilflose Jungtier gegen Raubwild, das es wittern könnte, sichern will. Die Beziehung zwischen Mutter und Kind ist beim Gamswild sehr innig. Oft lagern beide in engem körperlichen Kontakt nebeneinander. Einige Wochen nach dem Setzen kehrt auch der Jahrling wieder zu seiner Mutter zurück. Dies tun allerdings nur die weiblichen Jahrlinge, die männlichen bilden Jahrlingsgruppen, die unstet im Revier umherziehen und keine festen Einstände haben. Der mit Geiß und Kitz ziehende Jahrling ist demnach mit größter Wahrscheinlichkeit weiblichen Geschlechtes. Nach 6–8 Wochen nehmen die Kitze in geringem Umfang Grünäsung auf. Schon etwas vorher haben sich die Geißen wieder zu Rudelverbänden zusammengeschlossen. Diese bestehen aus führenden Geißen mit ihren Kitzen, aus jüngeren nichtführenden Geißen, aus weiblichen Jahrlingen und wenigen jungen Böcken im Alter von 2–3 Jahren. Echte Geltgeißen, die nicht mehr aufnehmen, halten sich nicht beim Rudel, folgen ihm aber in einem gewissen Abstand.

Die Größe der Rudel schwankt dauernd. Kleine Rudel gesellen sich zusammen, große Rudel lösen sich auf in kleinere. Die Leitgeiß eines Rudels ist immer eine führende Geiß.

Die Kitze zeigen deutlich den Spieltrieb, den wir auch bei den Kitzen der Hausziege beobachten können. Das Kitz trinkt häufig bei seiner Mutter, aber immer nur Bruchteile von Minuten. Während des Saugens wackelt es lebhaft mit dem Wedel. Oft beleckt die Geiß auch das Waidloch des Kitzes, vielleicht um Infektionen zu verhindern.

Die Kitze halten sich immer in der Nähe der Geiß auf, wenn sie sich nicht zum Spielen in einer besonderen Gruppe zusammengefunden haben. Stundenlang jagen sie um Felsblöcke auf einer Almwiese oder lassen sich auch seitlich gleitend auf einem Schneefeld bergabrutschen. Dieses Spiel erfährt aber eine jähe Unterbrechung, wenn die Mutter eine Gefahr wittert und ihr warnendes Meckern ertönen läßt. Die Kitze sind während des ganzen Winters auf die Führung durch die Geiß angewiesen. Mutterlose Kitze überstehen nie den Winter! Die jüngeren Böcke im Alter von 4–6 Jahren leben im Rudelverband. Sie bilden eigene Rudel, getrennt von den Geiß-Kitz-Verbänden. Auch die Böcke im Alter von sieben Jahren haben ihre eigenen Einstände. Sie bevorzugen die Einsamkeit und halten die von ihnen gewählten Einstände den ganzen Sommer, sofern sie dort nicht vergrämt werden. Oft bleiben den ganzen Sommer über einige ältere Böcke zusammen und besuchen die gleichen Äsungsplätze. Erst in der zweiten Oktoberhälfte trennen sie sich, um vielleicht nach der Brunft sich wieder zu vereinen.

Viele Jäger, die besonderen Wert auf die gute Krucke eines alten Bockes legen, bevorzugen die Jagd auf den Sommergams. Die Decke des Feistbockes ist übrigens besser als die des Brunftbockes. Letztere ist meist etwas „schwammig" und eignet sich weniger zur Verarbeitung.

Im Frühsommer werden die Gams oft von einem unerklärbaren Wandertrieb erfaßt, so daß zur Zeit der „Bohnen- und Kartoffelblüte" Gamswild weit ab von seinen gewohnten Einständen anzutreffen ist; es kehrt jedoch nach einer gewissen Zeit wieder in seine Heimat zurück. Diesen Wandertrieb besitzen überwiegend Böcke.

Die Gamsbrunft

Die Gamsbrunft beginnt Ende Oktober und dauert bis Mitte Dezember. Ihre Länge ist abhängig vom Geschlechterverhältnis des Reviers. Je mehr Böcke im Alter von 6–10 Jahren vorhanden sind und je näher das Geschlechterverhältnis bei 1:1 liegt, desto kürzere Zeit dauert es, bis alle Geißen beschlagen sind. Die Brunft wird ausgelöst durch die Aufnahmebereitschaft des weiblichen Tieres, die dem Bock durch die Absonderung von Duftsekreten angezeigt wird.

Je kürzer die Brunft ist, desto geringer sind auch die Gewichts- und Feistverluste der Böcke. Diese nehmen nämlich während der Brunft kaum Äsung zu sich. Ihr Magensystem schrumpft zusammen zur Größe einer Männerfaust, das Gescheide ist fast leer und nimmt bläuliche Farbe an. Der starke Bock treibt sich ein Rudel zusammen und vertreibt jeden Rivalen, der ihm seinen Besitz streitig machen will. Die Größe der Rudel hängt wiederum von der vorhandenen Zahl der reifen Böcke ab. Je mehr solche vorhanden sind, desto kleiner sind auch die Brunftrudel, die ein Bock zu verteidigen vermag. Vier- und fünfjährige Böcke werden vom Platzbock rücksichtslos verjagt, mitunter auch gehakelt.

Schwere Hakelwunden sind selten, dagegen stürzen beim sich gegenseitigen Jagen mitunter Böcke ab und tragen auch Verletzungen davon. Die Abnormitäten an der Krucke rühren meist von solchen Stürzen, nicht von Steinschlag, her.

Brunftige Böcke, die kein Rudel gefunden haben, ziehen blädernd und flehmend den Wechseln entlang, um die Fährte einer brunftigen Geiß zu entdecken, der sie dann folgen. In der Nähe der Geiß angekommen, flehmen sie verstärkt. Flehmen und Blädern sind typische Zeichen von geschlechtlicher Erregung.

Während der Bock bis zu 5 Kilogramm an Gewicht während der Brunft verlieren kann, tritt bei den Geißen kein Gewichtsverlust ein. Sie lassen auch kaum eine geschlechtliche Erregung erkennen. Meist beginnen sie bei der Annäherung des Bockes zu nässen, lassen sich aber dann ohne Widerstand beschlagen, oft sogar während des Äsens. Manchmal werden Geißen innerhalb kurzer Zeit von verschiedenen Böcken besprungen. Geißen, die noch nicht brunften oder nicht mehr brunften nehmen den Beschlag nicht an und trollen vor dem Bock her; keineswegs flüchten sie mit einer Heftigkeit, wie sie beim Rehwild in der Brunft ein gewohnter Anblick ist. Bei Stücken, die sich lebhaft jagen, hat man es meist mit zwei Böcken zu tun, von denen der Verfolger der ältere ist. Gewöhnlich wird die Geiß im Alter von 42 Monaten zum ersten Mal brunftig und setzt zu Beginn des fünften Lebensjahres ihr erstes Kitz. Es sind jedoch auch Fälle einwandfrei belegt, daß Geißen schon im zweiten oder dritten Lebensjahr aufgenommen haben. Vom Standpunkt der körperlichen Entwicklung her gesehen, ist dies nicht erwünscht, da die Tragezeit das körperlich noch nicht voll erwachsene Tier so schwächt, daß es für alle Zeit hinter seinen Altersgenossen in der körperlichen Entwicklung zurückbleibt.

Unnötig verlängernd auf die Brunft wirken alte gelte Geißen. Sie bleiben lange Zeit brunftig und werden von verschiedenen Böcken beschlagen ohne aufzunehmen. Ihr Abschuß wäre deshalb unbedingt vor der Brunft, im August, zu vollziehen.

Der Bock ist bereits im zweiten Lebensjahr fortpflanzungsfähig, doch sollten in einem gepflegten Revier ausreichend ältere Böcke vorhanden sein, so daß im allgemeinen erst Böcke vom fünften oder, noch besser, vom sechsten Lebensjahr an zum Beschlag kommen.

Böcke im Alter von 5 und mehr Jahren werden zuerst brunftig, jüngere später.

Wasser und Nahrung

Das Gamswild, als Wiederkäuer, hat tagsüber zwei Haupt-Äsungszeiten: vormittags von Tagesanbruch an bis gegen 9 Uhr und nachmittags je nach der Hitze etwa ab 17 Uhr bis zum Einbruch der Dunkelheit. Aber auch untertags kann man, besonders an kühleren Tagen Gamswild mitunter äsend antreffen. In der Zwischenzeit wird die aufgenommene Nahrung wiedergekaut. Hierzu tut sich das Tier nieder und wählt sich als Ruheplatz einen Grasfleck auf einem Felsvorsprung oder einem anderen Aussichtsplatz. Die Vorliebe für solche Aussichtsplätze ist typisch für das Gamswild. Diese Stellen, in Österreich „Betten“ genannt, werden nicht immer vom gleichen Stück benutzt. Wird so ein „Bett“ von einem Tier verlassen, dann wird es meist nach wenigen Augenblicken vom nächsten aufgesucht. Rings um das „Bett“ liegen 10–20 cm hohe Haufen von Losung, die die häufige Benutzung beweisen. Diese „Betten“ sind leider auch gefährliche Übertragungsstellen für die Gamsräude.

Das Gamswild hat, wie alle Wiederkäuer, einen verhältnismäßig hohen Wasserbedarf, der fast nur durch die Aufnahme taunasser Gräser gestillt wird. Es schöpft aber auch wie das Rotwild oder nimmt Schnee auf. In der Wahl seiner Äsung ist der Gams wählerisch. Er bevorzugt bestimmte Pflanzen wie Himbeere, Kleearten und Wildrosen, von den Nadelhölzern die Tanne und Eibe, als Notäsung die Latsche. Pflanzen mit starkem Geruch wie z. B. die Roßminze werden auch vom Gamswild, wie von den übrigen Schalenwildarten, verschmäht. Verschiedene Weidenarten und auch die Felsenbirne („falsches Edelweiß“) werden gerne geäst. Manche Pflanzen werden nur in einem bestimmten Stadium aufgenommen, so die Knospen des Bergahorns im Frühjahr.

Forstpflanzen, die aus mineralisch stark gedüngten Pflanzgärten im Freiland, in der Nähe der Gamsstände ausgebracht werden, bilden eine willkommene Nahrung des Gamswildes. Wenn man diese Pflanzen vor dem Ausbringen ins Freiland verwittern würde, wären sie vor dem Gamswild sicher. Schon im nächsten Jahr würde sie das Gamswild nicht mehr annehmen, da dann ihr Mineralstoffspiegel normalen Umfang erreicht hätte.

In seltenen Fällen erreichen die durch Gams angerichteten Schäden größere Ausmaße, da das Gamswild meist über der Zone des Wirtschaftswaldes seinen Einstand hat.

In Ramsau bei Berchtesgaden wurden im Jahre 1960 umfangreiche Untersuchungen über die vom Gamswild bevorzugten und verschmähten Pflanzen unter Leitung von Professor Dr. H. Mayer, Wien, und W. Nerl, durchgeführt. (Vergl. Zeitschrift für Jagdwissenschaft 1961 Bd. 7/3 S. 93–103.)

Die nachstehenden Tabellen bauen auf den Arbeiten Dr. Mayer/Nerl auf. Sie sind durch die Arbeiten von Hauber, Couturier, Guggisberg und Knaus ergänzt worden:

Übersicht über die Annahme von Holzpflanzen durch das Gamswild

Grad der Annahme: g = gut
m = mittel
gg = geringgradig

Name	*Grad der Annahme*	*Bemerkungen*
Bergahorn	m	Verbiß im Spätwinter und Frühjahr
Esche	g	wie vor
Rotbuche	m	wie vor und nach Laubausbruch
Birke	g	wie vor
Vogelbeere	g	wie vor
Mehlbeere	g	wie vor
Weidenarten	g	Salweide, Ohrweide, Grauweide
Weide (hartblättrige)	m	Verbiß nur im Winter
Grünerle	gg	nur winterliche Notäsung
Weißerle	gg	wie vor
Haselnuß	m	junge Triebe und männliche Blüten
Holunder (Samb. nigra)	m	Verbiß im Winter und Frühjahr
Hirschholunder (S. racemosa)	m	wie vor
Alle wilden Johannisbeerarten	g	Verbiß während des ganzen Jahres
Alpenheckenkirsche (Lonicera alpigena)	m	Annahme nur im Winter
Felsenbirne (Amelancher ovalis)	g	Verbiß während des ganzen Jahres
Zwergmispel (Cotoneaster chamaemespillus)	g	wie vor
Alle Rosenarten	g	während des ganzen Jahres
Seidelbast	gg	nur Winterverbiß

Berberitze	gg	nur junge Triebe
Almrausch (Rh. hirsutum)	m	nur Winteräsung
Zwergalpenrose (Rhothothamnus chamaecistus)	gg	nur Notäsung
Heidelbeere	g	während des ganzen Jahres
Moosbeere (Vaccinium uliginosum)	gg	nur Winterverbiß
Preiselbeere (Vac. vitisidaea)	gg	wie vor
Himbeere (Rubus idaea)	g	Frühjahr und Sommer; Notäsung im Winter
Brombeere (r. fructicosus)	g	Notäsung im Winter
Schneeheide (Erica carnea)	g	wertvolle Winter- und Frühjahrsäsung
Heidekraut (Calluna vulgaris)	g	wie vor
Tanne (abies pectinata)	g	wird das ganze Jahr über verbissen
Fichte (Picea excelsa)	m–g	wird mitunter im Frühjahr sehr stark verbissen
Kiefer (Pinus silvestris)	m–g	wie vor
Lärche (Larix europaea)	m–g	wie vor
Latsche (Pinus montana)	g	nur Notäsung im Winter
Eibe (Taxus baccata)	g	beliebte Winteräsung trotz Giftigkeit

Süß- und Sauergräser

(Die deutsche Bezeichnung ist in Klammern beigefügt)

Annahme

gut	*mittel*	*gering*
Agrostis alpina (Alpenstraußgras)	Anthoxanthum odoratum (gemeines Ruchgras)	Nardus stricta (Bürstling) wird kaum angenommen
Agrostis rupestris (Felsenstraußgras)	Cynosurus cristatus (Kammgras)	Deschampsia caespitosa (Raenschmiele)
Calamagrostis varia	Holcus lanatus	

(Bergreitgras)
Calamagrostis tenella
(wolliges Reitgras)
Melica nutans
(nickendes Perlgras)
Dachtylis glomerata
(Knäuelgras)
Briza media – (Zittergras)
Sesleria coerulea
(blaues Knopfgras)
Luzula silvatica
(Waldsegge)
Poa annua
(einjähriges Rispengras)
Poa alpina
(Alpenrispengras)
Poa chaixii
(Bergrispengras,
Urgestein)
Alopecurus gerardi
(Fuchsschwanz)
Festuca rupicaprina
(Gemsenschwingel)
Festuca pumila
(niederer Alpenschwingel)
Festuca alpina
(Alpenschwingel)
Festuca pulchella
(schöner Schwingel)
Avena alpina (Alpenhafer)
Phleum michelii
(Mattenlieschgras)
Phleum alpinum
(Alpenlieschgras)
(wolliges Honiggras)
Phleum pratense
(Thimotheegras)
Poa pratense
(Wiesenrispengras)
Luzula pilosa
(behaarte Hainsimse)
Festuca ovina
(Schafschwingel)
Carex alba
(meergrüne Segge)
Festuca rubra
(roter Schwindel)
Agrostis tenuis
(zartes Straußgras)
Garex flava
(gelbe Segge)
Carex ferruginea
(rostrote Segge)
Carex sempervirens
(immergrüne Segge
nur Notäsung)
Molinea coerulea
(blaues Pfeifengras)

Wiesenpflanzen

Annahme

gut

Pimpinella magna (große Bibernelle)
Pimpinella saxifraga (kleine Bibernelle)
Galeum boreale (nordisches Labkraut)
Buphthalmum salicifolium (weidenblättriges Rindsauge)
Papilionaceae (Alle Schmetterlingsblütler)
Geranium silvaticum (Waldstorchschnabel)
Chrysanthemum leucantheum (Margarite)
Ligusticum mutellina (Alpenmutterwurz)
Centaurea jacea (Wiesenflockenblume)
Peucedanum ostruthium (Meisterwurz)
Crepis alpestris (Zwergpippau)
Meum mutellina (Bärwurz)
Biscutella laevigata (Brillenschötchen)
Plantago alpina (Alpenwegerich)

mittel

Silene cucubalus (gemeines Leinkraut)
Knautia silvatica (Waldknautie)
Carduus defloratus) (Bergdistel)
Anthyllis vulneraria (Wundklee)
Alchemilla (Frauenmantel)
Scabiosa columbaria (Taubenscabiose)
Ranunculus montanus (Berghahnenfuß)
Achillea millefolium (Schafgarbe)

gering

Chaerophyllum hirsutum (Kälberkropf)
Bellidiastrum michelii (Alpenmaßliebchen)
Lilium martagon (Türkenbund)
Mentha longifolia (Waldminze)
Campanula rotundifolia (rundblättrige Glockenblume)
Leontodon hispidus (steifhaariger Löwenzahn)
Trollius europaeus (Trollblume)
Prunella grandiflora (großblütige Braunelle)

Waldpflanzen

	Annahme	
gut	*mittel*	*gering*
Solidago virga aura	Lactuca muralis	Dentaria enneaphyllos
(Goldrute)	(Mauerlattich)	
Prenantes purpurea	Lamium galeobdolon	(neunblättrige
(Hasenlattich)	(Bienensaug)	Zahnwurz)
Senecio Fuchsii	Gentiana asclepiades	Aposeris foetida
(Fuchssches Greizkraut,	(Schlangenenzian,	(Hainsalat)
nur Blüten)	nur junge Triebe)	Lysimachia nemorum
Ranunculus nemorosus	Phyteuma spicatum	(Hainfelberich)
(Hainhahnenfuß)	(Ährige Teufelskralle)	Paris quadrifolia
Adenostyles glabra	Mercuralis perennis	(Einbeere)
(Alpendost	(Bingelkraut)	Ajuga reptans
nur Stengel, selten	Centaura montana	(Günzel)
die Blätter)	(Bergflockenblume)	Majanthemum bifolium
Polygonatum verticillata	Valeriana Tripteris	(Zweiblatt)
(quirlblättrige Weißwurz)	(dreizahliger Baldrian)	Oxalis acetosella
Valeriana montana	Aquilegia atrata	(Sauerklee)
(Bergbaldrian)	(schwarzviolette Akelei)	
Stellaria nemorosa	Adenostyles alliariae	
(Hainsternmiere)	(graublättriger Alpendost,	
	nur Blütenstand)	

Vollkommen abgelehnt werden die nachstehenden Pflanzen:
Alle Schmarotzerpflanzen mit Ausnahme der Mistel
Wolfsmilcharten
Orchideen
Minze
Wasserdost
Schachtelhalm
Brennessel (letztere wird in trockenem Zustand geäst)
Alle Farne mit Ausnahme des Frauenfarns
Alle Bärlapparten
Weißerle und Grünerle (nur die jüngsten Triebe bilden eine Notäsung)

Die regelmäßige Aufnahme von Pilzen und Flechten findet nicht statt.

Dagegen werden folgende für den Menschen giftige Pflanzen vom Gams ohne Schaden verbissen, jedoch nicht in großen Mengen geäst: Eibe, Tollkirsche, Fingerhut, Weißer Germer (nur die Gipfeltriebe), Eisenhut.

Gamswild steht oft stundenlang auf scheinbar vegetationslosen Geröllhalden und äst dort. Auf diesen Halden finden sich nämlich mineralstoffreiche Äsungspflanzen:

Hutchinsia alpina	Gamskresse
Oxyria digna	Säuerling
Artemisia mutellina	Edelraute
Doronicum grandiflorum	Großblütige Gemswurz
Senecio doronicum	Gemsgreizkraut
Hedysarum obscurum	Alpensüßklee

Das Holz morscher Baumstümpfe und Erde wird mitunter vom Gamswild aufgenommen. Die Ursache hierfür ist nicht bekannt.

Einstand und Äsungsplatz

Bei den Jägern hat sich vielfach die Einteilung in Gratgams und Waldgams eingebürgert. Diese Bezeichnung nimmt auf den Einstand der Gams Bezug. Sie ist nicht immer richtig. Man spricht oft von einem Waldgams, weil man einen Gamsbock im Walde angetroffen hat, dabei handelt es sich um einen Gams, den nur das regnerische, kalte Wetter von seinem luftigen Einstand im Felsgebirge vertrieben hat.

Der echte Waldgams steht in den bewaldeten Vorbergen und in den östlichen waldigen Ausläufern der Alpen in Kärnten und Steiermark. Es mag sein, daß bei einer dichten Besetzung eines Reviers zweitrangige Einstände, z. B. der Wald, von Gamswild besiedelt werden. Der Tagesruheplatz des echten Waldgams befindet sich meist in der Nähe von Felspartien. Mitunter nimmt der Waldgams auch die Gewohnheiten von Rot- und Rehwild an und wird dann zum Dämmerungstier. Meist sind die Waldgams stärker als die Gratgams. Dies ist auf ihren äsungsreicheren Einstand zurückzuführen. Die Waldgams besitzen oft dicke Pechkrucken. Das Pech stammt nicht von Latschen, sondern meist von Fichten. Die Gratgams halten sich Sommer und Winter in der Felsregion. Im Winter stellen sie sich mit Vorliebe an steilen Südhängen ein, wo der Schnee rasch wegtaut oder abrutscht. Auch licht stehende, sonnseitige Alpenwaldungen bilden bevorzugte Wintereinstände für den Gams.

So reichhaltig der Tisch für den Gams im Sommer gedeckt ist, so spärlich ist das Nahrungsangebot im Winter. Oft wird die mit der Nahrungssuche und dem „Freischlagen“ verbundene Anstrengung durch die vorgefundene Nahrung nicht aufgewogen. Man sollte das Gamswild in seinem Wintereinstand nicht beunruhigen, um seinen Bewegungsaufwand nicht unnötig zu vermehren.

Das Gamswild ist im allgemeinen nicht so scheu wie Rot- und Rehwild, gegen wiederholte Beunruhigungen im Einstand ist es allerdings empfindlich und wandert ab. Ein öfters beschossenes Rudel flüchtet schon beim Anblick des Jägers.

Die täglichen Wanderungen des Gams von Berg zu Tal, von der Sonnseite zur Schattseite, von der Almwiese zur Geröllhalde sollte man nicht stören.

Der Gams ist ein guter Wetterprophet: „zieht der Gams talwärts, dann kommt grobes Wetter", sagen die Jäger.

Die Feinde des Gamswildes

In früheren Jahrhunderten, als Wolf und Luchs noch nicht ausgerottet waren, haben diese beiden Wildarten das Gamswild vermindert. Der Luchs hat von seinem Absprungplatz jenen Gams gerissen, der am nächsten bei ihm vorbeizog. Eine natürliche Auslese war damit eigentlich nicht verbunden. Kobell schreibt in seinem Buch „Der Wildanger", daß der Luchs sehr stark in die Bestände des Gamswildes im Tegernseer Tal eingegriffen habe. Bei Harsch mag es mitunter auch dem Luchs gelungen sein, Gamswild nach kurzer Hetze zu reißen. Längere Hetzen pflegt der Luchs im Gegensatz zum Wolf nicht zu machen.

Im deutschen und österreichischen Alpenraum kommt der Wolf heute nicht mehr vor. Auch seine Wiedereinbürgerung dürfte nicht möglich sein. Dagegen sollen im Jahre 1955 aus Jugoslawien Wölfe nach Österreich eingewechselt sein und Gamswild gerissen haben. Einer längeren Hetze durch ein Rudel Wölfe ist das Gamswild im Winter bestimmt nicht gewachsen. Es wird ihm zum Opfer fallen. Im Sommer weiden in den Ländern, in denen der Wolf noch vorkommt, auch Ziegen und Schafe. Diese wird der Wolf und auch der Luchs leichter erbeuten als die sehr flüchtigen Gams, denen in die Felswände weder der Wolf noch der Luchs folgen kann.

Heute ist in den Alpen, in Österreich und Deutschland, hauptsächlich das Gamskitz gefährdet: seine Feinde sind der Steinadler, der Uhu, der Kolkrabe, die Krähe, der Dachs, der Fuchs und in seltenen Fällen auch der Steinmarder.

Der Steinadler schlägt meist Kitze und Jahrlinge. Ausgewachsene Gams kann er nicht wegtragen. Er hat in der Regel sein Jagdgebiet über seinem Horst, da er nicht imstande ist, schwerere Stücke aufwärts zu bringen. Es wurde auch schon beobachtet, daß er durch den Schlag seiner Schwingen Gamswild aus der Wand warf, so daß dieses abstürzte und dann seine Beute wurde. Weniger gefährlich ist der Uhu, der nur schwächere Gamskitze greifen kann. Sowohl der Steinadler wie auch der Uhu stehen heute unter Naturschutz. Sie gehören zu den gefährdeten Tierarten. Die wenigen Gamskitze, die Adler und Uhu schlagen seien ihnen gegönnt, da Adler und Uhu im Lebensraum des Gamswildes ihnen vom Schöpfer zugeteilte Aufgaben erfüllen und nicht nur von Gamskitzen sich ernähren.

In vielen Revieren befindet sich heute der Kolkrabe in einer bedenklichen Zunahme, die durch menschliche Einflüsse (Abfälle auf Skipisten und Abfallhaufen der Berggaststätten) verursacht worden ist. Da der Kolkrabe nicht nur dem Gamskitz, sondern auch den Bodenbrütern (Auerwild, Birkwild, Schneehühner) sowie dem Schneehasen und dem Murmeltier nachstellt, wäre wohl nach genauer Prüfung der örtlichen Verhältnisse zu erwägen, ob nicht eine Verminderung des Kolkrabenbestandes angezeigt wäre.

Noch klarer liegen die Verhältnisse für die Verminderung der Rabenkrähen: Sie sind ausgesprochene Nesträuber, die Busch um Busch im Frühjahr nach Nestern absuchen. Ihnen entgeht auch nicht das Gelege des Auerwildes und des Birkwildes. Sie werden auch das neugeborene Gamskitz nicht schonen, wenn sie es auffinden. Leider dringen die Rabenkrähen von Jahr zu Jahr weiter ins Gebirge vor, da sie in einer laufenden Vermehrung begriffen sind. Ursache für ihre Vermehrung sind die Müllplätze der Städte und Dörfer, die die Ernährungslage der Krähen im Winter und damit ihre Vermehrung günstig beeinflußt haben.

Fuchs und Dachs halten sich nur im Sommer in den Hochlagen auf. Das Gamskitz wird ihnen mitunter als Beute zufallen. Die in allen Alpenländern um sich greifende Tollwut hat die Bestände von Fuchs und Dachs sehr gelichtet. Trotzdem sollte der Jäger im Hochgebirge jede Möglichkeit nutzen, dem Fuchs nachzustellen, da er, ebenso wie der Dachs, eine Gefährdung der Bodenbrüter bildet. Weder die Ausrottung des Fuchses noch die des Dachses wäre zu befürchten. Ihre Bestände werden immer unterschätzt. Die Bedrohung des Gamsbestandes durch Raubwild ist gering gegenüber den Gefährdungen, denen es durch epidemische Krankheiten ausgesetzt ist.

Es sind dies

die Gamsräude
das seuchenhafte Erblinden
die Papillomatose und
der Befall mit Lungen- und Magenwürmern.

Wie das Rind äst der Gams meist aufwärts. (A)

Das Rudel trollt langsam über ein Schneefeld. Es ist Herbst und die jüngeren Stücke rudeln sich zusammen. (R)

Am frühen Morgen sind auch im Sommer die Schneefelder beinhart gefroren. Sie werden zu dieser Tageszeit vorsichtig gequert. (P)

Das Gamswild im Winter

Ein gewisser Teil des Gamsbestandes fällt jedes Jahr dem Winter zum Opfer. Je länger und schneereicher der Winter ist, desto höher sind auch diese Verluste.

Alte Böcke, die infolge der Brunft übermäßig geschwächt wurden, schwache Kitze, die den Unbilden des Winters nicht gewachsen sind, und alte Geißen werden häufig weggerafft. Schließlich fallen alle Stücke aus, die infolge von Krankheit oder von Unfällen (Laufbrüche und Verletzungen) behindert sind.

Diese Verluste werden in alljährlich wechselnder Stärke auftreten. Sie gehören zur natürlichen Auslese im Lebensraum des Gamswildes.

Treten aber in einem Revier schon in Wintern mit durchschnittlicher Härte größere Ausfälle auf, so können diese verschiedene Ursachen haben: Es kann beispielsweise das sommerliche Äsungsangebot so gering sein, daß das Gamswild nicht mit den notwendigen Feistreserven in den Winter kommt. Erstrecken sich diese Verluste aber in überwiegendem Umfange auf Böcke mittleren Alters, dann könnte das Geschlechterverhältnis zuungunsten der Böcke gestört sein, so daß diese übermäßig abgebrunftet in den Winter kommen und im Spätwinter eingehen, weil sie nicht mehr in der Lage waren, die erlittenen Verluste an Feist und Wildbret auch nur teilweise aufzuholen. Hier wäre durch eine Verminderung des Geißenanteiles und den mehrjährigen Verzicht auf den Abschuß von Böcken zu helfen.

Es wäre ein verfehltes Beginnen, die Winterausfälle durch eine winterliche Fütterung auffangen zu wollen. Auch wenn man von der Naturwidrigkeit dieser Maßnahme absieht, würde sie gefährliche Nebenerscheinungen bringen. Das Gamswild, das sich normalerweise auf die Wintereinstände des gesamten Reviers verteilt, würde sich auf die Futterstellen und die benachbarten Einstände konzentrieren. Vielleicht würde es sich sogar durch erhebliche Verbißschäden unbeliebt machen. Eine Konzentration von Wild bringt zwangsläufig die Gefahr einer gegenseitigen Infektion durch Magen-, Darm- und Lungenparasiten. Das seuchenhafte Erblinden und auch die Papillomatose können an Salzlecken und Futterstellen übertragen werden. Schon aus diesem Grunde sollte bei einem durch Seuchen in hohem Maße gefährdeten Wild, wie es das Gamswild ist, von der Errichtung von Futterstellen Abstand genommen werden. Nur wenn außergewöhnliche Verhältnisse, wie sie alle 10 Jahre einmal eintreten, dazu zwingen, könnte zu Behelfsmaßnahmen gegriffen werden. Auslegen von Heubündeln in der Nähe der Wechsel, Fällen von Proßholz an geeigneten Stellen, keinesfalls in Gräben, da diese das Gamswild bei hoher Schneelage nicht mehr verlassen kann. Futterstellen würden einer ständigen Aufsicht bedürfen, damit nicht ungebetene Gäste auf den Gedanken kommen, sich eigenmächtig einen Gamsbart zu „pflücken". Es wird auch kaum möglich sein, den Platz für die Futterstelle so auszuwählen, daß die Gams beim An- und Rückwechsel keine Lawinenhänge queren müßten. Das Gamswild meidet zwar im allgemeinen Lawinenhänge. Wenn ihm aber vom Futterplatz der würzige Duft des Grummets entgegenzieht, wird es die Lawinengefahr gering achten. Es könnte dann u. U. ein ganzes Rudel umkommen.

Futterstellen erfüllen ihren Zweck nur, wenn sie täglich beschickt werden. Wird dies durch ungünstige Wetterverhältnisse unmöglich gemacht, dann werden die Gams vor der leeren Futterstelle sich zerstreuen und neue Einstände aufsuchen. Ob sie dort dann Nahrung finden oder an Entkräftung eingehen, hängt von den jeweiligen Umständen ab. Im allgemeinen ist es besser, das Gamswild in seinen gewohnten Einständen zu belassen. Wenn sein Bewegungsaufwand gering ist, kann es in sonnigen Einständen auch längere Hungerzeiten überstehen.

Erhalten wir das Gamswild als echtes Wild, das ohne menschliche Hilfe den Winter übersteht. Es ist sicher besser, in größeren Zeitabständen schwere Verluste in Kauf zu nehmen, als das Gamswild an Futterstellen zu gewöhnen, wie sie leider beim Rotwild eine Notwendigkeit geworden sind. Der Lebensraum des Gamswildes ist zwar in den letzten fünfzig Jahren auch erheblich eingeengt worden, aber nicht in einem solchen Umfange, daß die leider auch geringer gewordenen Gamsbestände nicht auch im Winter ausreichend Nahrung finden würden.

Abschließend darf berichtigend angeführt werden, daß die von vielen Jägern geäußerte Anschauung, das Gamswild würde Futterstellen nicht annehmen, falsch ist. Es ist jedoch sehr wählerisch und nimmt nur bestes Heu oder Grummet, Hafer, Rüben und auch Weißtannenzweige an.

Das Gamswild und der Schilauf

Die winterliche Touristik bedeutet eine schwere Belastung für Gamsreviere, wenn Lifttrassen und Abfahrtsschneisen die Wintereinstände des Gamswildes zerstören.

Der Bergwanderer, der auf den Wegen bleibt, ist meist schon eine gewohnte Erscheinung für alle Wildarten geworden. Der Schifahrer aber, der fast lautlos dahingleitet und immer neue Abfahrten entdecken will, kann zu einer Geißel des Gamswildes werden, das in panischer Flucht seine gewohnten Einstände verläßt und dann oft in Gräben und Lawinenhängen sich einstellt.

Vor etwa fünfzig Jahren war auf allen Bahnhöfen im Bayerischen Oberland ein hübsches Plakat angeschlagen, das einen Schifahrer und zwei Gams zeigte. Darunter stand folgender Text: „Laß die Gams in Ruh! Sportfreund, sei auch Tierfreund!"

Diese bittende Mahnung gilt auch heute noch.

Der Hubschrauber und das Gamswild

Der Hubschrauber und seine häufigen Rettungsflüge ins Felsgelände und in Schigebiete zur Bergung von Verletzten und zur Suche von Verunglückten sind heute an der Tagesordnung. Das Wild empfindet sie jedoch als Störung und meidet jene Revierteile, die regelmäßig in gewissen Zeitabständen vom Hubschrauber beflogen werden.

Die Bodenbrüter, Spielwild und Schneehühner, wandern ab, weil sie diesen großen „Vogel“ und sein überlautes Brummen fürchten und weil vor allem der Propellerwind sie ängstigt.

Auch das Gamswild fürchtet den Propellerwind und flüchtet vor ihm in windsichere Felsspalten.

Es ist fast unmöglich, diesem Übelstand abzuhelfen. Der Hubschrauber, der einen Verunglückten sucht, muß nahe an den Felswänden fliegen. Meist wird er gar nicht gewahr werden, welches Unheil er bei der Tierwelt anrichtet. Wenn es um Menschenleben geht, dürfen dem Piloten keine Einschränkungen gemacht werden. Er sollte jedoch bei Übungsflügen eine Höhe von 200–300 Meter nicht unterschreiten und für Übungslandungen sich möglichst auf die gleichen Plätze beschränken.

Übersicht über den Lebenslauf des Gamswildes

1. Lebensjahr: Bock und Geiß

Nach etwa 180tägiger Tragzeit setzt die Gamsgeiß im Alter von 4 oder 5 Jahren in der ersten Junihälfte ein (1) Kitz. Zwillingsgeburten sind sehr selten und wegen der damit verbundenen Schwächung des Muttertieres nicht erwünscht. Das Kitz trinkt häufig, aber jeweils nur ganz kurze Zeit die von der Mutter gebotene Milch. Im Januar geht die Säugeperiode zu Ende. Bock- und Geißkitz haben im Alter von etwa fünf Monaten bereits 3–4 cm lange Krucken, an denen man das Geschlecht unterscheiden kann: Die Krucke des Bockkitzes ist kräftiger, stärker gekrümmt und besitzt einen fast runden Querschnitt. Die Krucke des Geißkitzes ist schwächer, weniger ausgeprägt und gehakelt. Der Querschnitt ist deutlich oval.

2. Lebensjahr: Jahrling: männlich

Im zweiten Lebensjahr ist das Längenwachstum der Krucke am größten.

Die Bock-Jahrlinge schließen sich zu kleinen Rudeln zusammen. Sie beteiligen sich nicht an der Brunft.

Jahrling: weiblich

Die Geißjahrlinge verlassen während der Setzzeit für kurze Zeit die Geiß, kehren aber für den Rest des Jahres zu ihr zurück.

Nur in seltenen Fällen nimmt der weibliche Jahrling an der Brunft teil. Ein Aufnehmen und Austragen sind Ausnahmeerscheinungen.

3. Lebensjahr

Wie im zweiten Lebensjahr. Der Längenzuwachs der Krucke ist bei Bock und Geiß etwas geringer als im zweiten Jahr.

Die Geiß kann im dritten Lebensjahr beschlagen werden und im vierten Jahr ein Kitz setzen. Dieses frühe Aufnehmen und Austragen und Säugen der noch nicht ausgewachsenen Geißen ist wegen der damit verbundenen Schwächung nicht günstig.

4. Lebensjahr: Bock

Den Sommer verbringt der Bock im Verband eines kleinen Bockrudels, das sich zu Beginn der Brunft auflöst. Die Böcke schließen sich an verschiedene Rudel an und werden dauernd von den Platzböcken verjagt. Das Wachstum des Knochengerüstes ist im fünften Lebensjahr abgeschlossen, mit Ausnahme des Brustkorbes, der noch an Größe zunimmt.

Geiß

Ob das Verwerfen junger Geißen nur auf Brucellose zurückzuführen ist, bedarf noch einer genauen Klärung. Ein kleiner Teil der Geißen setzt bereits zu Beginn des 4. Lebensjahres. Meist nimmt jedoch die Geiß erst im vierten Lebensjahr auf und setzt zu Beginn des fünften ihr erstes Kitz. Das spätere Setzen wirkt sich gut auf die körperliche Entwicklung des Muttertieres aus.

Die Geiß wird im November des Vorjahres beschlagen. Sie setzt nun alljährlich im Juni ein Kitz, sehr selten zwei. Mitunter setzt sie mit dem Aufnehmen aus.

5. Lebensjahr: Bock

Die Bockrudel des Vorjahres bilden kleinere Gruppen von gleich alten Böcken, die sich feste Einstände wählen. Abgelegene Äsungsplätze mit Deckung bilden den Sommereinstand. Zu Beginn der Brunft suchen die Böcke die Nähe eines Brunftrudels auf. Ob aber der fünfjährige Bock schon zum Beschlag kommt, entscheidet sich erst zu Beginn der Brunft: Ist ein älterer Bock vorhanden, dann kommt der fünfjährige Bock nicht zum Beschlag.

Alterskennzeichen: vier- und fünfjährige Böcke haben scharf abgesetzte Zügel und einen verhältnismäßig kurzen Schädel. Der Pinsel ist bereits deutlich sichtbar.

Geiß

Der Lebenslauf der Geiß bleibt vom 5.–12. Jahr unverändert. Fast alljährlich setzt sie ein Kitz. Sie lebt immer im Verband des Rudels.

6.–9. Lebensjahr: Bock

Ab dem 6. Lebensjahr steht der Bock am Scheitelpunkt seines Lebens. Dieser hält etwa bis zum 8. oder 9. Lebensjahr an. Seine Decke ist im Sommer kräftig braun und im Winter fast kohlschwarz. In diesem Alter trägt er auch den besten Bart. Das Körpergewicht scheint mehr auf den Vorderläufen zu ruhen.

Die schwarzen Zügel sind scharf gegen die Blesse abgegrenzt. Gegen das neunte Lebensjahr zu verliert die Decke im Sommer ihr leuchtendes Braun und wird fahler. Auch die Winterdecke bekommt einen Stich ins Braune. Der etwas ins Graue spielende Keulenfleck verschwindet im achten Lebensjahr. Auch die orange-rote Zeichnung um das Waidloch verliert ihre Nierenform und wird kleiner. Mitunter zeigen sich im Alter von 9 Jahren unter dem Licht einzelne graue Haare (halbmondförmig).

9. Lebensjahr und älter: Bock

Der Bock hat zu diesem Zeitpunkt in der Regel den Höhepunkt seines Lebens überschritten. Im Sommer wird er zum ausgesprochenen Einzelgänger. Seine Sommerdecke wird grau-gelblich-braun. Seine Winterdecke bekommt einen deutlichen Stich ins Braune. Den Sommer über hält er seinen ruhigen Einstand, der meist äsungsreich, aber flächenmäßig klein ist. Um die Oktobermitte sucht er den ihm gewohnten Brunftplatz auf. Nur kurze Zeit beteiligt er sich am Brunftbetrieb und kehrt dann je nach Witterung wieder in seinen Feisteinstand zurück oder stellt sich im Wintereinstand ein.

An Entkräftung geht ein Großteil der Gamsböcke im Alter von 11–16 Jahren ein. Nur in Ausnahmefällen werden Böcke älter. In diesem Alter tragen die Gamsböcke das Haupt tiefer, als 6- bis 9jährige. Sehr alte Böcke tragen das Haupt beim Ziehen fast waagrecht.

12 Jahre und älter: Geißen

Die Gamsgeiß setzt gewöhnlich bis zum 12. Lebensjahr alljährlich ein gesundes Kitz. Es sind auch Fälle bekannt, daß Gamsgeißen noch mit 16 und 20 Jahren Kitze geführt haben. Diese Kitze sind aber meist schwach, nur selten überstehen sie den Winter.

An der Krucke werden dann die Jahrringe von einem bestimmten Jahr ab erheblich breiter und behalten diese Breite bis zum Ende des Lebens.

Wenn die inneren Organe gesund sind, wird die Geiß in höherem Alter feist. Sie hält sich nicht mehr im Rudel, sondern folgt diesem in einem gewissen Abstand. Eine alte, nichtführende Geiß ist nie Leitgeiß.

Ist eine alte Geiß stark von Parasiten des Darm- oder Lungentraktes befallen, dann magert sie stark ab und geht dann gewöhnlich im Winter an Entkräftung ein. Die Schädeldecken alter Geißen sind immer erheblich dünner als die Schädeldecken alter Böcke. Die Ursache liegt in dem Kalkverbrauch des heranwachsenden Kitzes in der Tragzeit.

Alte, nicht mehr aufnehmende Geißen brunften länger, meist noch im Dezember und werden von jüngeren Böcken wiederholt beschlagen. Sie nehmen aber nicht auf.

Das höchste Alter, das bei einer Gamsgeiß festgestellt wurde, beträgt 23 Jahre. Dem Verfasser ist ein Fall bekannt, daß eine 21jährige Geiß noch geführt hat. Geiß und Kitz waren äußerst schwach. Sie wurden beide erlegt.

III.
Die Gamskrucke

Die Krucke

Bei vielen Hornträgern, auch beim Gamswild, besitzen beide Geschlechter einen Kopfschmuck, die Hörner, die jedoch beim männlichen Tier stärker als beim weiblichen ausgebildet sind. Die Hörner des Gamswildes heißen Krucke. Die Krucke des Gamsbockes ist dicker, im Querschnitt fast rund und stärker gehakelt. Die Krucke der Gamsgeiß ist schlanker, im Querschnitt deutlich oval. Sie besitzt eine geringere Hakelung.

Es gibt aber mitunter auch Böcke, deren Krucke fast den typischen Geißcharakter zeigt und Geißen, deren Kopfschmuck bockähnlich ist. Auch dem geübten Jäger kann manchmal ein Versehen unterlaufen, insbesondere „wenn es schnell gehen muß“, so daß schließlich statt einer Geiß ein Bock auf der Strecke liegt oder umgekehrt, statt des Bockes eine Geiß. Wenn es dann keine führende Geiß ist, mag man sich über diesen jagdlichen Mißgriff trösten. Im anderen Falle wäre es schlimmer und man sollte dann den gleichen Platz längere Zeit aufsuchen. Meist wird es dann gelingen, auch das mutterlose Kitz zu erlegen.

Die Krucke besteht aus einem Knochengebilde, dem Stirnzapfen und dem Schlauch, der aus Epidermiszellen gebildet wird. Zwischen Schlauch und Stirnzapfen befindet sich eine Schicht parenchymatischer Zellen, die das Wachstum von Stirnzapfen und Schlauch steuert. Am Grunde des Stirnzapfens befinden sich Hohlräume, an denen bei schweren Stürzen der Stirnzapfen bricht, ohne das Gehirn freizulegen. Das Wachstum der Krucke ist in den nachfolgenden schematischen Zeichnungen veranschaulicht. Beim Gamskitz bilden sich schon nach wenigen Wochen, wie beim männlichen Rehkitz, an der Schädeldecke zwei Erhöhungen, aus denen sich die Stirnzapfen entwickeln. Über den Stirnzapfen spannt sich dann die Decke und bildet den schwarzen Schlauch, der im ersten Jahr nur wenige Zentimeter lang wird.

Vom Zuwachs des ersten Jahres abgesehen, stellt der Jahreszuwachs eine Röhre dar, die oben wie ein Zigarrenende spitz verläuft. Durch die Krucke zieht sich ein feiner Kanal, beginnend im Hohlraum in der Nähe des Stirnzapfens bis zur Spitze der Krucke, der im Alter von 6–7 Jahren verödet. Fuschlberger hat als erster den tütenartigen Aufbau der Gamskrucke erkannt, als er einen Längsschnitt durch den Schlauch machte.

Die unteren Enden der Jahreszuwachstüten sind, von Pechkrucken abgesehen, deutlich zu erkennen. Sie ermöglichen die genaue Ermittlung des Alters. Neben diesen Altersringen besitzen manche Gamskrucken auch sogenannte Schmuckringe. Diese sind Wülste, die mit Perioden guter Ernährung zusammenhängen können. Diese Schmuckringe sind nirgends scharf vom Schlauch abgesetzt, sondern gehen in diesen über.

In höheren Altern, etwa ab 12 Jahren, sind häufig die Jahrringe bei den Geißen breiter als bei den Böcken, oft doppelt und dreifach so breit. Diese Erscheinung dürfte mit dem Nichtmehraufnehmen der Geißen zusammenhängen, wie schon im Vorstehenden angedeutet wurde: Die nicht für die Ernährung des Nachwuchses benötigten Aufbaustoffe kommen teilweise der Entwicklung des Kopfschmuckes zugute. Bei Krucken, die einen starken Pechbelag aufweisen, kann das Zählen der Jahrringe unmöglich sein. Dieser Pechbelag, der oft bis zu 3 mm dick ist, entsteht beim Fegen an harzenden Holzarten (Fichte, Zirbe, Latsche). Dieses Fegen dient der Markierung des Einstandes. Es wird dabei aus den hinter den Schläuchen befindlichen Drüsen (Brunftfeigen) ein nach Moschus duftendes Sekret ausgeschieden. Pechkrucken kommen fast nur bei Böcken vor.

Zusammenfassung

1. Die Krucke besteht aus dem Stirnzapfen, einem Knochengebilde und dem hohlen Schlauch, der aus Epidermiszellen besteht.

2. Bei ausgewachsenen Stücken füllt der Stirnzapfen die Höhlung des Schlauches fast aus, bei jüngeren Stücken ist dieser Hohlraum wesentlich größer. Er ist mit einer blutähnlichen Flüssigkeit gefüllt.

3. Stirnzapfen und Schlauch wachsen, indem der Stirnzapfen stärker und länger wird. Gleichzeitig entwickelt sich eine neue Horntüte. Die hierzu notwendigen Baustoffe liefert die im Hohlraum befindliche Flüssigkeit.

4. Die einzelnen Jahresringtüten sind fest miteinander verwachsen.

Das Alter des Tieres kann am unteren Ende der Jahrringtüte abgezählt werden. Den größten Längenzuwachs erfährt die Krucke im zweiten, selten im dritten Lebensjahr. In diesen Jahren entscheidet es sich, ob die Krucke hoch wird oder nur das Mittelmaß erreicht.

Ab dem 5. Lebensjahr sind die Jahresringe nur noch 1–2 mm breit.

5. Der Stirnzapfen zeigt in seinem Inneren ein feines Stäbchenknochengerüst, das dämpfend bei einem Sturz oder bei dem verhältnismäßig seltenen Steinschlag wirkt.

6. Neben den Jahresringen gibt es in den ersten 5 Lebensjahren auch Schmuckringe, die keine Beziehung zum Lebensalter haben. Die Krucken weisen manchmal auch Längsrillen auf, die in höherem Alter wieder verschwinden (Hornen).

7. Die Krucke der Geiß bildet in der Hakelung einen Kreisbogen, der 90–135 Grad umfaßt; die Spitzen der Geißkrucke weisen schräg nach hinten, nie nach unten. Die Bockkrucke bildet in der Hakelung in der Regel einen Halbkreis, die Hakelung zeigt fast senkrecht nach unten.

8. Es gibt Gamsgeißen, deren Krucke Bockcharakter besitzt und Gamsböcke, deren Krucke geißenähnlich ist. Man spricht dann von bockkruckigen Geißen und geißkruckigen Böcken.

Längsschnitt durch die Krucke eines Gamskitzes

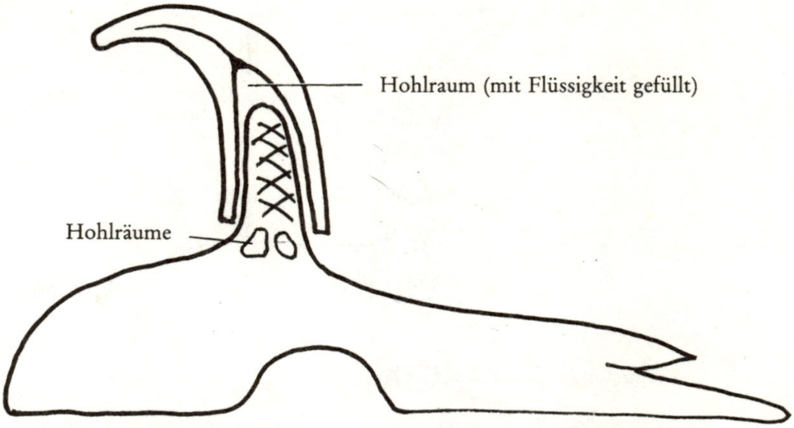

Gamskitz im November des 1. Lebensjahres

Das Horn zeigt bereits deutlich die Krümmung nach hinten. In seiner Mitte verläuft ein feiner Kanal, der mit einer für das Kruckenwachstum notwendigen blutähnlichen Flüssigkeit gefüllt ist. In höherem Alter verödet dieser Kanal.

Längsschnitt durch die Krucke eines 2jährigen Gamsbockes

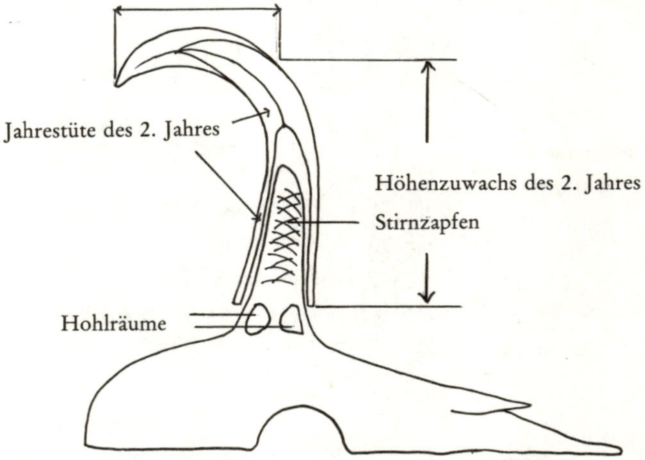

2. Lebensjahr (Jahrling)

Die Hornbildung des 1. Lebensjahres wird durch die Bildung der Zuwachstüte des 2. Lebensjahres gehoben und nach hinten verschoben.

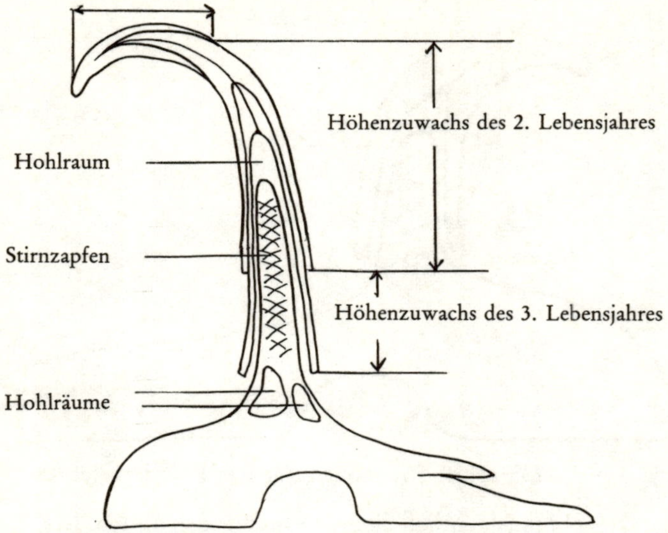

Krucke eines Bockes gegen Ende des 3. Lebensjahres

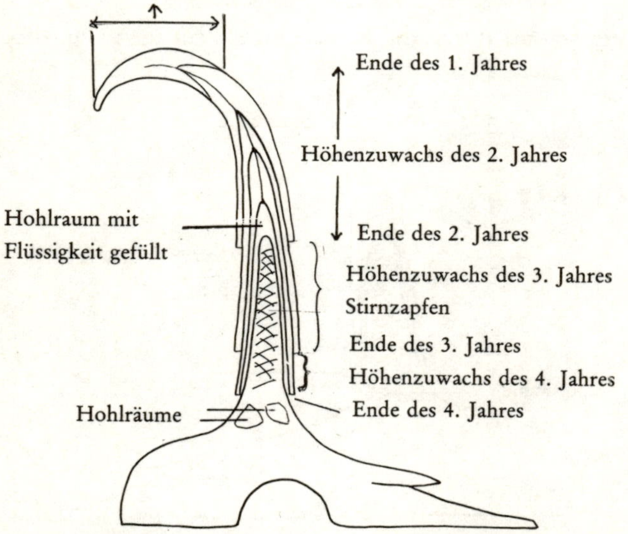

Längsschnitt durch die Krucke eines vierjährigen Gamsbockes

Die Dicke der Jahresringe ist etwas vergrößert. Die unteren Enden sind selten so deutlich zu erkennen, da sie an Latschen u. a. abgewetzt werden.

Längsschnitt durch die Krucke eines fünfjährigen Gamsbockes

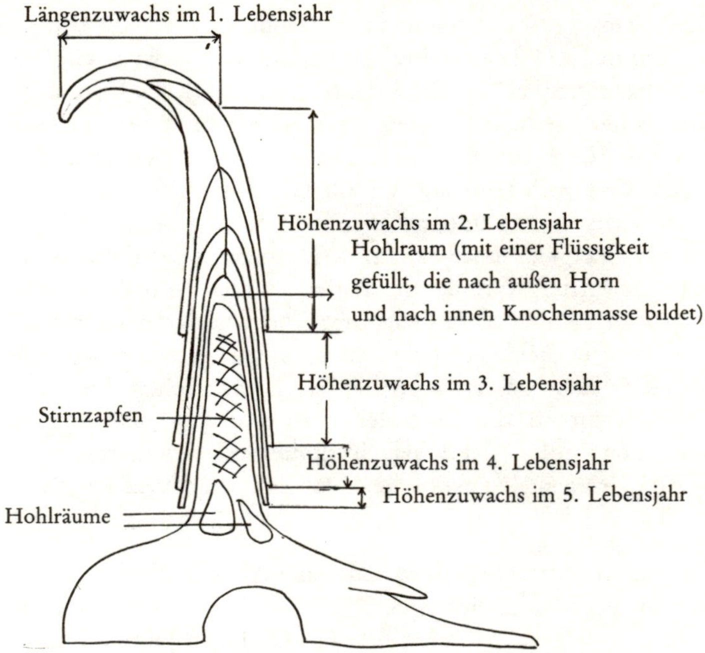

Längsschnitt durch die Krucke eines sechsjährigen Gamsbockes

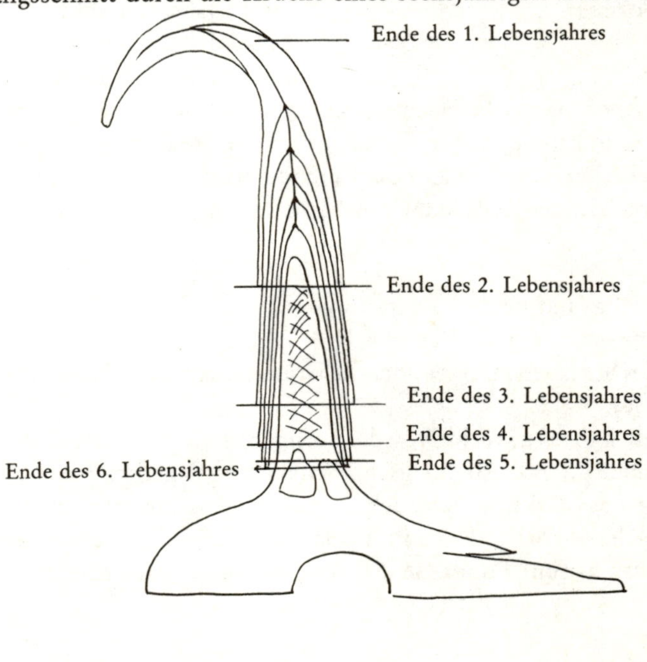

Die Trophäen aller Wildarten sind Erinnerungsstücke an ein erfolgreiches Jagen, an schöne Stunden im Revier und auf der Jagdhütte. Eine wirkliche Beziehung zu einer Trophäe hat eigentlich nur der Erleger. Wenn auch die Güte der Trophäe keinen Weiser für das jagdliche Können des Schützen darstellt, so freut sich doch jeder Jäger, wenn die erbeutete Gamskrucke hoch ist, starke Schläuche und eine weite Auslage besitzt. Selbstverständlich soll das erlegte Tier alt sein. Je älter das Tier ist, desto größer ist die Freude und die innere Genugtuung des Erlegers.

Um einen Vergleichsmaßstab für den Formwert der Trophäen zu erhalten, sind spezielle Bewertungsformeln geschaffen worden. Das Gamswild wird nach der deutsch-österreichischen Einheitsformel oder nach der internationalen Madrider Formel bewertet. Beide Formeln unterscheiden sich nur unwesentlich: die Auslage wird bei der deutsch-österreichischen Formel von Schlauchmitte zu Schlauchmitte gemessen, während die Madrider Formel die „maximale innere Entfernung zwischen den Gipfeln der Schlauchkrümmung" bewertet.

Es wäre dringend zu wünschen, daß hier eine Vereinheitlichung stattfinden würde.

Eine weitere Verschiedenheit bilden die Alterspunke:

Deutsch-österr. Einheitsformel:	6–10 Jahre 1 Punkt
	11–15 Jahre 2 Punkte
	über 15 Jahre 3 Punkte
Madrider Formel:	6–10 Jahre 1 Punkt
	11–12 Jahre 2 Punkte
	über 12 Jahre 3 Punkte

Es besteht keine biologische Notwendigkeit, einen Gamsbock 15 Jahre alt werden zu lassen. Nur ein ganz geringer Teil aller Gamsböcke dürfte auch ohne jegliche Bejagung dieses Alter erreichen. Um der Einheitlichkeit willen sollte man sich auf die Madrider Formel einigen: Alle Maße werden in Zentimetern mit einer Dezimalstelle gemessen!

Rein formelmäßig sind beide Fassungen gleich:

Anzahl der Punkte = 1,5 L + H + 4 U + A + Ap

L = Länge des Schlauchansatzes über die Krümmung bis zur Spitze (Mittel beider Schläuche).

H = Höhe, d. i. die Senkrechte von der Stirnnaht zwischen den Schläuchen bis zu einem über die höchste Stelle der Schläuche gelegten Lineal.

U = Umfang des stärksten Schlauches, gemessen an der stärksten Stelle, einschließlich des vorhandenen Pechbelages, wobei jedoch je nach dem Pechbelag höchstens fünf Punkte in Abzug gebracht werden können.

A = Deutsch-österr. Formel: Weiteste Entfernung an der Schlauchkrümmung, gemessen von Schlauchmitte zu Schlauchmitte, wobei bei anomal ausgelegten Krucken die Auslage nicht mehr als die Höhe bewertet werden darf.

Madrider Formel: Maximale *innere* Entfernung zwischen den Gipfeln der Schlauchkrümmungen. Im Falle einer anomalen Auslage darf diese nicht höher als die Höhe der Krucke bewertet werden.

Ap = Alterspunkte: Über die Berechtigung Alterspunkte zu gewähren, herrschen verschiedene Meinungen. Man erklärt, für die Bewertung einer Trophäe soll allein deren Formschönheit und nicht auch jagdliche Gesichtspunkte maßgebend sein. Mit dem gleichen Recht könnte man bei den anderen Wildarten ebenso Alterspunkte geben. Hierzu wäre folgendes zu sagen: Bei keiner Wildart ist die Altersbestimmung so genau möglich, wie beim Gamswild. Auch bei anderen Wildarten gibt es eine Altersgrenze, unter welcher das Stück überhaupt nicht bewertet wird. Die Anrechnung von Alterspunkten hat gerade bei starken Gamsböcken eine wesentliche, erzieherische Bedeutung: Mancher Gamsbock darf ein Jahr länger leben und sich vererben, weil der Schütze sich nicht klar war, ob der Bock vor ihm wirklich schon das Reifealter von 8–9 Jahren erreicht hatte.

Wenn zwei Krucken, die eine mit, die andere ohne Alterspunkte, die gleiche Punktzahl erreichen, dann ist jene ohne Alterspunkte bestimmt die nach ihrem Formwert bessere. Vom Standpunkt der Hege wäre allerdings die Erlegung des jüngeren Bocks zu bedauern.

Auch die Anrechnung des Pechbelages ist umstritten.

Man sollte aber der formelmäßigen Bewertung einer Trophäe keinen *zu* großen Wert beimessen. Die Gamsjagd im Hochgebirge hat ihren Hauptreiz in der Erhabenheit des Reviers; diese Freuden sollte man sich nicht durch punktmäßige Bewertung der Trophäe schmälern. Die Bewertungsformel baut auf rein menschlichen Bewertungsmaßstäben auf, die weder zum Kampfwert der Krucke noch zum augenblicklichen Gesundheitszustand des Tieres eine Beziehung haben.

Abnormitäten

Regelwidrige Ausbildungen des Kopfschmuckes finden sich bei allen Trophäenträgern, seien es Horn- oder Geweihträger. Ein grundlegender Unterschied besteht jedoch darin, daß der Bruch einer Geweihstange beim Hirsch oder beim Rehbock im Folgejahr wieder vollkommen verschwunden ist, da ja der Geweihträger alljährlich ein neues Geweih schiebt. Beim Bruch des Hornes bleiben jedoch die Veränderungen oder Beschädigungen während des ganzen Lebens sichtbar. Meist handelt es sich um Brüche der Schläuche, die beim Abstürzen entstehen können. Manchmal ist der Schlauch nur angebrochen, so daß die Bruchstelle wieder verheilt, aber für immer eine regelwidrige Stellung behält. An der Bruchstelle wächst mitunter eine weißgraue durchscheinende Hornmasse nach.

Eine Besonderheit sind beim Gamswild die Hauthörner, deren Ursache noch nicht einwandfrei geklärt ist. Man hat beobachtet, daß nach leichten Streifschüssen sich an der getroffenen Stelle ein Hauthorn bildete. Die Entstehung solcher Hauthörner ist jedoch nicht auf das Haupt beschränkt. Auch bildet sich nicht bei jeder Verletzung ein Hauthorn.

Bild aus dem „Haus der Natur“ in Salzburg.
Gamsgeiß mit Hauthorn am Unterkiefer; erlegt 1962 bei Golling.

Licht stehende Hochlagenbestände aus Fichten, Lärchen und Zirben in Almnähe sind bevorzugte Einstände für Rot- und Gamswild im Sommer. Im Winter sind diese Lagen wildleer. Wildschaden wird dort auch im Sommer kaum verursacht.
Das Bild zeigt im Hintergrund die Teufelshörner, wo 1927 und 1937 Steinwild ausgesetzt wurde. (A)

Eine wirklich gute Gamskrucke, schön geschwungene Schläuche. (N)

Ausgeprägte Hakelung und weite Auslage. Klasse I. (N)

Gamsbock aus dem Feldberggebiet, 111 Punkte

Gamsgeiß (Zastlertal) – Feldberggebiet, 100 Punkte
So starke Pechringe sind bei Geißen sehr selten.

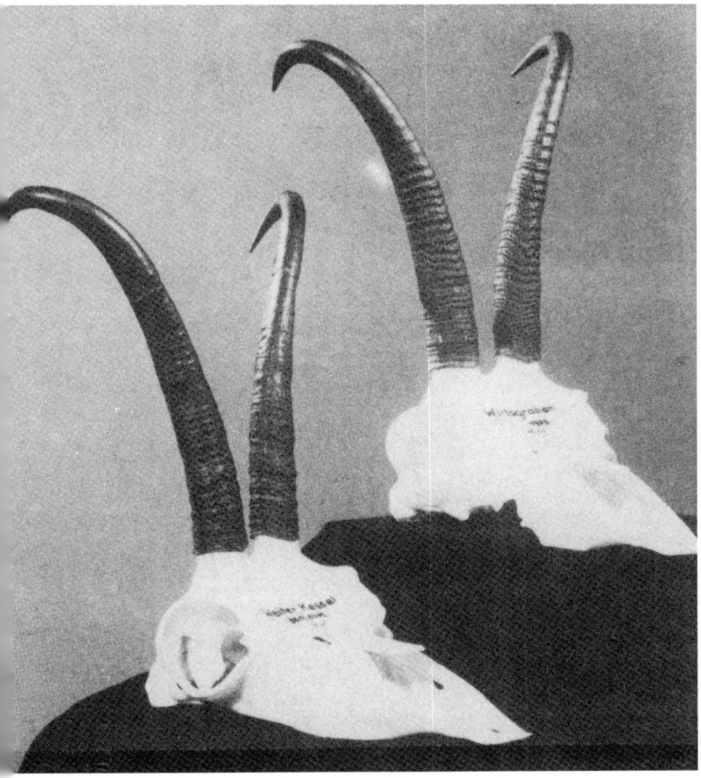

Zwei Geißen wurden erlegt: Linke Geiß: neunjährig, nichtführend. Aus der Breite der Jahrringe darf geschlossen werden, daß die Geiß seit dem fünften Jahre nicht mehr geführt hat. Der Abschuß ist voll vertretbar. Geißen, die nicht aufnehmen, brunften meist ziemlich lange und bringen nur Unruhe unter die Böcke. (Unerwünschte Brunftverlängerung.) Die rechts abgebildete Geiß führte ein schwaches Kitz. Kitz und Geiß wurden erlegt. Der Abschuß des Kitzes war richtig, der Abschuß der 7jährigen Geiß nur dann, wenn sie im Wildbretzustand nicht entsprochen hätte.

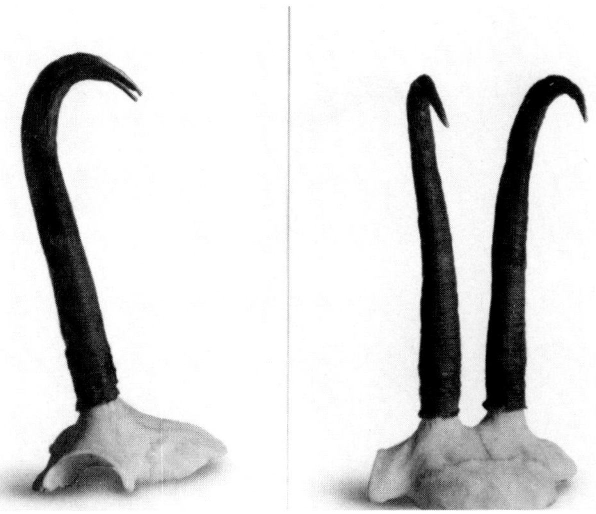

Alte Geiß mit ausnehmend hoher, aber enggestellter Krucke. Die enge Stellung der Schläuche ist bei Geißen häufiger als bei Böcken. (N)

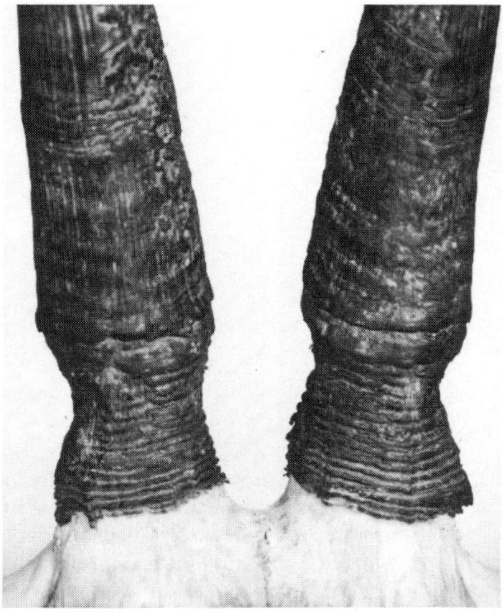

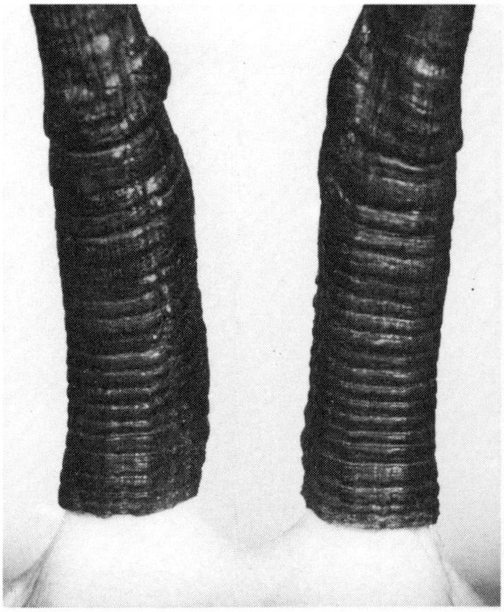

Zwei aufschlußreiche Krucken: In den letzten 16 (!) Jahren seines Lebens hat der Bock nur 1 mm = breite Jahrringe geschoben. Die Anstrengungen der Brunft und Wintersnot sind die Ursache, warum der Bock nicht mehr Aufbaustoffe für den „Luxusartikel" Kopfschmuck freimachen konnte.
Die 22jährige Gamsgeiß hat in den letzten 18 Jahren ihres Lebens kein Kitz mehr ausgetragen. Die für den Aufbau des werdenden Jungtieres bestimmten Aufbaustoffe sind für das Höhenwachstum der Krucke verbraucht worden. An den Krucken älterer Gamsgeißen werden oft die letzten Jahrringe auffallend breit. Die Ursache liegt in dem Nichtmehraufnehmen oder Nichtaustragen der Geißen.
Eine kräftige Mineralstoffdüngung von bevorzugten Äsungsplätzen (Almen) soll sich auch günstig auf die Verbreiterung der Jahrringe auswirken.

Mitunter heilen Brüche in spitziger Form aus. Die Spitze ist manchmal milchglasartig durchscheinend.

Der linke Schlauch ist in halber Höhe gebrochen. (N)

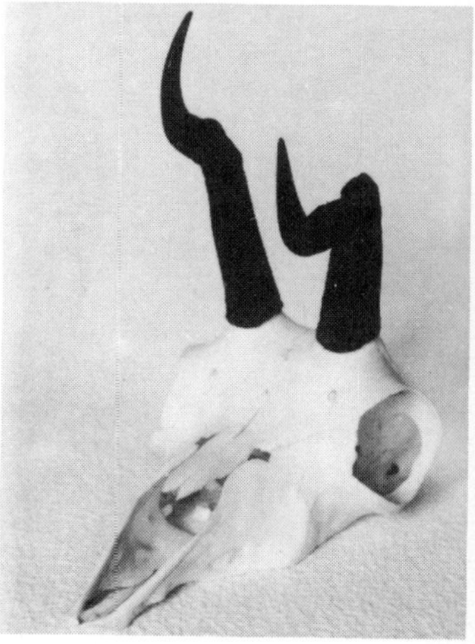

Beide Schläuche sind bei einem Sturz nicht durch Steinschlag – gebrochen u wieder angewachsen. Vermutlich hand es sich um eine junge Geiß. (S)

Die Einteilung des Gamswildes nach der Krucke

In Revieren, in denen regelmäßig Jagdgäste aufgenommen werden, ist es üblich, die Freigabe des Abschusses durch eine genaue Bezeichnung der Kruckenstärke festzulegen.

Im Jahre 1935 wurde eine Einteilung geschaffen, in der das Alter, der Gesundheitszustand des Tieres und die Güte der Krucke die Bewertungsgrundlagen bildeten.

Böcke, die in der Krucke und dem Gesundheitszustand dem Hegeziel entsprachen, wurden als „gut (a)", Geißen in gleicher Versassung als „hegbar (a)" bezeichnet.

Böcke, die diesen Anforderungen nicht entsprachen, galten als „fehlerhaft (b)", Geißen in der gleichen Verfassung als „nicht hegbar (b)".

Bei den Böcken wurden noch die Altersstufen I und II eingeführt. Böcke über 5 Jahre gehörten zur Altersstufe I, Böcke unter 5 Jahren zur Altersstufe II.

Beim weiblichen Wild wurden keine Altersstufen ausgeschieden.

Jahrlinge und Kitze wurden nur nach dem Gesundheitszustand in „hegbar" und „nicht hegbar" eingeteilt.

Ein Ia-Bock war demnach ein Gamsbock im Alter von mehr als 5 Jahren mit einwandfreier Krucke und in gutem Wildbretzustand.

Ein Ib-Bock war ein Bock über 5 Jahre alt mit fehlerhafter Krucke oder in nicht befriedigendem Wildbretzustand.

Ein IIa-Bock war ein Bock mit einwandfreier Krucke, in gutem Wildbretzustand, im Alter von unter 5 Jahren.

Ein IIb-Bock war ein Bock, der im Wildbretzustand oder in der Krucke nicht befriedigte, im Alter von unter 5 Jahren.

Bemerkenswert ist die Tatsache, daß schon im Jahre 1935 dem Wildbretzustand besonderes Augenmerk geschenkt wurde.

Gegen die Grundgedanken dieser Ausscheidung bestehen keine Bedenken. Die Altersschwelle ist allerdings zu nieder angesetzt. Der Gamsbock ist frühestens mit 6 Jahren ausgewachsen, da von diesem Alter ab das Gewicht keine wesentliche Zunahme mehr erfährt. Nach den heute geltenden Anschauungen sollte der „gute" Bock erst nach dem achten oder neunten Jahr erlegt werden.

Da aber beim Gamswild die Güte der Trophäe, wie bei allen Hornträgern, in keinem Zusammenhang mit dem augenblicklichen Gesundheitszustand des Tieres steht, sollte ihr bei der Entscheidung über den Abschuß eines Stückes kein zu großes Gewicht beigelegt werden. Gesundheitszustand und Alter wiegen wesentlich schwerer, vom Standpunkt der Hege aus betrachtet. Wenn der Jäger die Ansicht vertritt, die Stelle des Großraubwildes einnehmen zu müssen, darf er nicht nach der

Trophäe jagen. Sein Abschuß hätte sich in erster Linie auf alte und kranke Stücke sowie Jungwild zu erstrecken. Gerade beim Gamswild verdient der Grundsatz „Wildbretzustand geht vor der Trophäe" besondere Beachtung! Der Wunsch des Jägers, eine Trophäe von mindestens mittlerer Stärke zu erbeuten, war bisher oft die Ursache für die zu geringen Eingriffe in die Jugendklassen des Gamswildes. Heute versucht man, weitgehendst die zu erwartenden Winterausfälle beim Jungwild durch die „Hege mit der Büchse" aufzufangen.

Der gesunde Gamsbock kann Träger einer guten Trophäe sein. Er soll auch alt werden. Vor allem aber sollten im Wildbret nicht befriedigende Stücke bevorzugt erlegt werden. Leider werden oft jüngere Böcke in bestem Gesundheitszustand abgeschossen, lediglich weil die Stellung der Schläuche nicht dem menschlichen Wunschbild entspricht! Dies ist bestimmt falsch; Ziel der Hege muß ein gesunder, zahlenmäßig dem Äsungsangebot angepaßter Gamsbestand sein: Ein 6jähriger Gamsbock mit niederer enggestellter Krucke und einem Feistgewicht, aufgebrochen um 25 kg, ist kein Abschußbock im biologischen Sinne. Es ist biologisch falsch, ihn nur wegen der engen niederen Krucke aus der Wildbahn zu nehmen. Die Ausformung der Krucke ist – wenn überhaupt – nur in sehr langen Zeiträumen zu beeinflussen!

In Bayern und in Österreich sind neue Hegerichtlinien für das Gamswild in Vorbereitung. Die Altersschwelle für den reifen Gamsbock wird vermutlich auf acht Jahre festgelegt werden. Es wird also auch in Zukunft auf die Altersansprache nicht verzichtet werden können. Diese ist schwierig und es werden immer wieder Fehler vorkommen. Wesentlich leichter ist es, einen Bock nach den Güteklassen in „a" oder „b" einzustufen.

Vorschlag für die Zukunft

Im Nachstehenden wurde versucht, eine Einteilung zu treffen, die sowohl den heutigen biologischen Erkenntnissen als auch den jagdlichen Wünschen Rechnung tragen würde.

Gamsböcke
Klasse I: Starke Böcke

In diese Klasse gehören alle gesunden Gamsböcke, die das achte Lebensjahr vollendet haben und deren Krucke ohne Alterspunkte und nach Abzug von Punkten entsprechend den Pechringen, soweit solche vorhanden sind, bei der Bewertung nach der deutsch-österreichischen Einheitsformel 95 Punkte erreicht hat.

Klasse II: Nicht jagdbare Böcke

In diese Klasse gehören alle gesunden Gamsböcke, die das achte Lebensjahr noch nicht vollendet haben und deren Krucke im Alter von acht Jahren 95 Punkte erreichen wird.

Klasse III: Jagdbare Böcke

In diese Klasse gehören alle Gamsböcke ohne Rücksicht auf das Alter, deren Gesundheitszustand nicht befriedigt oder deren Krucke im Alter von acht Jahren 95 Punkte nicht erreichen wird.

Gamsböcke, die im Gesundheitszustand voll entsprechen, deren Krucke zwar in Stärke, Höhe und Auslage nicht befriedigt, sollen nur dann erlegt werden, wenn ihre Erlegung zur Erfüllung des Abschußplanes notwendig ist.

Böcke mit beschädigten Krucken können in der Klasse III geführt werden.

Kennzeichen für gesundheitliche Störungen

Untergewicht, schlechte Verhärung, äußere Verletzungen, z. B. Knochenbrüche, Husten, Durchfall, Hauterkrankungen (z. B. Pappillomatose oder Gamsräude).

Die Bezeichnungen „abschußwürdig" und „gering" wurden bewußt vermieden, weil den beiden Begriffen die gedankliche Verbindung zu „zweitrangig" anhaftet. Kein Jagdherr wird einem Gast einen abschußwürdigen oder gar einen geringen Gamsbock anbieten wollen. Wenn aber in der Hege des Gamswildes neue Wege beschritten werden wollen, ist es notwendig, dem Wildbretzustand mehr Augenmerk als bisher zuzuwenden und auch in die jüngeren Altersstufen einzugreifen.

Die Anteile der einzelnen Klassen sind von Revier zu Revier verschieden, je nach der Strenge des vorhergegangenen Winters und der Art der bisherigen Eingriffe. Aufgabe einer gewissenhaften Hege wäre es, alle Jahrgänge und Geschlechter laufend einer gründlichen Musterung zu unterziehen und die im Wildbret nicht befriedigenden Stücke abzuschießen. Mittelalte Böcke, d. s. solche im Alter von 4–8 Jahren, sollten nur dann erlegt werden, wenn ihr Gesundheitszustand dies erforderlich erscheinen läßt.

Oberstes Hegeziel ist die Gesunderhaltung eines Gamsstandes, dessen zahlenmäßige Höhe dem winterlichen Äsungsangebot des Reviers angepaßt ist. An die Herstellung und Aufrechterhaltung des Geschlechterverhältnisses 1:1 wurde bereits an anderer Stelle erinnert.

Geißen, Jahrlinge und Kitze

Hegewürdig sind alle gesunden Gamsgeißen, die das 12. Lebensjahr noch nicht erreicht haben und die im Wildbretzustand und in der Trophäe dem Revierdurchschnitt entsprechen. Nicht befriedigende Kruckenbildung allein, bei gutem Wildbretzustand, ist kein Abschußgrund.

Nicht hegewürdig sind alle Gamsgeißen, die nicht führen und das 12. Lebensjahr überschritten haben. Ferner alle Geißen, führend oder nicht führend, deren Wildbretzustand nicht befriedigt oder an denen gesundheitliche Störungen beobachtet werden. Beim Abschuß führender Geißen wäre immer das Kitz zuerst zu erlegen!

Jahrlinge und Kitze

Abschuß nur nach dem Gesundheitszustand. Spät verhärende und untergewichtige Stücke wären aus der Wildbahn zu nehmen. Kleine Kitze sind meist Bockkitze! Man unterscheide deshalb genau zwischen „klein" und „schwach"! Nicht jedes kleine Kitz ist auch schwach!

Die Bejagung des Gamswildes sollte in erster Linie als eine Maßnahme zur Gesunderhaltung des Gamsstandes betrachtet werden. Der Schaden, den das Gamswild in den Hochlagenwäldern anrichtet, ist gering. Die biologisch und ökologisch tragbare Gamswilddichte ist in weiten Teilen der Alpen noch nicht erreicht, insbesondere, wenn die vorgesehene Trennung von Wald und Weide Wirklichkeit wird und die Schafweide in der Kampfzone des Waldes ein Ende findet.

Heute ist das Gamswild aus unbekannten Gründen in erhöhtem Umfang von verschiedenen seuchenartigen Krankheiten bedroht. Vornehmste Aufgabe des Jägers ist es, gesunde Gamsbestände der Nachwelt zu übergeben.

IV.
Das Gamsrevier und die Betreuung seiner Einrichtungen

Die Besonderheiten des Gamsreviers

Gamswild und Weidevieh

In vielen Gamsrevieren ist die Freiweide von Rindern und Schafen, seltener von Ziegen, auf Grund alter Forstberechtigungen seit Jahrhunderten üblich und muß auch in Zukunft geduldet werden. *Vor* der Pachtung eines Hochgebirgsreviers sollte man sich über alle mit der Weideausübung verbundenen Einzelheiten erkundigen, da der Weidegang der Rinder, noch mehr der von Schafen, eine erhebliche Beeinträchtigung des Jagdbetriebes bilden kann. Beim „Schafsuchen" im Herbst wird das ganze Revier tagelang „durchgekämmt" und dabei werden alle Wildarten aus ihren gewohnten Einständen verjagt. Es dauert dann Wochen, bis wieder Ruhe im Revier eingekehrt ist und das Wild seine früheren Einstände bezogen hat. Schafe und Ziegen schmälern auch die Äsung des Wildes, da beide Tierarten die gleichen Äsungsplätze wie das Gamswild besuchen. Das Gamswild pflegt die durch Schafkot verunreinigten Einstände längere Zeit zu meiden.

Weniger von Bedeutung ist der Weidegang der Rinder, da dieser sich meist unmittelbar auf die Alm und den die Alm umgebenden Wald beschränkt. Vor und nach dem Almabtrieb stellt sich das Gamswild und auch das Rotwild gerne auf den Almen ein. Von einer Äsungskonkurrenz zwischen Rindern und Gamswild kann man kaum sprechen.

Wilderei

Der Wilderer im Gebirge befaßt sich mit Vorliebe mit dem Gamswild. Das war schon immer so. Bart, Krucke und auch das Wildbret sind heute begehrt, nachdem die meisten Gaststätten im Gebirge die sachgemäße Zubereitung des Gamswildes gelernt haben und die Gäste aus dem Norden schon um der Seltenheit willen gerne einen Gamsbraten versuchen. Im Spätwinter kann man manchmal unfern der Schiabfahrten ein Stück Gamswild ohne Haupt liegen sehen, dem entlang des Ziemers ein handbreiter Deckenstreifen fehlt: Hier hat ein Gamsbartfrevler sein schmutziges Handwerk ausgeübt. Das ausgehungerte Gamswild wird bei tiefer Schneelage allzuleicht die Beute eines mit Schiern ausgerüsteten Raubschützen. Das Kleinkalibergewehr mit abgesägtem Lauf ist heute eine von Wilderern bevorzugte Waffe geworden.

Gamseinstände in der Nähe der Schipisten sind besonders gefährdet. Der Lump, meist ein guter Schifahrer, steigt spät auf, um als Letzter die Abfahrt zu machen und um von niemand bei seinem lichtscheuen Tun beobachtet zu werden. Verdächtig sind alle Schispuren, die in die Wintereinstände des Gamswildes führen. Nur intensive Aufsicht, am besten durch zeitweises Verdoppeln des Personals in den gefährdeten Revierteilen, kann vielleicht diese Art von Wilderei eindämmen. Notwendig ist auch das Sammeln und Sichten aller Verdachtsmomente: Anlegen von Verzeichnissen über verdächtige Personen, Vormerken von Autokennzeichen, die wiederholt an verdächtigen Stellen angetroffen werden oder deren Besitzer der Überwachung bedürfen. Solche Wagen sollte man unauffällig von Schweißhunden bewinden lassen. Entweder im Vorbeigehen oder später einmal in der Garage unter irgend einem undurchsichtigen Vorwand. Alle ungeklärten Schüsse sind zu notieren: Uhrzeit, Art des Schusses, Kugel oder Schrot, vermutliche Kalibergröße, Ortsangabe, soweit sich dies vermuten läßt. Patronenhülsen, die man im Revier findet, wird man sammeln und den Fundort und das Funddatum notieren.

Oberstes Gesetz für eine erfolgreiche Wildererbekämpfung ist die absolute Verschwiegenheit aller Beteiligten. Nur dann kann man den Kreis der Eingeweihten auf das gesamte Personal ausdehnen, wenn man sich auf dessen Verschwiegenheit restlos verlassen kann. Ein dummer Schwätzer kann jahrelange Vorarbeiten zunichte machen. Beim Zusammentreffen mit Wilderern sollte man, wenn irgendwie möglich, eine Auseinandersetzung mit oder ohne Waffen vermeiden. Besser ist es, sich eine genaue Beschreibung des Lumpen zu notieren. Hat man ihn nicht erkannt, dann sollte man ihm unauffällig folgen, um seine Wohnung zu erkunden oder um das Versteck seiner Waffe zu ermitteln. Hat man den Wilderer erkannt oder weiß man seine Wohnung, dann wäre die weitere Arbeit der Polizei zu übergeben. Zu Hausdurchsuchungen ist immer die Polizei zuzuziehen. Trifft man im Revier mit einem Lumpen zusammen, und greift dieser zur Waffe oder läßt durch Aufsuchen einer Deckung mit der Waffe in der Hand erkennen, daß es ernst wird, dann gilt der Spruch „der G'schwinder, der G'sünder" oder „wer besser schießt, hat mehr vom Leben". Es würde zu weit führen, alle Schliche und Methoden aufzuzeigen, die vom Wilderer angewendet werden, und die Gegenmaßnahmen, die dem Jäger zur Verfügung stehen, um sein Revier sauberzuhalten.

Der Jäger hüte sich auch vor allzu schnellem Handeln und vor einem nicht vertretbaren Gebrauch der Schußwaffe, der wirklich nur in Notwehr gerechtfertigt ist. Die bestehenden gesetzlichen Vorschriften über „Festnahme und Waffengebrauch" muß jeder Jäger einwandfrei beherrschen!

Der Berufsjäger

Der Forst- und Jagdschutz ist in den staatlichen Hochgebirgsrevieren den Forstbeamten und den Berufsjägern anvertraut.

Der Berufsjäger kommt gewöhnlich aus dem Stand der Waldarbeiter: Jüngere Waldarbeiter, die Liebe zu Berg und Wald, sowie Interesse und Liebe zum Wild besitzen, können für die Berufsjägerlaufbahn ausgewählt werden: Ehrlichkeit und Fleiß, Zuverlässigkeit und Bescheidenheit, vor allem Verschwiegenheit muß der Anwärter für die Berufsjägerlaufbahn besitzen, wenn er später seinen Posten ausfüllen und sich in seinem Beruf wohlfühlen soll.

Der Berufsjäger genießt eine Vertrauensstellung, wie sie sich heute in keinem anderen Berufe mehr findet. Ohne Aufsicht kann der Jäger sein nach Jahreszeiten wechselndes Tagewerk erfüllen. Er teilt sich seine Arbeit selbst zu, ohne unter irgendeinem Zwange zu stehen. Der Jagdleiter und auch die Jagdgäste merken allerdings schon nach einem kurzen Reviergang oder einem Aufenthalt in der Hütte, ob das Revier liebevoll betreut wird oder ob gerade soviel geschieht, daß noch nicht von Nachlässigkeit gesprochen werden kann.

Der Ausbildungsgang des Berufsjägers ist heute genau festgelegt. Nach dem Bestehen der Prüfung zur Erlangung des ersten Jahresjagdscheines, kann der Anwärter zu einer zweijährigen Lehrzeit zugelassen werden. Anschließend hat er die Jagdgehilfenprüfung abzulegen. Nach einer weiteren Prüfung wird er Revierjäger und am Ende seiner Laufbahn vielleicht Wildmeister.

Der Berufsjäger sollte auch ein gewisses handwerkliches Geschick besitzen und Instandsetzungsarbeiten an Jagdhütten und jagdlichen Einrichtungen ohne Hilfskraft ausführen können.

Wer abends gerne im Wirtshaus sitzt, um seine jagdlichen Heldentaten zu erzählen, ist nicht für die Jägerlaufbahn geeignet. Den Jagdgehilfen der bayerischen Hofjagdreviere war jeder Wirtshausbesuch aus guten Gründen untersagt.

Der Berufsjäger hat ein Taschenbuch zu führen, in das er alle besonderen Vorkommnisse jagdlicher Art einzutragen hat: das Datum des Abwerfens der Hirsche, die Beobachtungen verdächtiger Personen mit Datum und Uhrzeit und die zugehörigen näheren Umstände, Schüsse unbekannter Herkunft, ebenfalls mit Datum, Uhrzeit und vermutlichem Tatort. Auch die Unterlagen über Erlegung und Verwertung von Wild sind im Tagebuch festzuhalten.

Es hat sich nur ganz selten bewährt, einen ehemaligen Wilderer als Jäger einzustellen. Der Jäger als Angehöriger eines alten und geachteten Berufsstandes muß auch in der Öffentlichkeit ein gewisses Ansehen genießen, das der Wilderer trotz aller Sympathie, die ihm von mancher Seite entgegengebracht wird, nicht besitzt. Ein ehemaliger Wilderer hat auch einen schweren Stand bei seinen früheren

Kumpanen, gegen die er kaum vorgehen kann, weil ihm dies übel bekommen würde. Ohne einen genau geordneten Jagdschutz durch Revierbeamte und Jäger kann ein Hochgebirgsrevier nicht „sauber“ bleiben!

Auf die gegenseitige enge Zusammenarbeit mit der Polizei sollte nicht verzichtet werden. Allerdings darf die Öffentlichkeit von dieser Zusammenarbeit so wenig wie möglich merken.

Jagdhütten

Die weiten Anmarschwege vom Tal in die Einstände des Gamswildes und die kurzen Tage im November, der Zeit der Gamsbrunft, erfordern die Benutzung von Jagdhütten.

Auch die Ausübung des Jagdschutzes wird durch das Vorhandensein von Jagdhütten wesentlich erleichtert. Lange Anstiege in der Nacht und weite Heimwege am Abend werden mit der Nächtigung auf der Hütte überflüssig. Abgelegene Revierteile können oft überhaupt nur von der Hütte aus bejagt und beaufsichtigt werden.

Das Wohnen auf einer sauberen und ausreichend eingerichteten Hütte erhöht die Freuden des Jägerlebens. Ein Berufsjäger, der nicht gerne auf der Hütte wohnt, sollte sich um einen anderen Beruf umschauen. Je nach dem Zweck, dem die Hütte dient, richtet sich ihre Größe und Ausstattung. Eine gewisse Mindestgröße und Mindestausstattung sollte nicht unterschritten werden. Zwei Räume mit zusammen drei Schlafgelegenheiten und einem kleinen Vorplatz muß jede Hütte enthalten: eine Wohnküche mit einem Bett für den Jäger und einem Schlafwohnraum für den Jagdgast und seine etwaige Begleitung stellen ein Mindestraumprogramm dar. Die Feuerstelle wäre so einzubauen, daß durch sie möglichst beide Räume beheizt werden können. Zusätzlich sollte im Sommer ein Propangasherd zur Verfügung stehen, damit das Heizen des Herdes für kleine Mahlzeiten entfallen kann.

Auch die Bereitstellung von Brennholz kostet Zeit und Geld. Im Sommer genügt der Propanherd, da eine Beheizung der Hütte zu dieser Jahreszeit meist überflüssig ist.

Wichtig ist, daß der Jäger keine Gelegenheit versäumt, bei trockener Witterung die Hütte gründlich zu lüften.

Der in Bayern und Österreich übliche Sesselofen hat sich als Kochherd und Wärmequelle für Jagdhütten trefflich bewährt, da er Wärme speichert und auch eine genügend große Kochfläche besitzt.

Der Platz für eine neu zu errichtende Hütte muß sorgfältigst ausgewählt werden. Vor allem muß eine im Sommer und im Winter fließende Quelle in der Nähe sein.

Ohne Wasser ist keine Sauberkeit möglich! Die Hütte soll in der Sonne liegen und darf nicht in wenigen Jahren von Bäumen eingewachsen sein. Feuchte Stellen oder ein quelliger Untergrund sind kein Platz für eine Jagdhütte! Wenn irgendwie möglich wird man einen Süd- oder Südost- oder Südwesthang wählen. Auch überlege man genau, an welcher Stelle man die Türe anlegen kann, damit sie nicht von Schneewehen verschlossen wird. Trotzdem tut man gut, im Herbst in der Nähe der Hütte eine Schneeschaufel zu verstecken, um im Bedarfsfalle die Türe freischaufeln zu können.

Die Türe muß nach Innen zu öffnen sein.

Plan für eine kleine Jagdhütte

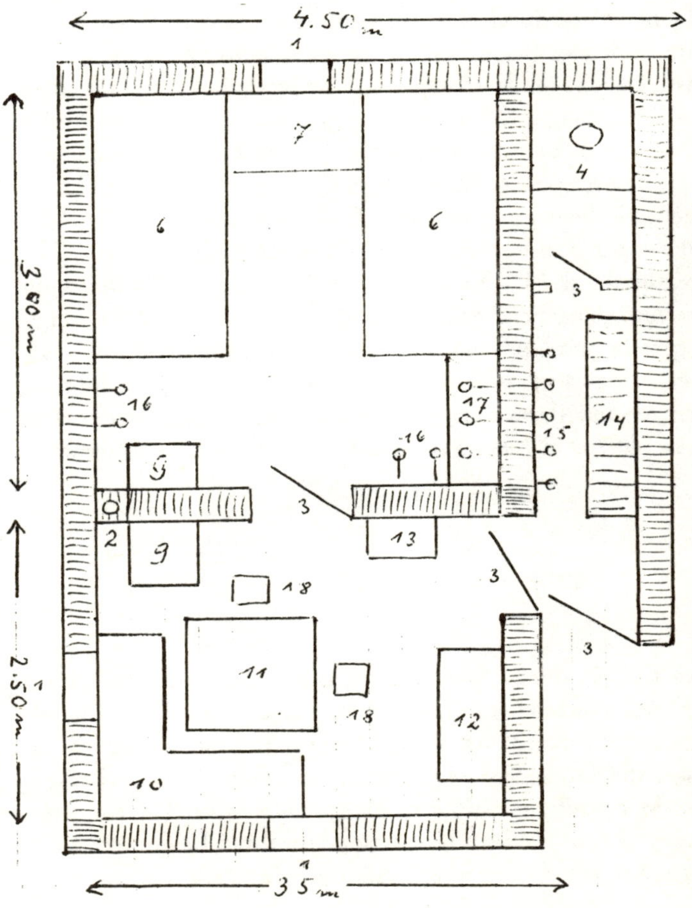

Die Hütte kann in Holz oder massiv gebaut werden. (Wasser außerhalb der Hütte, Trockenabort).

1 Fenster
2 Kamin
3 Türe
4 Abort
5 Herd (beheizt im Winter auch das Schlafzimmer, während im Sommer durch eine Eisenplatte das Hinüberströmen der Hitze verhindert wird).
6 Bett
7 Nachttisch
9 Ofen
10 Eckbank
11 Tisch
12 Anrichte
13 Abstelltisch
14 Holzablage
15 Ablage für Mäntel und Rucksäcke
16 Kleiderablage
17 Kleiderschrank
18 Hocker

Ob die Jagdhütte mit Holz oder Kohlen beheizt wird, richtet sich nach den Wegeverhältnissen. Wenn man mit dem Kraftwagen bis zur Hütte fahren kann, kommt sicher Kohle billiger. Eine angenehmere Wärme verbreitet allerdings Holz. Auch rosten die Ofenrohre rascher durch, wenn Kohle oder Briketts verheizt werden. Die Kamine sollte man deshalb am besten aus fertig gelieferten Kaminsteinen aufsetzen lassen.

Ausstattung

Grundsätzlich wird man sich auf das Notwendige beschränken: 4–5 Töpfe, 3–4 Garnituren Eßgeschirr samt Bestecken dürften genügen. Vor allem sollen ausreichend Abfall- und Wassereimer vorhanden sein, damit man nicht wegen jedem Schluck Wasser und jedem Abfall nach draußen gehen muß. Der „Abfallhaufen" wäre in umweltfreundlicher Weise durch eine Abfalltonne zu ersetzen, deren Inhalt von Zeit zu Zeit in einwandfreier Form beseitigt werden kann.

Zur Verhinderung von Feuchtigkeitsschäden wird die Jagdhütte meist auf einen 30–50 cm hohen Betonsockel gestellt. Keinesfalls darf eine Holzwand unter die Erde reichen, da sonst in kurzer Zeit die unteren Balkenlagen zu faulen beginnen.

Zum notwendigen Hütteninventar gehören: Streichhölzer, Kerzen, ein kleiner Vorrat nicht verderblicher Lebensmittel und eine Hausapotheke.

Brennholz und Späne werden in der Nähe des Ofens gestapelt.

Alljährlich nach Beendigung der Jagdzeit werden Hütten, die im Winter nicht benutzt werden, winterfest gemacht: Decken und Matratzen mäusesicher aufgehängt, die Mausfallen gestellt und Giftweizen gestreut. Flüssigkeiten und Marmelade werden frostsicher aufbewahrt und zusätzlich in Gefäße gestellt, damit bei einem etwaigen Zerspringen der Gläser nicht die Schränke verunreinigt werden. Die Fensterläden werden geschlossen, Türe und Außentüre mit Schloß und Sicherheitsschloß versperrt.

Steige

Die Erschließung eines Reviers durch Forststraßen, die in der Regel nur einem beschränkten Besucherkreis offenstehen, erhöht dessen jagdlichen Wert. Ebenso wichtig ist aber die Erschließung durch Pirschwege. Diese müssen sorgfältig geplant und angelegt werden, weil die Bergsteiger sie häufig mit Wanderwegen verwechseln und sich dann verirren. Man sollte deshalb Pirschwege nie unmittelbar von einer Straße oder einem Wanderweg abzweigen lassen, sondern ihren Beginn etwa 100 Meter vom Weg entfernt anlegen. Wenn möglich, sorge man auch dafür, daß die üblichen Wanderwege gut gekennzeichnet werden, damit das Irregehen von Bergsteigern und die damit verbundenen Störungen des Jagdbetriebes weitgehend vermieden werden. Steige, die auch bei Schnee begangen werden, dürfen eine Breite von etwa 1 Meter nicht unterschreiten.

Wenn Lawinenhänge gequert werden müssen, was eigentlich vermieden werden sollte, sind zusätzliche Sicherheitsmaßnahmen, wie Geländer und Drahtseile, unbedingt erforderlich.

Latschenfelder verlieren ihren Wert als Wildeinstand, wenn sie durch Steige in mehrere kleine Teile zerlegt werden. Quellen, die einen Steig vernässen, müssen abgeleitet werden, da sie in gefrorenem Zustand eine ernste Gefahrenquelle bilden. Auch Holzbrücken werden in nassem oder vereistem Zustand zu einer Mausefalle. Man sollte sie durch Querleisten sicherer machen. Selbstverständlich müssen Holzbrücken mit einem Geländer versehen sein. Man denke immer daran, daß ein Steig unter Umständen mit einem Gamsbock im Rucksack auch im Winter bei Nacht verkehrssicher sein muß.

Hochsitze und Bodensitze

Für die Jagd auf Gamswild sind Hochsitze selten erforderlich. Meist sind die Geländeverhältnisse so beschaffen, daß Bodenerhebungen, möglichst in der Nähe einer Deckung, sich als Ansitzplatz anbieten und auch für alle Bedürfnisse vollkommen ausreichen.

Ein Bodensitz besteht aus einer einfachen Einfriedung, die gleichzeitig als Gewehrauflage dient, und einer Sitzgelegenheit aus Fichtenstangen oder einem Brett. Zweckmäßig ist das Vorhandensein einer Fußstütze, die besonders beim Schießen sich angenehm auswirkt. Man sitzt dann wie „eingemauert" und „verwakkelt" den Schuß nicht. Ein Dach aus Brettern oder Fichtenrinde macht den Stand regensicher. Der Stand wäre alljährlich mit frischem Fichtenreisig zu verblenden.

Wird an der gleichen Stelle auch Rotwild regelmäßig bejagt, dann sollte statt des Bodensitzes ein Hochsitz errichtet werden.

Die Salzlecke

Das Gamswild benötigt, wie das gesamte Schalenwild, zum Ablauf von Kreislauf und Stoffwechsel Salz und zwar Natriumchlorid, das gewöhnliche Speisesalz, wie es dem menschlichen Genuß zugeführt wird. Auch in der Viehzucht ist die Verwendung von ungereinigtem Steinsalz bekannt. Die auf den Bergen weidenden Herden von Rindern, Schafen und Ziegen werden von Zeit zu Zeit mit Salz gefüttert.

Der Salzhunger des Wildes war bereits im frühen Mittelalter bekannt. Sowohl Futterstellen, wie Salzlecken, wurden damals angelegt, um Wild anzulocken und zu erbeuten. Heute gilt diese Art zu jagen nicht als waidgerecht. Schon sehr früh haben Jäger beobachtet, daß sich das Schalenwild gerne in der Nähe von Örtlichkeiten aufhält, an denen salzführende Erdschichten oder salzhaltige Quellen zutage treten. Manche Heilquelle verdankt ihre Entdeckung den Erkenntnissen eines aufmerksamen Jägers. Es ist üblich geworden, dem Wild Salz in Form von gewöhnlichem Steinsalz, wie es im Berg gegraben wird, anzubieten. Diese Salzsteine enthalten in Spuren verschiedene Metalle, die der tierische Organismus zu seinem Gedeihen braucht.

Der Salzhunger des Wildes ist im allgemeinen größer als sein Salzbedarf. Sicher nimmt das Wild heute mehr Salz auf, als es zu seinem Gedeihen braucht. Diese Mehraufnahme wirkt sich jedoch nicht schädlich aus, da sie mit dem Harn wieder ausgeschieden wird. In vielen vom Menschen nicht beeinflußten Lebensräumen muß der Salzgehalt der natürlichen Äsung ausreichen. Es mag sein, daß im Laufe der Zeit in unseren Revieren manche Pflanzenart, die sich durch einen hohen Gehalt an Salz auszeichnet, vom Schalenwild fast ausgerottet worden ist.

In den Naturschutzgebieten Nordamerikas ist festgestellt worden, daß die Wapitihirsche mehrmals im Jahre weite Wanderungen machen, um an natürliche Salzvorkommen oder an vom Menschen ausgelegte Salzblöcke zu kommen. Es liegen andererseits aber auch keine Beobachtungen vor, daß infolge von Salzmangel bei Wildtieren gesundheitliche Störungen aufgetreten wären.

Das Wild, insbesondere das Gamswild, entdeckt die ausgelegten Salzsteine sehr rasch und sucht sie dann auch in gewissen Zeitabständen regelmäßig auf. Ein Gams verweilt ziemlich lange an der Lecke, die es nur mit der Zunge beleckt und dabei eine verhältnismäßig geringe Menge Salz aufnimmt. Wesentlich höher wäre die Aufnahmemenge, wenn ein krümeliges, weniger konzentriertes Salzgemisch angeboten würde. Wenn beabsichtigt wäre, dem Wild über die Salzlecke Medikamente z. B. Entwurmungsmittel anzubieten, sollte man ein Lehmsalzgemisch verwenden, wie es z. B. im natürlichen „Haselgebirge“ zur Verfügung steht. Der Bergmann bezeichnet als „Haselgebirge“ salzführende Lehmschichten, die unter den Salzschichten liegen. Sie sind nicht abbauwürdig und werden von den Salzbergwerken meist billig abgegeben.

Heute sind verschiedene Arten von Salzlecken üblich. Die beste Lecke ist jene, bei der möglichst wenig Salz durch Witterungseinflüsse oder den Zutritt von Weidevieh verlorengeht. Insbesondere die Schafe besuchen gerne die Salzlecken, verleiden aber durch ihren Kot dem Gamswild die Annahme.

Das Auslegen von Salzsteinen in hochgelegenen Felsnischen und Höhlen hat sich bewährt, da dort der Salzstein vor Schnee und Regen geschützt ist. Man darf allerdings den Salzstein nicht auf die bloße Erde legen. Dort zerfällt er rasch. Man baut ihn deshalb in ein kleines „Steinmandl“ ein, so daß er 30–40 Zentimeter über dem Boden sich befindet. Immer wird man feststellen, daß rund um die Lecke auch die Erde vom Wild aufgenommen wird. Gerade das Gamswild scheint eine besondere Vorliebe für schwach salzige Erdgemische zu haben.

Die für das Rotwild üblichen Lehmsulzen werden meist zum Schutz vor den Rindern und Schafen mit einem Stangenzaun umgeben. Das Gamswild besucht sie selten, da es nur ungern die Stangen überfällt. Von der Anlage eines Durchschlupfes muß abgesehen werden, da dieser auch den Schafen den Zugang zur Lecke ermöglichen würde. Lehmsulzen für Gamswild kommen nur dort in Betracht, wo diese nicht durch die Freiweide von Schafen gefährdet wären. Rot- und Gamswild treffen kaum an der Lecke zusammen, da das Rotwild diese meist am Abend aufsucht und rangmäßig über dem Gamswild steht: Das Rotwild pflegt das Gamswild von der Lecke und auch vom Äsungsplatz zu vertreiben.

Herstellung der Lehmsulze

Salz und Lehm werden im Verhältnis 1:1 gemischt und in einen aus Brettern oder Fichtenrundlingen gefertigten Kasten von etwa 1 qm Grundfläche gebracht. Der Kasten sollte einen Bretterboden haben, um das Absickern des mit Salz getränkten Niederschlagswassers zu verhindern. Mit besonderer Vorliebe verunreinigt der Fuchs alle Salzlecken. Ob ein in die Mitte der Lecke gesteckter fingerstarker Stab dies verhindert, wie manche Jäger behaupten, wird bezweifelt.

Die Stocksulze

Die Stocksulze ist wohl die gebräuchlichste Form der Verabreichung von Salz an das Schalenwild. Schafe und Rinder nehmen die Stocksulze nicht an. In einen leicht vermorschten Baumstumpf wird mit der Motorsäge eine viereckige Vertiefung geschnitten, die vollständig mit kleinen Salzsteinen ausgefüllt wird. Damit das Vieh nicht an das Salz kann, verschließt man diese Vertiefung durch Aufnageln eines Brettchens. Das Salz zieht aus dem feuchten Holz und auch aus der Luft Wasser an, und verteilt sich allmählich im gesamten Baumstumpf. Rotwild und Gams äsen mit besonderer Vorliebe das mit Salz getränkte Holz. Diese Art von Salzlecken reicht für mehrere Jahre. Das Wild leckt oder schabt mit den Schneidezähnen des Unterkiefers am Holz.

Auch das Auslegen von Salzsteinen auf Baumstümpfen, die vom Sturm gebrochen sind, ist üblich. Man sollte aber Stümpfe wählen, die mindestens zwei Meter hoch sind, so daß weder Rot- noch Gamswild unmittelbar an den Salzstein kann. Der Baumstumpf muß aber dann weiß geschält werden, damit das Wild das gesalzene Holz wittert. Diese Art der Lecke unterscheidet sich nicht wesentlich von der Stocksulze. Da die Bruchstelle meist stark ausgefranst ist, kann sie auch mit pulverisiertem Steinsalz beschickt werden. Sie würde so mehrere Jahre ihren Dienst tun. Ein älterer Stumpf wäre auch in diesem Falle einem frischen vorzuziehen.

Allgemeines

Der Salzbedarf scheint im Frühjahr, zur Zeit des Haarwechsels, einen gewissen Höhepunkt zu erreichen und ist im Winter verhältnismäßig gering. Das Beschicken der Salzlecken im Frühjahr ist eine recht mühevolle Arbeit der Berufsjäger, der sie sich gerne unterziehen, da sie während des ganzen Sommers den Erfolg ihrer Arbeit sehen können. Meist ist es üblich, Salzlecken getrennt für Rot- und Gamswild anzulegen. In der Kampfzone des Waldes sind im Sommer beide Wildarten vorhanden und es bestehen auch keine Bedenken, wenn beide die gleichen Lecken besuchen. Günstig ist die Nähe von Wasser, da weniger das Gamswild, mehr das Rotwild nach der Salzaufnahme zu schöpfen pflegt. Salzlecken sollten sich in der Nähe der Wechsel vom Einstand zum Äsungsplatz befinden.

Ein Revierinhaber, der keine Salzlecken beschickt, müßte befürchten, daß das Wild aus seinem Revier abwandert, um die Lecken des Nachbarrevieres zu besuchen. Seine Rückkehr wäre fraglich, insbesondere während der Schußzeit.

Die Stellen, an denen man Salzlecken auslegt, sollten sorgfältigst ausgewählt werden. Man wird dort keine Salzlecke anlegen, wo den „stillen Teilhabern“ die Möglichkeit der illegalen Jagd und des leichten Abtransports angeboten würde. Breite Hochtäler, die von oben gut einzusehen sind, und schwer begehbare Steilwände mit Höhlen eignen sich besonders zur Anlage von Sulzen.

Welche Art von Lecke man wählt, richtet sich nach den gebotenen Möglichkeiten und der Wildart, für die die Lecke errichtet wird. Um eine sinnvolle Verteilung der Salzlecken im Revier sicherzustellen, sollte man die Revierkarte zu Rate zu ziehen, in die man die Einstände und die Äsungsplätze eingezeichnet hat. Im allgemeinen wird der Salzbedarf und auch der Salzhunger des Gamswildes überschätzt. Allzu weit wandert das Gamswild nicht wegen einer Salzlecke!

Neuerdings stellt die chemische Industrie Lecksalzgemische her, die in ihrem Aufbauwert dem gewöhnlichen Steinsalz weit überlegen sind. Sie enthalten die sogenannten Spurenelemente wie Eisen, Kupfer, Nickel, Zink und Kobalt, die der tierische Organismus in geringsten Mengen zu seinem Gedeihen benötigt. Außer-

Der Jäger und sein „Gesell“ – daher der Hundename „Söllmann“ – im Hochgebirg. Der Hund ist eine steierische Rauhhaarbracke, hervorragend für das Hochgebirge wegen seiner Härte gegen Wetterunbilden geeignet. (R)

Kleine Hütte für den Jagddienst an den Osteinhängen der Reiteralpe; Blick auf das Massiv des Hochkalter. (L)

Beim Steigen im Berg sollte man den Bergstock immer auf der Bergseite tragen: Der linke Jäger stützt sich mit dem Bergstock ab, der rechte mit der Hand, er scheint mit dem Bergstock noch nicht „verwachsen“ zu sein. (R)

Starker Bock: die Krucke ist hoch und besitzt eine weite Auslage. (P)

Mittelalter Bock, der sein Rudel gegenüber Rivalen verteidigt. (P)

Die Läufe zusammengebunden kann der Gams auch am Bergstock getragen werden; allerdings nur auf kurze Strecken und in günstigem Gelände. (N)

dem enthalten diese Gemische kohlensauren und phosphorsauren Kalk. Ein erheblicher Anteil des Gemisches besteht aus Steinsalz. Die Annahme dieser Gemische bereitet meist keine Schwierigkeiten. Dagegen ist ihr Preis wesentlich höher. Dafür ist auch ihr Wert für das Wild größer.

Grundsätzlich sollte man jedoch überlegen, ob man nicht doch allmählich vom Steinsalz abkommen und höherwertige Lecksalze verwenden sollte. In der Fütterung der Haustiere im Stall ist man längst vom Steinsalz abgekommen.

Durch jahrhundertelange Beäsung unserer Berge durch Wild und Weidevieh ist manche wertvolle Futterpflanze selten geworden. Vielleicht ist es möglich, deren Ausfall durch sinnvoll zusammengesetzte Lecksteine zu ersetzen.

Die Mühe des Transportes der Salzsteine ist eigentlich nur vertretbar, wenn ein hochwertiges Mineralsalzgemisch dem Wild angeboten wird.

V.
Hege und Abschußplanung

Hege und Abschußplanung

Vor etwa 200 Jahren waren in den Alpen die Gamsbestände geringer. Die Gründe hierfür sind verschieden. Jene Zeit war die Blütezeit der Almwirtschaft und der Bestand an Rindern, Schafen und Ziegen, die auf die Almen und in den Bergwald getrieben wurden, war wesentlich größer als heute. Die Weidezeit dauerte von Georgi, im April, bis Martini, im Oktober! Das Weidevieh bildete in jener Zeit eine ernstzunehmende Äsungskonkurrenz für Rot- und Gamswild, insbesondere weil die damaligen kleinen Rinderrassen sich in ihrer Kletterfähigkeit mit dem Rotwild messen konnten. Das Gamswild mußte seine Einstände mit den frei weidenden Ziegen und Schafen teilen. Viele ehemaligen Almen, die heute mit einem schütteren Lärchenwald bestockt sind, boten vor hundert Jahren noch dem Rind ausreichend Nahrung, allerdings wurde dabei auch im angrenzenden Wald die Strauchflora vernichtet und der Laubholzanteil wesentlich vermindert. Damals holte sich das Großraubwild aus den Viehherden seinen Tribut, auch Schalenwild fiel ihm zum Opfer.

Die Ausrottung des Raubwildes geschah nicht aus jagdlichen Gründen, sondern wegen des Weideviehes. Die Hege des Bären hätten die jagdfrohen Fürsten gerne betrieben, da seine Bejagung, als „ritterliche Kurzweil", hochgeschätzt wurde.

Der Wolf und der Luchs wurden um der Schafe und Ziegen willen ausgerottet. Luchs und Wolf haben sicher manches Stück Rotwild im Winter gerissen und auch manche Gams ist ihnen zum Opfer gefallen. Im Sommer aber bestand die Nahrung des Großraubwildes überwiegend aus dem leichter zu erbeutenden Weidevieh.

Die Notwendigkeit, das Gamswild zu bejagen, um seine Übervermehrung und damit das Entstehen eines Nährbodens für epidemische Krankheiten zu verhindern, steht außer Zweifel. Je milder das Klima des Revieres ist und je reichhaltiger die Äsungsverhältnisse sind, desto geringer sind die winterlichen Ausfälle und umso höher der Zuwachs. Die heute in den Alpen vorkommenden tierischen Feinde des Gamswildes und die winterlichen Ausfälle reichen nicht aus, um die zahlenmäßige Höhe des Gamsbestandes wirksam zu begrenzen. Es ist schon aus diesem Grunde die Bejagung notwendig. Fuchs, Dachs, Adler, Kolkrabe, Krähen und auch Dohlen schlagen in erster Linie Jungwild und kranke Tiere. Es sollte gerade beim Gamswild der Jäger in gewissem Umfange sich den Methoden des Raubwildes anpassen: Kranke Stücke und Jungwild sollten den Hauptteil seiner Beute ausmachen. Die Jagd nach der guten Trophäe liegt nicht im Sinne einer biologisch ausgerichteten Jagd. Beim Gamswild, wie bei allen Hornträgern, bildet die Trophäe keinen Weiser für den augenblicklichen Gesundheitszustand des Tieres: Eine ungewöhnlich hohe Krucke sagt nur, daß der Gams im zweiten und dritten Lebensjahr günstige Ernährungsverhältnisse antraf. Sie sagt nichts über eine seitdem eingetretene

Verschlechterung seines Befindens. Sicher hat man bisher bei der Entscheidung über den Abschuß einer Gams der Trophäe zuviel Bedeutung beigemessen und hat zuwenig ins Jungwild unter Berücksichtigung des Wildbretzustandes eingegriffen. Die Festsetzung des Abschusses, seine Verteilung auf die beiden Geschlechter und die einzelnen Altersstufen sollte auf folgenden Grundgedanken aufbauen:

1) Möglichst genaue zahlenmäßige Ermittlung des Gamsstandes
2) Festlegung der den jeweiligen Äsungsverhältnissen angemessenen Wilddichte (Gamsstand, Gamswildfläche)
3) Herstellung und Erhaltung des Geschlechterverhältnisses 1:1
4) Herstellung und Erhaltung des naturgemäßen Altersaufbaues
5) Ermittlung der Höhe des jährlichen Zuwachses
6) Allgemeiner Gesundheitszustand des Gamswildes

Zahlenmäßige Ermittlung des Gamsstandes

Das Wort „Gamswildzählung“ möchte vermieden werden wegen der Schwierigkeiten, die einer Zählung entgegenstehen und der Ungenauigkeit, die schließlich doch dem Ergebnis anhaftet. Die witterungsbedingten Wanderungen des Gamswildes von der Schattseite zur Sonnseite und aus der oberen Waldgrenze in tiefere Lagen, sowie die Gewohnheit älterer Stücke abgelegene Einstände zu wählen, lassen das Zählergebnis als eine sehr unsichere Größe erscheinen.

Die Gamsstände großer Reviere werden meist zu niedrig ermittelt, während in kleinen Revieren der Gamsstand bewußt oder unbewußt überschätzt wird, um auch einen „Bart-Bockabschuß“ zugeteilt zu bekommen. Trotz dieser Unsicherheiten darf auf das Ermitteln des Gamswildstandes nicht verzichtet werden. Folgende Ausscheidung wäre zweckmäßig:

Alte Böcke: 8 Jahre und älter
Mittelalte Böcke: 5–8 Jahre
Junge Böcke: 2–5 Jahre
Jahrlinge männlich
Alte Geißen: 12 Jahre und älter
Mittelalte Geißen 4–12 Jahre
Junge Geißen: 2–4 Jahre
Jahrlinge weiblich:
Kitze

Diese Ermittlung des Gamsstandes wäre im Juni nach dem Setzen der Geißen vorzunehmen; ihre Wiederholung im Oktober kurz vor der Brunft wäre zweckmäßig. Man würde dabei feststellen, daß der Bestand an Kitzen merklich geringer geworden ist. Grundsätzlich sollte diese Bestandsermittlung sich auf ganze Gebirgsstöcke erstrecken. Die Festlegung bestimmter „Zähltage" könnte Doppelzählungen verhindern.

Äsungsverhältnisse und Wilddichte

Als Wilddichte bezeichnet man jene durchschnittliche Zahl von Wild, hier Gamswild, die sich rechnerisch auf 100 Hektar Gamswildfläche ergibt. Alle Flächen, auf denen im Sommer regelmäßig Gamswild vorkommt, gehören zur Gamswildfläche: die Almen, der Alpenwald, die Latschenfelder und das nur scheinbar kahle Felsgebirge. Auch hoch gelegene Teile des Wirtschaftswaldes können unter bestimmten Verhältnissen zur Gamswildfläche gerechnet werden. Die Wilddichte wird bei allen Wildarten nach dem Frühjahrsstand, d. i. vor dem Setzen der Geißen, errechnet. Über die jeweils zulässige Wilddichte können beim Gamswild keine verbindlichen Zahlen angegeben werden: Die Verhältnisse sind zu verschieden. In einem almlosen, bis in die Hochlagen bewaldeten Revier kann eine Gamswilddichte von 4 Stück bereits die obere tragbare Grenze darstellen und es können empfindliche Verbißschäden auftreten, wenn die Einstände des Gamswildes sich in unmittelbarer Nähe forstlicher Kulturen befinden. Ein Hochgebirgsrevier mit viel Almen, Karen, Latschenfeldern und Geröllhalden wird eine Gamswilddichte von 10 Stück auf 100 Hektar gut vertragen. Steile, von Grasbändern durchzogene Südhänge bilden bevorzugte Wintereinstände für das Gamswild, da dort der Schnee rasch ausapert.

Gute Weiser für die Angemessenheit des in einem Revier vorhandenen Gamswildbestandes sind das Vorkommen bevorzugter Äsungspflanzen und die Höhe der Feistgewichte ausgewachsener Böcke.

Wenn Bergahorn, Felsenbirne und Weide im Revier nicht mehr vorkommen und Fichten und Latschen regelmäßig verbissen werden, ist die Gamswilddichte zu hoch.

Wenn die Wildbretgewichte ausgewachsener Gamsböcke Ende Oktober erheblich unter 25 Kilogramm liegen (aufgebrochen und ohne Haupt), dann ist die sommerliche Äsung nicht mehr in ausreichendem Maße vorhanden und eine Verminderung des Gamsstandes dringend angezeigt. Von wesentlicher Bedeutung ist auch das Vorkommen anderer Wildarten, sowie mitunter der Weidegang von Rindern und Schafen, die nicht nur eine sommerliche Äsungskonkurrenz darstellen, sondern durch den Verbiß der Strauchflora das winterliche Äsungsangebot schmälern. Maßgebend für die zulässige Gamswilddichte sind vor allem die winterlichen Äsungsmöglichkeiten. Während des Sommers herrscht nur selten Nahrungsmangel. Der Winter aber bildet für das Gamswild immer eine Zeit des Hungerns. Die Möglichkeiten, das winterliche Äsungsangebot zu verbessern, sind sehr beschränkt, da alle künstlich eingebrachten Sträucher schon im ersten Winter zu Tode verbissen würden.

Die von vielen Seiten angestrebte Trennung von Wald und Weide und die Verminderung des Rotwildes würde die winterliche Ernährungslage des Gamswildes in gewissem Umfange verbessern.

Das Geschlechterverhältnis

Als naturgemäßes Geschlechterverhältnis gilt das Verhältnis von 1:1, da der Anfall von Kitzen im Verlauf eines längeren Zeitraumes sich ziemlich gleichmäßig auf beide Geschlechter verteilt. Es wird von manchen Jägern die Ansicht vertreten, daß bei einem Überwiegen des weiblichen Geschlechtes nach Katastrophenwintern ein Gamsstand sich leichter wieder aufbauen lasse.

Hierzu wäre folgendes zu sagen: Vor dem vierten oder besser fünften Lebensjahr beteiligen sich die Böcke nur zuschauender Weise an der Brunft, während die Geißen oft schon im zweiten oder dritten Jahre aufnehmen. Es treffen also auch beim Geschlechterverhältnis 1:1 in der Brunft mehrere Geißen auf einen Bock. Auch brunften ältere Böcke manchmal überhaupt nicht oder beteiligen sich nur kurz am Brunftbetrieb. Bei keinem Tier liegt die Brunft unmittelbar vor dem Winter wie beim Gamswild, so daß der Bock keine Möglichkeit hat, die erlittenen Gewichtsverluste auszugleichen.

Im Interesse der Erhaltung der Art sollte die Brunft nur kurz dauern, um ein zu starkes Abbrunften der Böcke zu verhindern. Dies wäre bei einem Geschlechterverhältnis von 1:1 gesichert. Leider ist ein Vergleich mit anthropogen nicht beeinflußten Lebensräumen von Gamswild nicht möglich, da solche nicht mehr vorhanden sind. Auch Neuseeland, wo das Gamswild vor etwa 70 Jahren ausgesetzt wurde, hat durch die Bejagung während des letzten Jahrzehnts seinen Urzustand verloren.

Der Altersklassenaufbau

Der in Kanada lebende Wildbiologe Bubenik hat Sozialklassen beim Gamswild ausgeschieden und für das Geschlechterverhältnis 1:1 (!) die nachstehende Verteilung von Altersklassen und Geschlechtern für zweckmäßig erachtet. Sie dürfte den

Idealverhältnissen und auch der Tatsache, daß die Geißen ein höheres Lebensalter erreichen als die Böcke, Rechnung tragen!

Bockkitze:	7,5 %	
Bockjahrlinge:	5,5 %	
Jungböcke: 2–4jährig	14,0 %	50,0 %
Hauptböcke: 4–9jährig	19,0 %	
Altböcke: über 9 Jahre	4,0 %	
Geißkitze:	7,5 %	
Geißjahrlinge:	5,5 %	
Junggeißen: 2–3jährig	10,0 %	50,0 %
Hauptgeißen: 4–12jährig	24,5 %	
Altgeißen: über 12 Jahre	2,5 %	
	100 %	

Das jeweilige Abschußsoll würde sich als Differenz zwischen dem Istbestand und dem errechneten Sollbestand für die einzelnen Altersstufen ergeben. Die Richtigkeit dieses Sozialaufbaues möchte nicht angezweifelt werden, doch bestehen in der Ermittlung des Istbestandes so erhebliche Unsicherheiten, daß von extremen Eingriffen im Sinne dieser Methode abgeraten werden möchte.

Es war früher nicht richtig, daß man auf Eingriffe in die Klasse der Kitze und Jahrlinge ganz verzichtete. Etwa 50 % der Kitze erreichen nicht das Ende des ersten Lebensjahres! Regnerische Witterung zur Zeit der Geburt, Raubwild und Wintersnot greifen alljährlich stark in die Klasse der Kitze ein. Diese Ausfälle sollte wenigstens teilweise der Jäger durch die „Hege mit der Büchse“ auffangen. Er sollte in der Lage sein, starke und schwache Kitze zu unterscheiden, um daraus die notwendigen Folgerungen zu ziehen. Es muß jedoch zwischen einem schwachen und einem kleinen Kitz unterschieden werden: Ein kleines Kitz kann kräftig und gesund sein und ein großes schwach und krank! Die durchschnittliche Lebenserwartung des Gamsbockes dürfte bei 12 Jahren liegen, die der Geiß bei 16. Es ist aber festzustellen, daß lokal hier gewisse Unterschiede vorliegen. Der Gams im Allgäu und im Werdenfelser Land wird älter als der Berchtesgadener Gamsbock, der frühreif und kurzlebiger zu sein scheint.

Bei der Lebenserwartung des Gamswildes spielt auch der Zufall eine große Rolle. Befindet sich ein alleinstehendes Stück zu Beginn eines stärkeren Schneefalles an einer äsungsarmen Stelle oder in einem Graben, so kann schon damit sein Tod besiegelt sein.

Abschließend darf noch berichtet werden, daß Gruschwitz, der Verfasser des Buches „Gams in Not“, unter 3600 Gamsböcken nur 10 feststellen konnte, die ein Alter von 18–20 Jahren besaßen (d.s. 0,3 %). Schon Böcke über 14 Jahre sind selten.

Der Zuwachs

Das Gamskitz unterliegt auf Grund des extremen Lebensraumes, in den es hineingeboren wird, weit höheren Gefährdungen als das Rehkitz oder das Hirschkalb.

Die Gamsgeiß setzt ihr Kitz, wenn ihre Stunde gekommen ist, ohne Rücksicht auf die Witterung der ersten Junihälfte. Um diese Jahreszeit liegt oft in den höheren Lagen der Berge noch Schnee, so daß viele neugeborene Kitze bald nach der Geburt an Unterkühlung eingehen müssen. Die Wetterlage der ersten Lebensmonate fordert Opfer. Das Gamskitz scheint vom Schöpfer mit einer ungewöhnlich guten Konstitution ausgestattet worden zu sein, sonst könnte es den ersten Lebensmonat nicht überstehen. Auch verschiedene Feinde aus der Tierwelt bedrohen das Gamskitz. Der enge Körperkontakt, wie er bei Gamsgeiß und Gamskitz häufig zu beobachten ist, kommt bei Rot- und Rehwild nicht vor. Nur zum Spielen mit Altersgenossen verläßt das Gamskitz seine Mutter.

Die zahlreichen Gefährdungen, denen das Gamskitz ausgesetzt ist, lassen es angezeigt erscheinen, die Ermittlung des Zuwachses, der eine maßgebliche Grundlage für die Abschußplanung bildet, nicht ausschließlich auf der Zahl der Geißen im setzfähigen Alter aufzubauen. In Anbetracht der Unsicherheit der Ermittlung des Gamsstandes sollte man das stolze Wort „Gamswildzählung“ durch das bescheidenere Wort „Gamswildermittlung“ ersetzen und in großen Gamsrevieren alle Ergebnisse auf volle Zehner auf- und abrunden.

Der Zuwachs an Kitzen beträgt etwa 60–70 % der über drei Jahre alten Geißen, da diese häufiger als anderes Schalenwild mit dem Aufnehmen pausieren. Von diesen Kitzen werden etwa 50 % nicht 12 Monate alt.

Der Bestand an Jahrlingen, der von manchen Fachleuten als gesicherter Zuwachs bezeichnet wird, kann eine wertvolle Kontrolle für die Abschußfestsetzung liefern. Er dürfte meist 30–35 % des Bestandes an setzfähigen Geißen, je nach der Strenge des vorhergegangenen Winters, betragen. Es wäre jedoch nicht richtig, den Bestand an Jahrlingen, ungekürzt in seiner zahlenmäßigen Höhe, für die Festsetzung der zahlenmäßigen Höhe des Abschusses zu verwenden, da ja alle Altersstufen, nicht nur die Kitze, einem gewissen natürlichen Winterausfall unterliegen, der wesentlich höher ist als bei Rot- und Rehwild.

Wenn der Gesamtabschuß eines Gamsstandes in Höhe von 20–25 % des Bestandes an über 3 Jahre alten Geißen festgesetzt wird, wird man der Wirklichkeit ziemlich nahe kommen.

Sollte der ermittelte Abschuß starke Differenzen mit dem Stand an Jahrlingen ergeben, so daß die Zahl der Jahrlinge erheblich unter der errechneten Abschußquote liegt, dann müßte man den Abschuß auf 20, in Ausnahmefällen sogar auf 15 % der Geißen senken.

Bei der Verteilung des Abschusses auf beide Geschlechter sollte man es sich zum Grundsatz machen, mindestens soviel Geißen wie Böcke aus der Wildbahn zu nehmen.

Der Zuwachs kann **nur** vom Bestand an Geißen, nie vom Gesamtbestand, hergeleitet werden. Auch Vergleiche mit den Gamsbeständen im Schwarzwald und in den Vogesen würden zu unrichtigen Ergebnissen führen. Dort wurde ein Zuwachs in Höhe von 23 % des Gesamtbestandes (!) ermittelt. Die Ursache für diese hohe Zuwachsrate dürfte in dem milderen Klima der Vogesen und des Schwarzwaldes, der geringen Schneelage und den günstigeren Äsungsverhältnissen liegen, die vor allem dem Jungwild zugute kommen: Die Winterausfälle sind dort geringer.

Der Gesundheitszustand des Gamswildes

Hohe Wilddichten bilden einen günstigen Nährboden für den Ausbruch epidemischer Krankheiten. Hiefür ist das Gamswild wegen seines ausgeprägten Rudeltriebes besonders anfällig. Wenn der Einbruch einer Wildseuche droht oder gar eine solche schon vorhanden ist, wäre ein weiteres Anwachsenlassen des Bestandes nicht zu verantworten. Dann ist ein kräftiger Eingriff in das Jungwild und in die alten Jahrgänge, sowie ein laufendes Mustern aller Tiere mit dem Fernglas erforderlich, um kranke Tiere möglichst frühzeitig zu erkennen und sie dann auszumerzen. Ruhe im Revier und die durch die Verminderung des Bestandes verursachte indirekte Äsungsverbesserung für den Restbestand können viel zum Erlöschen einer Seuche beitragen.

Struppiges Haarkleid, spätes Verhären, auffallende Magerkeit, Husten, Hauterkrankungen (Papillomatose, Räude) und verschmutzte Spiegel sind die wenigen äußerlich erkennbaren Zeichen einer Erkrankung, die den Abschuß eines Stückes notwendig machen können.

Auch äußere Verletzungen, wie Knochenbrüche und Verrenkungen, können den Gesundheitszustand eines Wildtieres so herabsetzen, daß aus Gründen der Humanität sein Abschuß angezeigt ist. Der Abschuß eines gesunden Bockes, nur wegen seiner formelmäßig unbefriedigenden Trophäe, ist kein Hegeabschuß. Wie im Vorstehenden schon ausgeführt, besteht bei allen Hornträgern kein Zusammenhang zwischen dem Gesundheitszustand und der Trophäe. Auch sind die Stärke der

Krucke, ihre Höhe, Hakelung und Auslage rein menschliche Bewertungsmerkmale, die zum augenblicklichen Gesundheitszustand des Tieres und zum Kampfwert der Trophäe nur bedingt eine Beziehung haben.

Vielleicht sind auffallend dünne Schläuche und nach innen gekrümmte Hakelung Zeichen eines gestörten Jugendwachstums, das sich aber inzwischen grundlegend gebessert haben kann. Die Krucke behält jedoch zeitlebens ihre „Hungerform".

Die vorstehenden Überlegungen zeigen deutlich, daß das Gamswild in erster Linie nach seinem Gesundheitszustand, nicht nach seinem Kopfschmuck bejagt werden darf. Bei Gamsbeständen, die in ihrer Zahl dem zulässigen Stand entsprechen, sollte sich der Abschuß auf das kranke und alte Tier, sowie das Jungwild in erster Linie erstrecken. Die Mittelklasse wäre möglichst unberührt zu lassen.

Selbstverständlich darf sich jeder Jäger freuen, wenn er die Krucke eines alten Bockes, hoch und mit weiter Auslage, erbeutet hat. Er sollte aber auch zufrieden sein, wenn er nur einen Hegeeingriff in die Jugendklasse machen durfte.

Die Planung des Abschusses

Der verantwortungsbewußte Jäger pflegt vor dem Schuß das zu erlegende Wild auf seine Abschußwürdigkeit genau anzusprechen. Dies ist besonders beim Gamswild erforderlich, da bei dieser Wildart häufig „Druckfehler" vorkommen. Sei es, daß statt eines Bockes eine Geiß erlegt wird, oder daß das Alter falsch angesprochen wurde.

Nur mit einem Spektiv ist ein sicheres Ansprechen des Gamswildes, gutes Licht vorausgesetzt, möglich!

Das Ansprechen nach dem Geschlecht

Gewisse Anhaltspunkte liefern Krucke und Figur: die bessere Hakelung, die stärkeren Schläuche sprechen für den Bock. In der Brunft kommt dazu noch die dunklere Farbe der Decke, das Sichtbarwerden des Bartes und des Pinsels. Nach einiger Übung wird man auch im Körperbau deutliche Unterschiede zwischen Bock und Geiß feststellen. Der Bock ist gedrungener gebaut. Bei ihm scheint das Körpergewicht mehr auf die Vorderläufe verlagert. Einen einwandfreien Aufschluß gibt das Stück beim Nässen: der Bock näßt nach vorn zwischen die Läufe, während die Geiß nach hinten näßt. In der Brunft kann man am Benehmen des Tieres sein Geschlecht erkennen. Während die Geiß in gewohnter Ruhe äst, ist der Bock dauernd in Bewegung, sei es, daß er einen Rivalen vertreibt oder einer brunftigen

Geiß folgt. Im Sommer ist das Ansprechen schwieriger als in der Brunft. Dafür hat man aber im Sommer mehr Zeit zur Verfügung. Einzeln stehende Stücke sind meist alte Böcke. Alte Geißen halten sich in einem gewissen Abstand vom Rudel, bleiben aber doch in seiner Nähe. Kein Kennzeichen für das Geschlecht ist die Auslage! Es gibt weit ausgelegte Böcke und weit ausgelegte Geißen. Es ist zwar die enge Stellung der Schläuche bei der Geiß häufiger als beim Bock. Ist ein Tier von einem Kitz begleitet, dann ist es immer eine Geiß.

Das Ansprechen nach dem Alter

Das Ansprechen des Gamswildes nach dem Alter gehört zur hohen Schule des Waidwerks im Gebirge. Den Jahrling, den zweijährigen Bock wird man noch verhältnismäßig leicht erkennen. Schwieriger ist es schon den drei- und vierjährigen Bock zu unterscheiden. Vom fünften Lebensjahr ab ist in der Brunft beim Bock der Pinsel sichtbar. Schwer zu unterscheiden sind Böcke im Alter von sechs bis acht Jahren. Hier müssen alle Alterskennzeichen gegeneinander abgewogen werden. Im übrigen sollte diese Altersstufe weitgehendst nicht bejagt werden! Eine tiefschwarze Decke spricht immer für sechs Jahre. Hat die Decke im Sommer bereits einen Stich ins Fahle, dann ist der Bock bestimmt 10 Jahre alt. Als wichtigstes Alterskennzeichen gelten die Zügel. Sind diese gegen die Blesse und den Unterkiefer scharf abgegrenzt, dann ist der Gams unter 8 Jahre alt. Sind die Zügel „verwaschen“ und zeigt sich unter dem Licht ein grauer Schimmer, oft in der Form eines kleinen Halbmondes, dann ist der Bock abschußreif, d. i. über 9 Jahre. Diese graue Stelle unter dem Licht ist allerdings nur mit dem Spektiv zu erkennen! Auch die Form des Hauptes ändert sich im Laufe des Lebens: während der junge Bock einen kurzen Schädel besitzt, wird das Haupt im Alter länger und eselskopfähnlicher. Alte Böcke haben einen kleineren Spiegel als mittelalte oder junge. Alte Böcke tragen das Haupt tiefer als mittelalte und junge. Auch fehlt bei ihnen der helle Keulenfleck. Man hüte sich davor, bei Böcken über fünf Jahren die Krucke zur Altersansprache heranziehen zu wollen!

Das Ansprechen des Bartes vor dem Schuß

Wenn man vor dem Schuß wissen will, ob der Bart lang oder kurz, der Reif weiß oder gelb ist, muß man einen Bock aus nicht zu großer Entfernung mit dem Spektiv längere Zeit betrachten. Man kann bei guter Beleuchtung sehen, ob der Reif weiß oder gelb ist. Böcke mit einer schneeweißen „Blesse“ haben meist auch einen Bart mit schneeweißem Reif. Bei alten Böcken besitzt das Haar einen bräunlichen Einschlag und der Reif ist häufig gelblich. Wenn ein Gamsbock bergauf flüchtet und die Haare am Schlegel auf und nieder wallen, ist der Bart lang. Ein Bart, der steht, ist nie lang.

Das Ansprechen der Krucke

Bei weitem nicht so schwierig wie die Altersansprache ist die Beurteilung der Krucke und ihre ungefähre Einschätzung nach Punkten. Höhe, Auslage und Schlauchstärke kann man meist schon mit einem guten Doppelglas erkennen. Böcke mit mäßiger Kruckenbildung wird man meist sehr lange mit dem Spektiv mustern, ehe man sich für den Abschuß entscheidet. Die Krucke allein sollte aber, wie verschiedentlich ausgeführt, nicht für den Abschuß ausschlaggebend sein.

Durch Betrachten von Krucken erlegter Böcke auf den Trophäenschauen bekommt man schnell einen Blick für die ungefähre Punktzahl.

Der Vollzug des Abschusses

Die als krankheitsverdächtig und als krank erkannten Tiere, sowie die wegen ihres Alters zum Abschuß vorgesehenen Böcke und Geißen reichen nicht zur Erfüllung des Abschußplanes aus, wenn keine Erhöhung des Gamsstandes geplant ist. Zur Herstellung und Erhaltung eines naturgemäßen Altersaufbaues muß deshalb auch in die Klasse des Jungwildes (Kitze und Jahrlinge) eingegriffen werden. Man sollte jene Stücke auswählen, die voraussichtlich dem Winter zum Opfer fallen werden. Auch wirtschaftliche Gründe sprechen dafür, diese Aufgabe nicht dem Winter und dem Raubwild zu überlassen.

Eine Verminderung des Kitzbestandes um 20–30 % ist immer vertretbar, wenn diese Maßnahme die schwachen Stücke erfaßt. In der jagdlichen Praxis würde dies bedeuten, daß der Jäger jedes Kitz, das durch schlechten Wildbretzustand, schlechtes Verhären oder sonstige Fehler dem Revierdurchschnitt seiner Altersstufe nicht entspricht, abzuschießen hätte. Dieser Abschuß soll aber unterbleiben, wenn durch den Schuß ein ganzes Rudel aus seinem gewohnten Einstand vertrieben wird oder gar im tiefen Schnee wegflüchten muß. Bei den durch Wintersnot geschwächten Tieren kann ein derartiger Bewegungsaufwand tödliche Folgen haben.

Die Schußzeit für Gamswild beginnt am 1. August und endet fast überall am 15. Dezember. Für eine Verlängerung der Schußzeit, wie sie manchmal angestrebt wird, besteht keine Veranlassung. Im Interesse der Gesunderhaltung des Gamswildes sollte die Bejagung sofort zu Beginn der Schußzeit einsetzen und sich auf jene Tiere erstrecken, die Störungen am Haarkleid oder am Wildbretzustand aufweisen. Zu Beginn des Sommers sind solche Mängel am leichtesten zu erkennen. Im Spätsommer klingen sie gewöhnlich ab, um im Herbst oder Winter erneut und in meist tödlicher Form wieder aufzutreten.

Der alte Gamsbock ist wegen seiner Standorttreue am leichtesten zwischen dem 1. August und dem 15. September zu bejagen. Im Oktober stellt er sich gewöhnlich um und wählt einen neuen Einstand. In der Brunft, im November, ist er meist nur kurze Zeit sichtbar, da er rasch abgebrunftet ist und sich dann in einen ruhigen, oft unzugänglichen Revierteil zurückzieht.

Alte nichtführende Geißen wären unbedingt vor der Brunft aus der Wildbahn zu nehmen, da sie meist sehr lange brunftig bleiben, ohne aufzunehmen, und viel Unruhe ins Revier bringen. Mit ihnen beschäftigen sich meist die jungen Böcke, die sie wiederholt beschlagen.

Der Geißenabschuß sollte nicht auf den November verschoben werden, da zu dieser Zeit oft das Kitz nicht mehr dauernd bei seiner Mutter steht, die es aber doch noch nicht entbehren kann.

Es wäre genau zwischen einer „Geltgeiß" und einer „nichtführenden Geiß" zu unterscheiden: Geltgeißen sind alte Geißen, die nicht mehr aufnehmen. **Nach** ihrer Erlegung ist dies meist an der Krucke zu erkennen: Wenn bei einer 15jährigen Gamsgeiß die letzten 3 oder 4 Jahresringe auffallend breiter als die vorhergehenden sind, wurde eine echte Geltgeiß erlegt, die schon 3–4 Jahre lang kein Kitz mehr gesetzt hatte. Als „nichtführend" bezeichnet man Gamsgeißen im setzfähigen Alter, die aus irgendeinem Grunde nicht aufgenommen oder ihr Kitz verloren haben.

Jungwild, Jahrlinge und Kitze pflegt man abzuschießen, sobald gesundheitliche Mängel an ihnen erkannt sind. In größeren, gut besetzten Gamsrevieren wird es oft nicht möglich sein, diese Aufgabe restlos vor der Brunft zu vollziehen. Es bestehen keine schwerwiegenden Bedenken, diesen Abschuß noch im November oder Dezember bis zum Ende der Schußzeit zu vollziehen. Die Beunruhigung ganzer Rudel durch einen Schuß sollte man allerdings auf Ausnahmefälle beschränken. Nur der Abschuß eines von einer ansteckenden Krankheit befallenen Tieres könnte den sonst verpönten „Schuß ins Rudel" rechtfertigen.

Ein besonderes Problem ist der Abschuß der Kitze: Auch er sollte so früh wie möglich einsetzen, um das Muttertier bald von der Bürde des Säugens zu befreien. Es spielt aber auch die Verwertbarkeit des Wildbrets eine Rolle. Ein im August erlegtes Kitz ist fast unverwertbar. Es wird also der Abschuß von Kitzen sich auf die Monate Oktober, November, Dezember verteilen.

Der Abschußplan

Bei der Aufstellung des Abschußplanes muß sich der Revierinhaber vor allem darüber klar werden, ob in seinem Revier die den Revierverhältnissen angemessene Gamswilddichte schon erreicht, überschritten oder noch nicht erreicht ist. Für diese

Entscheidung können die Verbißschäden an Fichte und Latsche, das Nochvorhandensein von Tanne, Weiden und Wildrosen, sowie Himbeere einen gewissen Fingerzeig geben. Besondere Umstände wie z. B. das Vorhandensein ausgedehnter gepflegter Almflächen verbessert die Äsungskapazität eines Reviers erheblich! Allerdings nur im Sommer!

Fall 1:

Der Wildstand hat die dem Äsungsangebot angemessene Wilddichte erreicht: Der Abschuß darf dann, soferne der zurückliegende Winter normal war, in Höhe von 20–25 Prozent des Standes an über 3 Jahre alten Geißen vollzogen werden. Selbstverständlich wäre das Geschlechterverhältnis 1:1 herzustellen, bzw. zu erhalten!

Fall 2:

Der Wildstand hat die für das Revier tragbare zahlenmäßige Höhe überschritten und es treten bereits Untergewichte auf: Hier ist rasche Abhilfe notwendig: Verminderung des Gamsstandes unter Aufrechterhaltung des richtigen Altersklassenaufbaues und des Geschlechterverhältnisses 1:1. Kräftiger Eingriff in die Klasse des Jungwildes und in die über 10 Jahre alten Böcke und in die über 12 Jahre alten Geißen! Notfalls Abschuß der Geiß samt dem Kitz. Selbstverständlich wären auch die kranken und krankheitsverdächtigen Stücke zu entnehmen. In diesem Falle könnte auch die ungünstige Ausformung der Krucke als Abschußgrund vertreten werden. Erfolglos würden in diesem Falle alle Versuche bleiben, das Äsungsangebot zu verbessern!

Fall 3:

Der Wildstand hat die dem Revier und den winterlichen Äsungsverhältnissen angemessene Höhe noch nicht erreicht. In diesem Falle müßten die Wintereingänge gering und die Wildbretgewichte über dem Durchschnitt liegen! Es wäre der Abschuß nur auf alte und schwache Stücke zu beschränken. Insbesondere die Klasse der Kitze und Jahrlinge wäre einer genauen Musterung zu unterziehen, um die wirklich schwachen Stücke, die den Winter nicht überstehen würden, herauszufinden! Von einem vollständigen Einstellen des Abschusses wird auch in diesem Falle abgeraten! Sollte im vorliegenden Falle das weibliche Geschlecht etwas überwiegen, so mag dies für kürzere Zeit in Kauf genommen werden. Nach zwei oder drei Jahren dürfte, wenn der Winter nicht ungewöhnlich hart dazwischen kommt, eine ausreichende Vermehrung des Gamswildes zu erwarten sein. Dann sollte auch das Geschlechterverhältnis 1:1 hergestellt werden.

Innerhalb des Rudelverbandes bilden mitunter die Kitze gesonderte „Spielgruppen“.

Da oben wär er...; Prinzessin Rethy von Belgien auf der Gamsjagd im Revier Hinterriß.

Auf der Gamsjagd im November: Man hat so allerlei bei sich: Büchse, Spektiv, Doppelglas und Bergstock. Nicht vergessen sollte man auch die Schneegamaschen, da sich die Schneehöhe an schattseitigen Stellen nicht voraussehen läßt.

Der Jäger auf dem Bild hat weder Kimme noch Korn an seinem Repetierer. Anscheinend schießt er nur noch „durch das Zielfernrohr". In diesem Falle hat er recht, wenn er auf diese Zutaten verzichtet, die beim Schliefen durch Latschenfelder recht lästig sein können.

Wenn's pressiert: Der Rucksack, nicht ganz leer und der Mantel oder Umhang drauf gelegt, geben eine sehr gute Auflage, besonders beim Liegend-Schießen.

Der Bergstock, meist aus Haselnuß, ist im Gebirge eine gute Gehhilfe, deren Wert man erst beim Bergabgehen bei Nacht schätzen lernt.
Er ist aber auch wertvoll beim Ansprechen mit dem Spektiv und dann beim Schießen. Allerdings sollte man diese Anschlagsart, ehe man auf Wild schießt, am Scheibenstand geübt haben.

Der Abschußplan wird alljährlich vom Revierinhaber aufgestellt und von der Jagdbehörde geprüft und genehmigt. Leider ist meist der Termin für die Vorlage an die Jagdbehörde zu früh angesetzt, so daß auf Unterlagen des Vorjahres zurückgegriffen werden muß. Man sollte sich aber bemühen, im zeitigen Frühjahr den Stand der Jahrlinge zu ermitteln, da dieser eine wichtige Unterlage für die Höhe des zu beantragenden Abschusses bildet. Immer muß der beantragte Abschuß *unter* der Zahl der im Juni vorhandenen Jahrlinge liegen.

Im nachfolgenden Beispiel handelt es sich um ein bereits von der Räude befallenes Gamsrevier mit einem Frühjahrsbestand von 232 Stück Gamswild auf einer Gamswildfläche von 4500 Hektar. Es ergibt sich daraus eine Gamswilddichte von 5,2 Stück je 100 Hektar. Die Kitze und Jahrlinge bleiben bei der Ermittlung des Geschlechterverhältnisses unberücksichtigt. Für die Errechnung der Wilddichte zählen die Jahrlinge, nicht aber die Kitze mit. Der Zuwachs an Kitzen beträgt 70 % von 120 Geißen und ergibt abgerundet 80 Stück. Das Geschlechterverhältnis wurde aus der Division Spalte 5 : Spalte 4 ermittelt: 1:1,4. Seine Verbesserung erscheint gerade im Hinblick auf die Räude angezeigt. Leider leidet das Revier unter einer gewissen Abwanderung in das schwächer besetzte Nachbarrevier. Diese genau zu ermitteln, ist sehr schwierig! Richtigerweise entschließt sich der Revierinhaber, in den Bestand der alten Böcke stark einzugreifen! Alte Böcke sind nämlich besonders räudeanfällig! Auch hat es keinen Sinn, alte Böcke zu „horten“, da ein strenger Winter immer die alten Böcke zuerst hinwegrafft. Der Abschußvorschlag zeigt deutlich die Absicht des Revierinhabers: Die Jahrlinge, die erfahrungsgemäß weniger räudeanfällig sind, werden fast unberührt gelassen. Abschußnotwendige Geißen werden erlegt, um das Geschlechterverhältnis zu verbessern.

Der Gesamtabschuß von 57 Stück Gamswild ist unter den vorliegenden Umständen vertretbar. Besonders zu begrüßen ist der kräftige Eingriff in die Klasse der Kitze sowie die beabsichtigte Verbesserung des Geschlechterverhältnisses. Auf der ersten Seite des nachfolgenden Abschußplanes sind auch die Ausfälle des Vorjahres und deren Ursachen teilweise angegeben. Dies erleichtert die Beurteilung der Revierverhältnisse und dient zur Begründung verschiedener Entscheidungen. Die tatsächlichen Ausfälle übertreffen immer an Zahl die festgestellten. Dieses Verhältnis ist je nach der Begehbarkeit des Reviers verschieden. In vielen Fällen sind die tatsächlichen Verluste doppelt so hoch, wie die beobachteten!

Gamsreviere mit guten Äsungsverhältnissen und ruhigen Einständen haben im Sommer immer eine Zuwanderung. Es ist auch sehr unerfreulich, wenn Reviere mit einem ausgeglichenen Geschlechterverhältnis an solche mit einem erheblichen Geißenüberschuß grenzen. Es wandern dann aus dem gepflegten Revier Böcke dorthin, wo ein Geißenüberhang vorhanden ist. Auch dieser Gesichtspunkt spricht für eine großräumige Abschußplanung! Verschiedentlich ist die Anrechnung des Fallwildes auf den Abschußplan vorgeschrieben. Da aber diese Größe infolge der

Unübersichtlichkeit der Gamsreviere mit erheblichen Unsicherheiten behaftet ist, verzichten verschiedene österreichische Bundesländer auf die Anrechnung des Fallwildes. Dies mag bei kleineren Verlusten tragbar sein. Nach Katastrophenwintern ist allerdings die Berücksichtigung des Fallwildes unbedingt notwendig.

(Vorderseite)

Revier: . . . .

Wildstand und Abschußplan 19 . . .
für Gamswild

1. Feststellung der Gamswildfläche, der Wilddichte und des Geschlechterverhältnisses

Revierfläche	6612 ha
Flächen, die dem Gamswild weder Äsung noch Einstand bieten	2112 ha
Gamswildfläche	4500 ha
Ergebnis der Ermittlung des Gamsstandes (ohne Kitze)	232
Geschlechterverhältnis (ohne Jahrlinge)	1:1,4
Wilddichte 232:45	5,2
Zulässige Wilddichte	7,0
Festgestellte Ausfälle des Vorjahres:	
durch Räude	8
durch seuchenhaftes Erblinden	–
durch Pappillomatose	–
durch unbekannte Ursachen	19 (davon 11 Kitze)
Sa. Ausfälle des Vorjahres:	27

Abschußplan für Gamswild

(Rückseite)

	Böcke				Geißen	Jahr-linge	Kitze	Sa. Gamswild	Bemerkung
	I	IIa	B	Sa. Böcke					
	1	2	3	4	5	6	7		
Wildstand am 15. Juni nach dem Setzen der Geißen	7	25	55	87	120	25	80	312	Geschlechterverhältnis 1:1,4 Verbesserung angezeigt!
Zuwanderung Abwanderung	–1	–3	–5	9	–9	–3	–8	–29	Die Wilddichte des Nachbarreviers ist geringer!
Sommerstand	6	22	50	78	111	22	72	283	
Abschußvorschlag	5	–	5	10	20	2	25	57	Weibliche Jahrlinge u. weibliche Kitze sollen bevorzugt erlegt werden
Verbleibender Bestand	1	22	45	68	97	20	47	226	Geschlechterverhältnis 68:86 = 1:1,25 (ohne Jahrlinge!)
Abschußfestsetzung durch die Jagdbehörde									

Vorgelegt: . . . .

Genehmigt: . . . .

Datum:
Revierinhaber:

Jagdbehörde

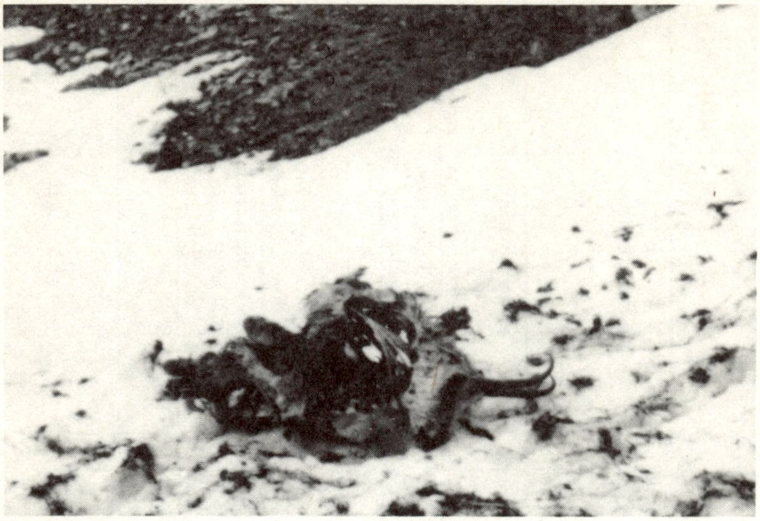

Von der „Lahn“ (= Lawine) erfaßt und dann von Dohlen und Kolkraben angenommen.

Absicht des Revierinhabers:

Von einer Erhöhung der Wilddichte möchte im Hinblick auf die Räude Abstand genommen werden. Dagegen erscheint eine Verbesserung des Geschlechterverhältnisses vertretbar. Soweit dies möglich ist, werden bevorzugt weibliche Kitze und Jahrlinge erlegt werden. Nachdem der vorhergehende Winter erhebliche Ausfälle verursacht hat, wie die geringe Zahl der Jahrlinge zeigt, möchte von einem noch stärkeren Eingriff in die Jugendklasse abgesehen werden.

VI.
Die Bejagung des Gamswildes

Bei der Gamsjagd zur Beherzigung

Franz Ritter von Kobell gibt im „Wildanger“, der Bibel der bayerischen Jäger, die nachstehende Anweisung:

Für's erste muß a Bock dasein, denn man meint gar oft, es is einer da,
derweilen is keiner da.
Des gschieht, wennst an Bock g'segen hast,
wo er durchwechselt, wo er aber nit sein Stand hat.

Für's zweite, wenn einer da is, muaß a oana sein,
denn es heißt leicht a Bock, bal er aber daliegt, is a Goaß.

Für's dritte muaß der Bock an ein Platz sein,
wo er zum anpirschen is und wo er ein nit siecht.

Zum vierten muaß er auf an Platz sein,
wo er ihm nit zu Lumpen derfallt,
bals d'n abaschießst oder daß er nit in a Loch neikugelt,
wo d'n nit rausbringa konnst, denn sonst bideut s'Schiaßn nix.

Zum fünften braucht's an guatn Wind
und deßtwegn a guat's Wetter.

Zum sechsten muaßt'n treffn
und *zum siebten* muaßt'n guat treffn,
daß d'n kriagst a und daß er dir nit in a Wand neisteigt,
wo d'nit nachkost!
A so is's!

Kurzer Rückblick

Bis zum Jahre 1848 wurden in Bayern „eingestellte Jagen“ auf Gamswild veranstaltet. Das Wild wurde schon Tage vorher in bestimmte Revierteile getrieben und am Zurückwechseln durch Feuer („Verfeuern“) gehindert. Diese Revierteile waren bereits vor Wochen mit „Licht- und Dunkelzeug“ eingezäunt worden. „Lichtzeug“ waren Netze, „Dunkelzeug“, Tücher. Das Dunkelzeug wurde im Walde, das Lichtzeug im freien Gelände verwendet. Die Breite der Tücher und Netze betrug etwa 2 Meter.

Diese Zäunungen waren so angeordnet, daß hochgestellte Persönlichkeiten einen guten Anlauf mit Sicherheit erwarten durften.

Die „eingestellten Jagen“ wurden in Bayern mit dem Regierungsantritt von König Maximilian II. aufgegeben, weil dieser die „Poesie des Jagens im Gebirg“ genießen wollte und auch seiner sparsamen Art der finanzielle Aufwand der „eingestellten Jagen“ zuwiderlief.

Er führte die sogenannten „freien Treiben“ ein. Bei diesen „freien Treiben“ wurden große Revierteile von einer Treiberkette durchgedrückt. An den bekannten Wechseln waren Stände für den König und seine „Kavaliere“ errichtet.

Mit verhältnismäßig geringem Aufwand und einer nur kurzen Vorbereitungszeit konnten bei dieser Methode doch recht beachtliche Strecken erzielt werden. Diese Jagdart hielt sich im Gebirge bis zum Ersten Weltkrieg. Noch heute sind in den ehemaligen Hofjagdrevieren des Berchtesgadener Landes bestimmte Plätze im Wald unter den Namen „Kaiserstand“, „Königsstand“ und „Arcostand“ bekannt. Die „Stände“ waren aus Steinen errichtet und stehen noch heute.

Jagdmethoden

Treibjagd und Riegler

Die Gesellschaftsjagden auf Gamswild waren repräsentative Veranstaltungen für hochgestellte Gäste, bei denen viel Gamswild, allerdings meist nur „Graffl“ erbeutet wurde. Starke Böcke kamen bei diesen Treibjagden selten zur Strecke. Treibjagden auf Gamswild werden heute nur in wenigen, gut besetzten Revieren Österreichs veranstaltet, die einen Abschuß von mehreren hundert Gemsen zu vollziehen haben. Auf der Einzeljagd ließe sich so ein Abschuß nur mit großen Schwierigkeiten erfüllen. Es werden deshalb im Herbst, meist vor der Hirschbrunft, bestimmte

Revierteile „getrieben". Viele Treiber und viele berggewohnte Schützen sind zur Sicherung des Jagderfolges notwendig. Der gesamte Verlauf der Jagd muß, fast wie der Aufmarsch einer Armee, bis ins einzelne durchgesprochen und in seinem zeitlichen Ablauf geregelt sein. Jeder Treiber muß genau den Weg wissen, den er zu gehen hat und die Uhrzeit, zu der er mit dem Treiben beginnen darf. Jeder Schütze muß seinen Stand kennen und den Weg, der ihn dorthin führt. Alle Wegzeiten müssen genau berechnet sein. Das Treiben darf erst dann beginnen, wenn jeder Schütze und Treiber seinen Platz bezogen hat. Ob der Beginn der Jagd nach der Uhr oder mit einem „Hebschuß" angezeigt wird, ist Geschmacksache und richtet sich vor allem nach dem Gelände. Nicht immer ist der Hebschuß zu hören und dann kann leicht etwas schief gehen. Man ist deshalb schon dazu übergegangen, den Beginn der Jagd durch Funksprechgeräte anzuordnen. Die Schützen, die den weitesten Anmarsch haben, der Führer der Treiber und der Jagdleiter, sind durch Funk verbunden und die Jagd kann dann, wie am Schnürchen, ablaufen. Man sollte den Einsatz des Sprechfunks nicht als überflüssige Perfektion ablehnen! Wer einmal größere Gesellschaftsjagden geleitet hat, weiß, wie leicht bei einer solchen Jagd alles ins Schwimmen kommt und wie schwer es ist, dann rettend einzugreifen.

Die Stände werden nach dem Alter der Gäste und nach ihrer Schießfertigkeit verteilt. Ältere Gäste wird man auf nahe gelegene Stände stellen, rasche und sichere Schützen bekommen Stände, an denen sie ihre Schießfertigkeit unter Beweis stellen können.

Das Treiben kann lautlos oder mit viel Lärm vor sich gehen. Das lautlose Treiben verspricht mehr Erfolg, weil das Wild vertrauter vor die Schützen kommt. Das Geräusch, das der Treiber beim Durchgehen verursacht und ein gelegentliches Stehenbleiben oder Husten genügen, um das Wild in Bewegung zu bringen. Hunde sollten nicht geschnallt werden. Es genügt, wenn sie für die anschließenden Nachsuchen zur Verfügung stehen.

Leider werden bei den Gamstreibjagden mitunter führende Geißen erlegt, deren Kitze dann dem Winter zum Opfer fallen. Der Zweck der Gamstreibjagden, eine Verminderung des Gamsstandes zu erzielen, wird gewöhnlich erreicht. Man pflegt die gleichen Revierteile nur alle 3–4 Jahre zu treiben. Die Befürworter der Treibjagd erklären, daß die Störung des Revieres durch ein oder zwei gut vorbereitete Treibjagden weit geringer sei, als wenn man versucht, den gleichen Abschuß auf der Einzeljagd zu bewältigen. Dies mag richtig sein. Ein Abschuß von etwa 200 Stück Gamswild erfordert viel Aufwand an Zeit und Mühe, wenn er durch ungewandte Gäste auf der Einzeljagd vollzogen werden muß!

Vielleicht sollten aber im Interesse des Wildes bei einem Gamstreiben nur Jahrlinge, Kitze und nichtführende Geißen zum Abschuß freigegeben werden. Ausnahmsweise könnte bewährten Gamsjägern der Abschuß von Geiß *und* Kitz gestattet werden. Es müßte aber immer zuerst das Kitz erlegt werden. Einen großen

Nachteil bildet bei Gamstreiben die Schwierigkeit des genauen Ansprechens, das bei der Einzeljagd mit Ruhe stattfinden kann. Das beim Treiben erforderliche rasche Schießen und der verständliche Wunsch der Schützen etwas zu schießen, sind häufig die Ursache von „Druckfehlern".

Die kräftige Verminderung des Gamsstandes durch Treibjagden wirkt sich günstig auf die Äsung des betreffenden Revierteiles aus. Die wertvollen Äsungspflanzen, die immer Mangelware sind, haben nach einem solchen Aderlaß eine gewisse Schonzeit, in der sie sich erholen können.

Der Riegler

Will man nur einen kleinen Revierteil bejagen, dann macht man mit wenig Schützen und wenig Treibern einen „Riegler". Meist handelt es sich um ein bestimmtes Rudel, das einigen Schützen zugedrückt werden soll, manchmal auch nur um einen „einschichtigen" Bock in der Feistzeit. Gute Kenntnis über die Gewohnheiten des Rudels oder des Bockes und eine genaue Kenntnis des Reviers sind Voraussetzungen für den Erfolg. Das Riegeln geht immer möglichst still vor sich.

Pirsch und Ansitz

Die Einzeljagd auf Gams ist seit jeher in der Form von Pirsch und Ansitz üblich. Diese beiden Jagdarten vermitteln ein echtes Naturerlebnis und verlangen auch ein gamsgerechtes Denken und Handeln. Die Pirsch auf Gamswild im Sommer zur Feistzeit oder im November zur Zeit der Brunft, ist immer reizvoll. In einem guten Revier wird man Gelegenheit haben, viel Gamswild zu beobachten und vielleicht auch das Stück, dem die Pirsch gilt, zur Strecke zu bringen. Gewöhnlich sind Pirsch und Ansitz zwangsläufig verbunden. Kommt man beim Pirschen an ein größeres Rudel, so wird man sich niedertun und mit dem Spektiv Stück für Stück mustern auf Alter und Gesundheit. Wenn kein abschußnotwendiges Stück im Rudel ist, wird die Pirsch fortgesetzt. Besonders aussichtsreich ist das Pirschen und Ansetzen zur Zeit der Brunft. Man sucht sich einen nicht zu kalten Platz in der Nähe eines Rudels oder setzt sich in Schußweite an einem vielbenutzten Wechsel an. Mit großer Wahrscheinlichkeit darf man mit dem Anwechseln eines suchenden Bockes rechnen. Beim Rudel steht meist ein stärkerer Bock oder es wechselt einer zu. Selbstverständlich wird man bei Pirsch und Ansitz immer auf die Windrichtung achten.

Hierfür gilt folgende Regel: An einem besonnten Hang zieht untertags der Wind aufwärts, morgens und abends streicht er an der gleichen Stelle talwärts. In der Nähe der Gipfel und Grate sieht man die Windrichtung an der Richtung der Wolken. In Tobeln und Talkesseln kann man die Windrichtung nie voraussagen: Meist geht Wind dort im Kreise und ändert häufig die Richtung.

Für das Erkennen der Windrichtung gibt es verschiedene Hilfen: Man kann den Rauch der Zigarette beobachten oder den nassen Handrücken in den Wind halten. Auch das Versprühen von feinem Puder aus einer Dose zeigt die Windrichtung an.

Voraussetzung für den Erfolg bei Pirsch und Ansitz sind gute Kenntnisse über die Gewohnheiten des Wildes, seiner Einstände und Äsungsplätze.

Das Alleinjagen von Gästen ist bei der Gamsjagd nicht üblich. Die mit der Jagd im Hochgebirge verbundenen Gefahren und die Schwierigkeiten der richtigen Altersansprache machen die Zuteilung eines Begleiters unbedingt notwendig. Auch das Bergen des erlegten Stückes verlangt oft den Einsatz von zwei Personen und die Verwendung eines Seiles, das viele Gamsjäger immer bei sich haben.

Man pirscht häufig auf Gamswild, da es auf Geräusche weniger empfindlich ist als Rot- und Rehwild. Bei Nebel sollte man allerdings nicht jagen! Man würde nur das warnende Pfeifen der flüchtenden Gams und das Geräusch der abgehenden Steine hören. Der Nebel heißt nicht umsonst der „große Gamshüter". – „Wenn der Wind jagt, soll der Jäger nicht jagen", lautet ein anderer Jägerspruch, der auch seine Berechtigung hat.

Mancher Jäger, der in der Absicht, einen möglichst guten Wachler (Gamsbart) zu erbeuten, den ihm freigegebenen Abschuß auf die letzten Tage der Schußzeit verschoben hatte, blieb ohne Gamsbock, weil der „große Gamshüter" seine Herde mit einem Nebelmantel verhüllt hatte.

Schuß auf den Gams

1. Vorsicht vor Hoch- oder Tiefschüssen:

Hoch- und Tiefschüsse sind infolge der langen Behaarung beim Gamswild oft Fehl- oder Streifschüsse. Haarlänge des Oberhaares 15 cm.

2. Schußzeichen:

Im Gegensatz zu Rot- oder Rehwild zeichnet der Gams nur gering auf den Schuß, ausgenommen bei Herzschuß! (Steiles Aufsteigen.) Deshalb auch Nachsuche bei vermeintlichen Fehlschüssen!

3. Anschußgebiet:

Schieße nur auf den Gams, wenn Du auch das Anschußgebiet betreten kannst! Überlege, wohin der getroffene Gams stürzen wird!

4. Schußregel:

Jede Patrone hat beim Schuß bergauf und bergab einen Hochschuß, der bei zunehmendem Neigungswinkel wächst. Daher gilt die Regel: „Steil bergauf und steil bergunter, immer halt drunter!“

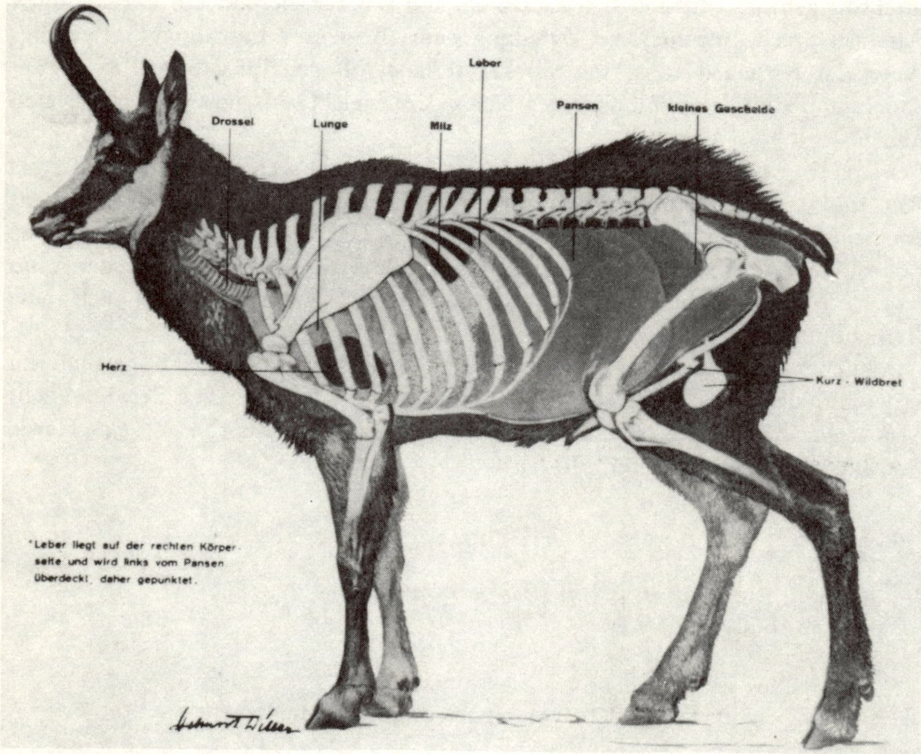

Schaubild von der Jagdausstellung 1961 in München

Schießen, Treffen und Schußzeichen

Der Schuß auf Gamswild ist leicht, wenn das Stück vertraut äst oder dem Wechsel entlang zieht. Durch ein vorsichtiges Anpfeifen kann man es oft zum Verhoffen bringen. Aber auch ohne dieses Pfeifen macht der Gams gern ein kurzes „Haberl“, so daß man in Ruhe die Entfernung schätzen und den Schuß anbringen kann. Man sollte hinters Blatt zielen, um nicht zuviel Wildbret zu zerstören. Das Herz sitzt beim Gams verhältnismäßig tief (Vgl. Bild). Auch bei gezirkelten Blattschüssen kommt es vor, daß das getroffene Tier noch 40–60 Meter weit flüchtet und erst dann zusammenbricht. Steht der Gams in der Nähe eines Felsabsturzes, so daß ein schlagartiges Zusammenbrechen des Stückes erforderlich ist, so sollte man den Schuß hochblatt antragen, damit die Wirbelsäule getroffen wird. Das Tier bricht dann zusammen und verendet in der Fährte. Auch schräge Schüsse, Einschuß auf dem Stich und Ausschuß hinter dem Blatt erzielen manchmal die gleiche Wirkung. Der nicht ganz einfache Schuß auf den Hals bewirkt nur dann ein sofortiges Zusammenbrechen und Verenden, wenn die Wirbelsäule getroffen ist.

Die üblichen Schußentfernungen liegen beim Gamswild zwischen 150 und 200 Meter. Über diese Grenze hinaus sollte nur dann geschossen werden, wenn Schütze und Waffe auch auf größere Entfernungen ihre Fähigkeiten auf dem Scheibenstand bereits bewiesen haben.

Sehr bewährt hat sich im Gebirge das „Schießen über den Bergstock". Der Vorteil dieser Methode liegt in der raschen Schußbereitschaft. Man kann stehend oder sitzend den Bergstock als Zielhilfe benutzen.

Schußzeichen

Der Bock bricht zusammen und verendet: Hochblattschuß, das Rückgrat wurde getroffen.

Der Bock steht steil auf, trommelt mit den Läufen in der Luft und bricht dann zusammen: Herz und Lunge sind getroffen.

Der Bock ruckt auf den Schuß zusammen und flüchtet scheinbar unverletzt. Am Anschuß findet sich hellroter Schweiß, etwas schaumig: Lungenschuß.

20 Minuten warten, dann Nachsuche mit dem Hund. Das Tier verendet mit einem Lungenschuß ziemlich rasch. Werden aber keine Knochen verletzt, dann kann es sich um einen glatten Lungendurchschuß handeln. Ein solcher heilt wieder aus. Das getroffene Stück kann auch verloren gehen. Man sollte auf Gamswild keine zu kleinen Kaliber verwenden: 7×64 oder 7,62×63 sind keineswegs zu stark.

Der Bock ruckt im Schuß zusammen und schlägt mit den Hinterläufen aus. Dann flüchtet er etwas behindert mit gekrümmtem Rücken außer Sichtweite. Am Anschuß: Dunkler Schweiß mit Panseninhalt vermischt: Waidwundschuß: Je nach Grenznähe 1–2 Stunden warten, dann Nachsuche nur mit dem Hund. – Die gleichen Schußzeichen können auch bei einem Schuß durch das kleine Gescheide beobachtet werden. Auch in diesem Falle darf die Nachsuche erst nach längerer Zeit mit dem Hund eingeleitet werden.

Der Gams steigt auf den Schuß steil auf und geht sehr flüchtig weg. Am Anschuß wenig Wildbretschweiß und viele Haare: Streifschuß vor oder hinter dem Vorderlauf. Nur bei günstigen Geländeverhältnissen oder bei sehr viel Schnee wird eine Nachsuche und Hetze erfolgreich enden.

Bei einem Vorderlaufschuß geht der Gams vorne hoch und flüchtet mit einem schlenkernden Lauf. In diesem Falle muß der Hund sofort geschnallt werden, damit er den auf drei Läufen noch unsicheren Gams hetzt und stellt. Je länger der dreiläufige Gams Zeit hat, das Flüchten auf drei Läufen zu üben, desto schwieriger wird die Erbeutung und umso länger dauert die Hetze.

Einen jungen unerfahrenen Hund darf man nicht auf einen krankgeschossenen Gams schnallen.

Der Gams krümmt auf den Schuß den Rücken und zieht langsam weg, manchmal schlägt er auch im Schuß mit den Hinterläufen aus: Am Anschuß dunkler Schweiß, etwas bräunlich: Leberschuß: Nachsuche mit dem Hund etwa nach einer halben Stunde möglich. Meist ist das Tier dann schon an innerer Verblutung verendet.

Der Gams bricht auf den Schuß blitzartig zusammen und schlegelt mit den Läufen. Wenig später erhebt er sich wieder und trollt dann etwas behindert weg: Krellschuß! Es wurde ein Dornfortsatz der Wirbelsäule getroffen. Nur in seltenen Fällen wird die Nachsuche mit Hetze Erfolg haben. Ein Verfolgen der Fährte bis zum Einstand und ein anschließendes Durchdrücken des Einstandes könnte vielleicht das Stück zur Strecke bringen.

Man sollte sich grundsätzlich angewöhnen, im Schuß zu repetieren oder bei einschüssigen Büchsen nachzuladen. Nie mit dem zweiten Schuß zögern, wenn man sich über die Lage des ersten nicht einwandfrei klar ist.

Im Gebirge, bei der Gamsjagd können folgende Hunderassen verwendet werden: Schweißhunde, Brandlbracken, Rauhhaarbracken, Jagdterrier und Dackel. Letztere müssen bei viel Schnee zeitweise im Rucksack getragen werden.

VII.
Das Versorgen des erlegten Wildes und die Behandlung der Trophäen

Die Murmeltiere nützen die Strahlen der Herbstsonne. – Im Gamsgebirg, auf den Almen und an der Waldgrenze leben auch die Murmeltiere. Den Sommer über äsen sie Gras und Kräuter und polstern ihren Bau mit Gras aus, damit sie im Herbst alle Röhren gegen die Kälte abdichten können. Nahrung nehmen sie den Winter über keine zu sich, sondern zehren von dem im Sommer gespeicherten Fett.
Dieses Fett, „Mankeischmalz" genannt, wird in der Heilkunde des Volkes als sicheres Mittel gegen Verrenkungen und Rheuma gebraucht. Die Schulmedizin kann diese heilende Wirkung allerdings nicht bestätigen.

Gamsjäger aus der Zeit nach dem Ersten Weltkrieg: Die Ausrüstung ist die gleiche geblieben. Bescheidener ist man mit der Beute geworden.

Ein guter Bock, erlegt in der Brunft: Die Gamsjagd in der Brunft, wenn nicht allzu viel Schnee liegt, ist der Wunschtraum aller Jäger. Leider ist aber in dieser Zeit mancher alte Gamsbock, der den Sommer über standorttreu war, unauffindbar.

Erzherzog Johann hat als Eigentümer des Brandhofes in der Steiermark im Hochschwab-Gebiet ein gutes Gamsrevier in jahrelanger Hegearbeit aufgebaut. Dort werden zum Teil die Gams im Rahmen einer wohlvorbereiteten Riegeljagd erlegt.

Die Jagdutensilien des Erzherzogs werden heute noch im Brandhof verwahrt.

Ein glücklicher Jagdgast: Bart und Krucke sind gut. (H)

Vor und nach dem Schuß

Vor dem Schuß muß der Schütze überlegen, welche Möglichkeiten des Flüchtens für den getroffenen Gams bestehen, denn nie kann er mit absoluter Sicherheit für die genaue Treffpunktlage seines Schusses einstehen. Eine halbe Handbreit höher oder tiefer am Wildkörper können ganz verschiedene Wirkungen beim getroffenen Tier auslösen. Ein schlagartiges Zusammenbrechen des Wildes ist nur dann zu erwarten, wenn die Herzkranzgefäße abgeschossen oder das Rückgrat unmittelbar an der Blattschaufel oder am Hals zerschmettert wurde. In bestimmten Fällen können solche sofort tödlich wirkende Schüsse notwendig sein, wenn die Gefahr besteht, daß das getroffene Tier in unzugänglichem Gelände sich einstellen oder mit wenigen Fluchten Stellen erreichen könnte, an denen ein Abstürzen zu erwarten wäre. Mit dem Absturz ist häufig ein Unbrauchbarwerden des Wildbrets und eine Beschädigung der Trophäe verbunden.

Der beschossene Gams soll nicht an eine Stelle gelangen, an der die Bergung schwierig oder gar mit Lebensgefahr verbunden ist. Nur ungern wird ein Jagdführer einen erlegten Gams nicht bergen und verkommen lassen oder gar zeigen, daß er gewisse Hemmungen hat, sich in ein gefährliches Gelände zu begeben.

In zweifelhaften Fällen wird deshalb der Schütze den ihn begleitenden Jäger fragen, welche Fluchtrichtung voraussichtlich der getroffene Gams wählen wird und ob die Bergung in gefahrloser Weise auszuführen ist. Mitunter muß auf den Schuß verzichtet oder gewartet werden, bis der Gams an einen günstigeren Platz gewechselt ist. Denn oft bricht schon bei geringen Stürzen die Krucke und platzt der Pansen, so daß das Wildbret fast unbrauchbar wird.

Wenn der Bock mit einem guten Schuß und heilen Krucken vor dem Schützen liegt, wird dieser meist zuerst das Alter des Bockes an den Schläuchen abzählen. Je älter das erlegte Stück, desto größer ist die Freude bei Jagdführer und Schütze. Der Begleiter wird dann von der nächsten Latsche, Zirbe oder Fichte einen Bruch nehmen und ihn dem glücklichen Schützen mit einem frohen Händedruck überreichen. Auch der erlegte Gams erhält nach der Beendigung der roten Arbeit einen Bruch in den Äser, nachdem der Lecker etwas herausgezogen ist. Läßt nämlich der erlegte Gams den Lecker heraushängen, dann wird bald ein weiterer Gams erlegt.

Bartrupfen

Der Bart wird immer v o r dem Aufbrechen gerupft, weil man mit schweißigen Händen die Barthaare nicht berühren soll. Vor dem Aufbrechen werden die Brunftfeigen entfernt, damit das Wildbret nicht nach Moschus schmeckt und riecht. (?)

Zum „Rupfen" des Bartes legt man den Bock mit dem Rücken nach oben an eine Stelle, an der man auch bequem stehen kann ohne fürchten zu müssen, daß man bei einer unbedachten Bewegung abstürzen wird. Man beginnt mit dem Rupfen oben am Halse bei den steifen „Radlhaaren" hinter dem Haupt. Es wird büschelweise gerupft. Mit Daumen und Zeigefinger wird ein kleines Büschel Haare samt Unterwolle gefaßt und mit einem Ruck gegen das Haupt hin ausgezogen. Durch das Rupfen entsteht ein 2–3 cm breiter kahler Streifen an der Decke, beginnend am Haupt und endigend am Wedelansatz. Das Auskämmen der Unterwolle sollte man dem Bartbinder überlassen, da die Haare, zusammen mit der Unterwolle, besser zusammenhalten und sich auch leichter in einem Schulheft oder einer Zeitschrift verpacken lassen. Wenn das Rupfen beendet ist, wird das Heft oder die Zeitschrift mit einem Holzspan versteift und verschnürt. Kurz und dick sind die Haare am Nacken, länger und feiner sind die Haare am Rückgrat oberhalb des Schulterblattes. Die längsten Haare befinden sich am Schlegel.

Manchmal sind Barthaare mit Schweiß oder Latschenpech verklebt. Auch diese werden mitgenommen, da ihre Reinigung mit Benzin oder Wasser für den Bartbinder keine Schwierigkeiten bereitet. Sie sollten allerdings nicht zu den anderen Haaren gelegt, sondern gesondert verwahrt werden. Das Heft oder die Zeitschrift mit den Haaren muß übrigens um mindestens 8–10 Zentimeter länger als die längsten Barthaare sein, damit diese beim Transport nicht beschädigt werden.

Nun erst beginnt das Aufbrechen. Dies geschieht fast in der gleichen Weise wie das Versorgen von Rot- und Rehwild: Man legt das Stück auf den Rücken an einer mäßig geneigten Hangstelle und hakelt die Krucken am Boden fest, um ein Wegrutschen zu verhindern. Das Aufschärfen beginnt an der Bauchdecke hinter den Brunftkugeln und endigt am Brustbein. Zuerst macht man vorsichtig einen 4–5 Zentimeter langen Schnitt so tief, daß die Eingeweide gerade sichtbar werden. In diese Öffnung fährt man mit Mittel- und Zeigefinger der linken Hand und drückt die Gedärme etwas nach unten. Es wird die Klinge mit der rechten Hand zwischen den beiden Fingern gegen das Brustbein geführt und die Bauchhöhle geöffnet. Bei diesem Öffnen zeigen die Fingerballen der linken Hand nach oben und verhindern eine Verletzung des Gescheides und damit eine Verunreinigung der Bauchhöhle. Nun werden mit einem etwa 10 Zentimeter langen Schnitt am Träger Schlund und Drossel freigelegt und voneinander gelöst. Möglichst nahe am Haupt wird der Schlund abgeschärft. Etwa 6 Zentimeter unterhalb des nun freien Schlundendes macht man einen kurzen Längsschnitt, durch den das freie Schlundende mehrmals gezogen wird. Damit ist der Schlund gut verschlossen und das Austreten von Äsung aus dem Pansen in die Leibeshöhle verhindert. Dann lockert man den Schlund in seinem ganzen Verlauf; schließlich wird er am Panseneingang gefaßt und samt dem Pansen herausgezogen und seitlich vom erlegten Tier abgelegt. Dieses Vorgehen ist aber nur möglich, wenn nicht, was leider bei guten Schüssen häufig geschieht, der Schlund vor dem Pansen abgeschossen wurde, so daß Pansen und Schlund einzeln entfernt werden müssen. Noch ist der unedle Aufbruch mit dem Tier durch den Waiddarm verbunden. Jetzt wird der Waiddarm rund ums Waidloch abgeschärft mit etwas Decke am Darmende. Dieser wird aus dem Tierkörper ausgezogen und ausgestreift auf eine Länge von etwa 20 Zentimeter. Nun wird das gesamte kleine Gescheide samt dem Waiddarm herausgenommen und zum Pansen gelegt. Im Wildkörper befinden sich noch Leber, Milz und Nieren (unterhalb des Zwerchfelles), sowie Lunge und Herz (oberhalb des Zwerchfelles). Das Zwerchfell wird möglichst nahe an den Rippen aufgeschärft und die Luftröhre durch den Drosselschnitt abgetrennt. Mit einem kräftigen Ruck kann in einem Stück zusammenhängend der gesamte edle Aufbruch samt Zwerchfell, Leber und Milz, mit Ausnahme der Nieren, entfernt werden. Man hängt ihn an einem freistehenden Ast auf und läßt ihn auskühlen. Wurde durch den Schuß der Pansen verletzt, dann wird man mit dem beim Öffnen des Zwerchfelles abfließenden Schweiß, die Bauchhöhle ausspülen. Das Ausschärfen der Gallenblase an der Leber darf nicht vergessen werden. Das beim Rehwild übliche Öffnen des Schlosses unterbleibt beim Gamswild, wenn das Stück noch längere Zeit auf dem Schnee gezogen wird. In diesem Falle werden Harnblase und Harnleiter getrennt entfernt. Wird das Schloß geöffnet, dann vermeide man eine Verletzung der Harnblase. Bei geöffnetem Schloß ist das Entfernen von Waiddarm, Harnblase und Harnleiter wesentlich leichter.

Das erlegte Stück soll vor dem Abtransport gründlich ausschweißen und auch etwas auskühlen. Man sticht deshalb auch die Brandadern auf, die sich an der Innenseite der Schlegel, in der Nähe des Schlosses, befinden. Zum Ausschweißen und Auskühlen hängt man den Gams mit den Krucken an einem kräftigen Ast auf. Das Auskühlen am Boden liegend ist nur ein Notbehelf! Ehedem war es Sitte, den edlen Aufbruch im Wildkörper zu transportieren. Das entspricht nicht mehr unseren heutigen Anschauungen von Hygiene! Am besten ist es, wenn man den Aufbruch gleich im Walde küchen- oder kühltruhengerecht zurichtet: Entfernen des gesamten Feistes von den Nieren, Abschärfen der Drossel von den Lungenflügeln, Abtrennen der hautigen Teile des Zwerchfelles. Die muskulösen Teile werden mit der Lunge verwertet! Das Herz wird durch einen Längsschnitt geöffnet, damit es sauber ausschweißen kann.

Durch den Schuß stark in Mitleidenschaft gezogene Teile der inneren Organe wird man entfernen. Erst nach dem vollständigen Ausschweißen und Auskühlen, das mindestens eine halbe Stunde beansprucht, sollte Bock und Aufbruch verpackt werden. Meist wird man den Aufbruch in einen sogenannten Schweißsack geben. Besser wäre es und würde auch der Jägersfrau mehr Freude machen, wenn die einzelnen Organe getrennt in Plastikbeuteln verpackt würden. Es kann dann der Aufbruch, so wie ihn der Jäger heimbringt, in die Kühltruhe gelegt werden. Die

Leber sollte allerdings innerhalb von acht Tagen verzehrt werden. Herz, Lunge und Nieren sind fast unbegrenzt lagerfähig.

Durch Pansenschüsse verunreinigtes Wild wird man zuhause mit einem trockenen Tuch und anschließend mit etwas Essig sauber machen.

Ein Reinigen der durch Panseninhalt verunreinigten Leibeshöhle mit reinem Brunnenwasser ist unbedenklich, wenn ein geeigneter Raum zum Auskühlen und die anschließende Lagerung des zerwirkten Stückes in einer Tiefkühltruhe gesichert ist.

Das Herrichten der Krucke

Die Krucke wird, von Ausnahmen abgesehen, erst daheim abgeschlagen. Es ist nicht waidgerecht, einen hauptlosen Bock im Rucksack zu tragen. Das Gamshaupt sollte mit einem grünen Latschenbruch im Äser aus dem Rucksackschlitz heraushängen. Die Krucke wird auch nicht mehr, wie es früher üblich war, mit dem Knicker herausgeschlagen, sondern mit der Knochensäge vom Unterschädel getrennt. Anschließend löst man die Decke ab, entfernt die Lichter, und soweit dies gut möglich, auch die am Schädel befindliche Muskulatur. Das Gehirn holt man meist mit einem Kaffeelöffelstiel aus der Schädelhöhle. Es liefert nämlich, mit ein oder zwei Eiern verrührt und in der Pfanne gebacken, eine kleine, aber sehr wohlschmekkende Mahlzeit.

Nachdem das Gehirn und die Lichter entfernt sind, sollte der Schädel ein bis zwei Tage in fließendes Wasser gebracht werden, damit alle Schweißreste ausgelaugt werden. Der Almbrunnen vor der Hütte ist dazu nur bedingt geeignet, da Füchse, Hunde und zweibeinige Interessenten auch eine gewisse Vorliebe für Gamskrucken besitzen. Erst nach dem Wässern wird die Krucke ausgekocht. Man nimmt hierzu einen tiefen Topf, so daß der ganze Schädel, nicht aber die Schläuche unter Wasser sind. Die Biegung der Schläuche, der „Hakel" soll nicht am Topfrand, sondern an einem über den Topfrand gelegten Span ruhen. Die Krucke wird in kaltem Wasser zugesetzt. Löst sich beim Kochen sehr viel Fett aus der Schädeldecke, dann sollte man das Wasser einmal erneuern, aber dann die Krucke beim zweiten Mal gleich ins kochende Wasser geben. Wird beim Kochen ein Schlauch locker, dann ist das weiter nicht schlimm, da nach dem Zurichten der Krucke der Schlauch leicht wieder aufgesetzt werden kann. Damit der Schlauch fest sitzt und nicht zu sehr schwinden kann, wird man vor dem Aufsetzen den Stirnzapfen mit Zeitungspapier umwickeln und dann den Schlauch darüberschieben. Das Abnehmen der Schläuche wäre besonders bei Pechkrucken zu empfehlen. Bei älteren Böcken ist dies allerdings meist nicht möglich. Da Pechkrucken häufig beim Auskochen leiden, sollte man sie vorher mit einer dicken Mullbandage versehen und diese nach dem Auskochen und Austrocknen vorsichtig entfernen. Den ausgekochten Schädel kann man in der Sonne oder mit Wasserstoffsuperoxyd bleichen. 30prozentiges Wasserstoffsuperoxyd eignet sich hiezu am besten. Man belegt den Schädel mit nasser Watte und träufelt dann Wasserstoffsuperoxyd darauf. Nach mehrstündiger Einwirkung ist der Schädel schneeweiß. Nach dem Bleichen beginnt der Prozeß des Trocknens, der etwa 14 Tage dauert. Die Krucke sollte stehend auf der Krümmung der Schläuche austrocknen, damit nicht das immer im Stirnzapfen und in den Schläuchen befindliche Fett in den Schädelknochen sickert und diesen unansehnlich macht.

Das Zerwirken

Gamswild wird, wie Rot- und Rehwild, meist hängend zerwirkt, indem es an den Sehnen der Hinterläufe aufgehängt wird. Anschließend schärft man die Decke an der Innenseite der Läufe auf. Dann wird man die Decke, beginnend an den Läufen und am Schlegel, lösen. Wenn beide Schlegel frei sind, beginnt man mit dem Handballen vom Ziemer aus die „Wände" freizulegen. Nie von den Wänden nach oben arbeiten, sondern vom Ziemer nach unten! Man reißt zu oft das Wildbret an! Erst wenn das Stück aus der Decke „geschlagen" ist, beginnt das eigentliche Zerwirken. Hier besteht kein Unterschied zum Zerwirken eines Rehbockes:

Abnehmen der beiden Büge mit dem Knicker. Man spreizt sie zu diesem Zweck leicht vom Wildkörper ab.

Abtrennen der Seitenwände, symmetrisch an beiden Seiten. Mit dem Knicker pflegt man sich die Trennungslinie anzureißen. Dieses Abtrennen kann mit dem Knicker oder bequemer mit einer Geflügelschere vorgenommen werden.

Abteilen des Ziemers vom Hals und des Halses vom Haupt, sofern dieses nicht schon beim Abschlagen des Kopfschmuckes abgetrennt wurde.

Durchtrennen des Beckenknochens mit einer Säge oder bei jungen Tieren mit dem Knicker.

Lösen der beiden Schlegel am Beginn des Beckenknochens.

Es verstößt nicht gegen die Waidgerechtigkeit, wenn heute manches mit der Säge oder der Geflügelschere getan wird, was vor Jahrzehnten nur mit dem Knicker bewältigt wurde.

Die Hauptsache ist, daß das Wildbret sauber und frei von Haaren nach Beendigung dieser Arbeit auf dem Tische liegt. Steht ein Zerwirkraum zur Verfügung, an dessen Wänden genügend Haken sind, dann sollte man die einzelnen

Stücke, wie sie anfallen aufhängen und die bei den Metzgern üblichen Fleischhaken hiezu benutzen.

Immer sollte man Aus- und Einschuß sorgfältig ausschärfen, selbst wenn dabei etwas Wildbret verloren geht.

Bedenklich ist das Verschicken von unzerwirkten Stücken mit Waidwundschüssen. In solchen Fällen wäre die Verwertung im Lokalbedarf zweckmäßiger.

Jeder Jäger sollte die Technik des Zerwirkens beherrschen, auch wenn er selten in die Lage kommt, seine Kunst unter Beweis zu stellen. Auch müßte der Schütze die Gelegenheit benutzen beim Zerwirken, des von ihm erlegten Stückes, zuzuschauen um die Lage seines Schusses und die Verletzung der inneren Organe zu erfahren.

Das Binden des Gamsbartes

Die in einem Schulheft oder in einer Zeitschrift verwahrten Barthaare bringt man möglichst bald zum Bartbinder, da die Motten für sie eine besondere Vorliebe besitzen. Wenn man diese Möglichkeit nicht hat, wird man die Barthaare in eine Schachtel legen, die man gründlich mit einem Insektenspray oder mit Mottenpulver behandelt hat. Das Bartbinden ist eine recht undankbare Arbeit, und auch die Bartbinder werden immer weniger. Selten ist der Schütze mit dem Bart zufrieden und immer glaubt er, mehr Haare abgegeben zu haben, als in dem ihm übergebenen Bart sich befinden. Er übersieht, daß nur die bereiften Haare verwendet werden können und daß Haare *und* Unterwolle abgeliefert wurden.

Arbeitsablauf beim Bartbinden

1. Auskämmen der Haare: Trennen der Leithaare von den Wollhaaren.
2. Sortieren der Haare nach der jeweiligen Länge in Glasröhren.
3. Reinigen von verschmutzten Haaren mit Wasser oder Benzin.
4. Binden von Haarbüscheln aus Haaren gleicher Länge. Jedes Büschel ist unten am Bund etwa 2 Millimeter dick.

5. Die fertigen Büschel werden rund um einen Drahtstift gebunden: Die kürzesten Bündel oben sind die längsten unten. Die weißen Spitzen aller Bündel müssen in einer Ebene liegen. Ein nachträgliches Beschneiden der Spitzen würde den Bart wertlos machen und von jedem Kenner sofort beanstandet werden.

6. Wenn alle Bündel befestigt sind, wird das untere Ende mit einem grünen Seidenfaden fest umwickelt.

Mancher Bock liefert mehrere Bärte und Radl. Es kann aber auch vorkommen, daß man für einen guten Bart mehrere Böcke braucht. Die Länge des Bartes wird vom oberen Bundende bis zur Spitze des Reifes gemessen. Alle Bärte, die eine Länge von über 16 Zentimeter aufweisen, sind gut. Leider ist ein Gamsbart sehr empfindlich gegen das Wetter: Er verträgt keine Sonne, keinen Regen und Nebel: Man sollte ihn eigentlich nur an trüben, trockenen Tagen tragen. Trotz aller Sorgfalt verliert er nach 5–6 Jahren seine schöne Farbe und wird fuchsig. Auch das Aus- und Einsteigen in ein Auto tut ihm weh, wenn die Haare am Wagendach anstoßen. Der Hochgebirgsjäger trägt deshalb lieber einen Hirschbart, der weit weniger empfindlich ist.

Bärte werden aus den Haaren von Hirsch, Gams und Dachs gebunden. Als Kuriosität darf der Hasenbart erwähnt werden, der aus den Tasthaaren von einem halben Hundert Feldhasen gebunden wird.

Bei den Gamsjägern gibt es zwei Gruppen: die Bartjäger und die Kruckenjäger. Alle Berufsjäger und alle bäuerlichen Jäger bevorzugen den Bart als Trophäe. Sie erlegen ihren Gamsbart immer erst im Dezember, wenige Tage vor dem Ende der Schußzeit, gehen aber manchmal leer aus, wenn der Nebel, der große Gamshüter, sein Wild mit einem dicken Schleier unsichtbar macht.

Das Haarkleid, insbesondere der Bart, ist – von Ausnahmen abgesehen – ein guter Weiser für den Gesundheitszustand des Gamsbockes. Je besser der Bart, desto gesünder war auch der Bock, der ihn geliefert hatte. Die Jagd nach dem Bock mit dem besten Bart widerspricht der Hege, da ihr meist mittelalte Böcke in gutem Gesundheitszustand zum Opfer fallen. Sie ist also eine negative Auslese!

Auch Geißen haben Barthaare, allerdings keine langen! Aber für ein oder zwei Gamsradl reichen sie meist!

VIII.
Die Krankheiten des Gamswildes

Allgemeines

Der Laie ist geneigt, die freilebende Tierwelt, insbesondere das Wild, als gesund zu betrachten, da er bei seinen meist oberflächlichen Beobachtungen selten krankes Wild antrifft und ihm auch krankhafte Erscheinungen nicht geläufig sind. Nur zwei Erkrankungen sind auch ins Blickfeld der Öffentlichkeit getreten: Die Gamsräude und die Tollwut. Die erste, weil sie schon seit 1937 im Ostteil der Alpen wütet und des Bergsteigers liebstes Wild, das Gamswild, dezimiert hat, die zweite, weil sie eine ernste Gefährdung des Menschen bildet.

Der Jäger, der in der Jagdzeit fast täglich Gelegenheit hat, Wild zu beobachten und auch beim Versorgen erlegter Stücke die inneren Organe auf ihre Tauglichkeit für den Genuß mustert, weiß, daß auch beim Wild krankhafte Erscheinungen nicht selten sind.

Die Lunge zeigt häufig graugrüne Knoten, und in der Leber können sich Leberegel befinden. Manchmal ist die Milz ungewöhnlich groß und brüchig. Das Blut der Tiere zeigt mitunter krankhafte Veränderungen. In all diesen Fällen liegen Erkrankungen vor, für deren genauen Nachweis der Tierarzt zuständig ist. Auch in Fällen von auffallender Abmagerung ist der Tierarzt zu befragen. Er soll über die Verwertbarkeit entscheiden!

Ein einwandfreies Erkennen der Art der Krankheit oder ihres Erregers ist meist nur nach einer mikroskopischen Untersuchung möglich. Es gibt nämlich verschiedene Krankheiten, die bei den Haustieren *und* beim Wild auftreten und epidemisch werden können. Für sie ist die Anzeigepflicht vom Gesetzgeber angeordnet.

Wildarten, wie das Gamswild, das überwiegend in Rudeln lebt und bestimmte Einstände regelmäßig aufsucht, unterliegen weit höheren Ansteckungsgefahren als das Rehwild, das nur vorübergehend im Herbst sich zu Sprüngen zusammenschließt.

Das Entstehen einer Epidemie wird durch das Auftreten eines Erregers verursacht, das rasche Umsichgreifen ist eine Folge der Wilddichte: Je höher die Wilddichte, desto schneller geht die Verbreitung der Epidemie vor sich.

Das Gamswild zählt wie Rind, Schaf und Ziege zu den Wiederkäuern und Paarhufern und es liegt nahe, daß verschiedene Erkrankungen der Haustiere auch auf das Wild anläßlich des Weidebetriebes übergehen können.

In den meisten Fällen ist beim Wild eine Heilbehandlung nicht möglich, während bei den Haustieren genau dosierte Arzneien oder Injektionen verabreicht werden können.

Einteilung der Krankheiten des Wildes

Die Erkrankungen des Wildes werden im Nachstehenden in drei große Gruppen untergeteilt:

A) Viruserkrankungen
B) Bakterielle Erkrankungen
C) Parasitäre Erkrankungen
  a) Protozoen (einzellige Lebewesen)
  b) Würmer
  c) Gliedertiere

A) Krankheiten, die durch Viren verursacht werden

Bei Gamswild kommen drei durch Viren verursachte Krankheiten vor:
Es sind dies

die Maul- und Klauenseuche
der Lippengrind (Papillomatose)
die ansteckende Augenentzündung („Gamsblindheit")

Die Maul- und Klauenseuche

Die Maul- und Klauenseuche, die unter den Haustieren alle Paarhufer befällt, kann auch auf Rot-, Gams- und Steinwild übergehen. Kranke Haustiere, deren Älpung eigentlich untersagt ist, können auf der Almweide das Wild, das gerne die Almen als Äsungsplätze aufsucht, anstecken. Nachdem das Vieh gegen Maul- und Klauenseuche genau untersucht wird, sind in den letzten Jahren keine Fälle dieser Krankheit beim Wild bekannt geworden. Die Ansteckung des Wildes durch Haustiere wäre also theoretisch möglich, wird jedoch kaum stattfinden.

Krankheitsbild: Am Äser und zwischen den Schalen bilden sich Geschwüre und Bläschen, die ein Sekret absondern; aus dem Äser fließt Speichel, der auf den Boden tropft und eine Infektionsquelle bildet. Kranke Tiere sind in ihren Bewegungen gehemmt, da ihnen das Flüchten Schmerzen bereitet. In einem fortgeschrittenen Krankheitsstadium können sich sogar die Schalen lockern oder lösen.

Abwehr: Abschuß der kranken und krankheitsverdächtigen Tiere.

Anzeigepflicht: Das Auftreten der Maul- und Klauenseuche – sowohl beim Wild, wie auch bei den Haustieren – muß dem Landratsamt angezeigt erden.

Verwertbarkeit des Wildbrets: In jedem Falle ist die Entscheidung des Tierarztes einzuholen!

Lippengrind (Papillomatose)

Wie schon der Name andeutet, tritt diese Erkrankung am Äser des Gamswildes auf, bevorzugt in den ausgehenden Wintermonaten. Es liegt nahe, an eine Infektion in den Wintermonaten beim Aufnehmen der Äsung aus dem harten Boden, infolge Verletzungen der Lippen, zu denken. Der genaue Nachweis über die Entstehung dieser Erkrankung steht noch aus.

Die für die Papillomatose typische Erscheinung der Schrunden und Bläschen kann auch oberhalb der Schalen auftreten.

Krankheitsbild: Warzenähnliche Bildungen und Schrunden am Äser. Bevorzugtes Auftreten Februar–März! Die Tiere sind bei der Aufnahme von Nahrung stark behindert und magern ab. In schweren Fällen gehen die Tiere an Entkräftung ein. Häufig, jedoch nicht immer, heilt diese Erkrankung mit Beginn der Grünäsung aus.

Abwehr: Abschuß erkrankter Tiere, da diese eine Infektionsquelle bilden! Auflassen der Salzlecken. Es wird allerdings bezweifelt, daß Tiere mit Papillomatose überhaupt Salzlecken aufsuchen, da das Eindringen von Salz in Schrunden dem Tier Schmerzen bereiten würde.

Anzeigepflicht: Die Pflicht der Anzeige beim Amtstierarzt besteht *nicht*. Es dürfte sich jedoch empfehlen, der Unteren Jagdbehörde das Auftreten dieser Erkrankung zu melden, damit diese die Inhaber der Nachbarreviere verständigen kann.

Verwertbarkeit: Das Wildbret stark abgemagerter Tiere ist nicht verwertbar! Im Zweifelsfall den Tierarzt fragen!

Ansteckende Augenentzündung („Gamsblindheit“)

Der Erreger der Gamsblindheit ist noch nicht bekannt. Diese Krankheit ist ansteckend und wird deshalb auch als „seuchenhaftes Erblinden“ bezeichnet. Ihre Verbreitung findet durch gegenseitige Berührung, wahrscheinlich auch durch Fliegen statt. Ein vermehrtes Auftreten von Krankheitsfällen wurde in den Monaten August–September beobachtet.

Krankheitsbild: Trübung der Hornhaut, Einschrumpfen, Ausfließen eines krustenbildenden Sekretes aus den Augenwinkeln. Die Tiere erblinden vollständig, meist an beiden Lichtern und sind dann an ihren unsicheren Bewegungen und am Anfliehen von Hindernissen zu erkennen. Auch das Abstürzen von blinden Tieren kommt vor.

Abwehr: Abschuß aller erkrankten Tiere.

Anzeigepflicht: besteht!

Verwertbarkeit: Solange keine erhebliche Abmagerung vorliegt, können die Tiere verwertet werden. Es dürfte sich jedoch empfehlen, solches Wild in zerwirktem

Zustande abzugeben und die Deckenteile des Hauptes und die Lichter zu vernichten, um Infektionen zu verhindern.

B) Erkrankungen, die durch Bakterien verursacht werden

a) der Milzbrand
b) das seuchenhafte Verwerfen

Der Milzbrand

Der Milzbrand ist bei allen Wiederkäuern mit Ausnahme des Gamswildes nachgewiesen worden. Sicher ist auch das Gamswild gegen diese tödliche Erkrankung nicht gefeit. Da von vielen Jägern die Milz des Gamswildes nicht gegessen wird und auch die Hunde sie nicht gerne annehmen, unterbleibt wohl eine nähere Untersuchung dieses Organes.

Krankheitsbild: Äußerliche Merkmale, an denen der Milzbrandbefall am lebenden Tier erkannt werden könnte, gibt es nicht. Erst beim Aufbrechen gelangt diese Krankheit zur Kenntnis des Erlegers: Er stellt eine ungewöhnliche Vergrößerung der Milz sowie ihr Brüchigwerden fest, verbunden mit einer Veränderung des Blutes, das dicker ist und ein lackähnliches Aussehen hat. Wenn außerdem das Unterhautzellgewebe mit Blutwasser durchtränkt ist und Blutungen in den Schleimhäuten erkennbar sind, liegt einwandfrei Milzbrand vor. Die letzte Gewißheit bringt allerdings erst die mikroskopische Untersuchung durch den Tierarzt.

Abwehr:

Weder Abwehr- noch Vorbeugungsmaßnahmen gegen diese todbringende Erkrankung sind bekannt. Das Wildbret und die Eingeweide solcher Tiere sind in unschädlicher Weise zu vernichten. Auch ein Liegenlassen für Kolkrabe und Fuchs sollte in Anbetracht der Gefährlichkeit des Milzbrandbakteriums unterbleiben.

Anzeigepflicht: Für Milzbrand besteht Anzeigepflicht.

Verwertung: Wie schon oben angedeutet, darf Wildbret von Tieren, die vom Milzbrand befallen waren, weder dem menschlichen Genuß zugeführt, noch an Hunde verfüttert werden.

Seuchenhaftes Verwerfen (Brucellose)

Das seuchenhafte Verwerfen ist bei allen Haustieren bekannt. Das Auftreten dieser Krankheit ist auch beim Gamswild nachgewiesen worden. Das Brucellosebakterium wird beim Verwerfen ausgeschieden und gelangt so auf die Weide. Dort haftet es am Gras und wird vom Gamswild mit der Äsung aufgenommen und gelangt in den Verdauungstrakt.

Nachdem bei Rindern das Verwerfen in den ersten vier Monaten der Tragzeit stattfindet, wird das Verwerfen beim Gamswild in den Monaten Februar–März vermutet. Selten wird aber die Frühgeburt vom Jäger aufgefunden werden, da zu dieser Jahreszeit Kolkraben und Dohlen rasch diese beseitigen. Die Tiere verwerfen nur einmal und sind dann gegen Brucellose immun. Ob zwischen dem späten Setzen des Gamswildes und der Brucellose-Erkrankung ein Zusammenhang besteht, ist noch nicht geklärt.

Krankheitsbild: Ein starkes Anschwellen der Geschlechtsteile kann einen Hinweis auf Brucellose liefern. Den einwandfreien Nachweis kann allerdings nur der Tierarzt erbringen.

Anzeigepflicht für Brucellose besteht bei Wild nicht, doch dürfte eine vorsorgliche Meldung zweckmäßig sein.

Das Wildbret von an Brucellose erkranktem Wild darf dem menschlichen Verbrauch nicht zugeführt werden.

Nutzanwendung für den Jäger

In den meisten Fällen werden Erkrankungen des Wildes erst während des Aufbrechens festgestellt.

Verschiedene Viren und Bakterien können auch auf den Menschen übergehen. Schon kleine Wunden oder Schrunden an den Händen können einen Eintritt in die Blutbahn ermöglichen. Soferne nun der Jäger Verletzungen an den Händen hat, muß er zum Aufbrechen Handschuhe tragen. Grundsätzlich sollte er bei der roten Arbeit sich Zeit lassen, um Verletzungen zu vermeiden. Wenn solche aber trotzdem auftreten, muß er die Wunde gut ausbluten lassen. Wenn einige Tage nachher sich Entzündungsmerkmale zeigen, wäre sofort der Arzt aufzusuchen, der über mögliche Zusammenhänge unterrichtet werden müßte.

C) Erkrankungen durch Befall von tierischen Parasiten

Alle Wildarten – nicht nur das Schalenwild – sind stets in verschieden starkem Umfang von Parasiten befallen. Es werden Innenparasiten und Außenparasiten unterschieden. Die Innenparasiten leben in den inneren Organen des Tieres, im Magen, im Darm oder im Lungentrakt. Die Außenparasiten leben in der Haut der Wirtstiere und finden dort ihre Nahrung.

Solange der tierische Organismus die Vermehrungskraft der Parasiten zu hemmen vermag, besteht keine Gefahr für den Gesundheitszustand des Tieres und es treten auch keine krankhaften Erscheinungen auf. („Stiller Befall"). Erst wenn der Parasit allmählich das Übergewicht erringt, zeigen sich äußerlich erkennbare Symptome, wie Abmagerung, Husten und Durchfall („Klinische Symptome"). Je kräftiger das Wirtstier, desto stärker ist auch sein Abwehrmechanismus gegen den Parasiten. Mitunter kann sogar der Parasit abgestoßen werden. Doch dies sind Ausnahmefälle.

Die Abwehrbereitschaft des Wirtes wird mitunter durch äußere Einflüsse, z. B. Wintersnot, gemindert. Manche Parasiten können lange Zeit auf dem Wirtstier leben, ohne ernsthafte, äußerlich erkennbare Störungen hervorzurufen. Es gibt auch Fälle von Scheinheilungen, die jedoch bei gemindertem Allgemeinbefinden erneut in klinische Erkrankungen übergehen und dann meist das Eingehen des Wirtstieres verursachen können. Damit ist aber auch in der Regel der Tod des Parasiten besiegelt. Der Übergang auf einen anderen Wirt ist nur ganz selten möglich.

Die Anwendung von Medikamenten stößt beim Wild auf fast unüberwindliche Schwierigkeiten: Alle Medikamente sind nur in einer dem Körpergewicht angepaßten Dosis wirksam: Unterdosen bringen keinen Heilungserfolg und können sogar eine Immunisierung des Parasiten einleiten. Überdosen sind in vielen Fällen tödlich.

Bei Rot- und Rehwild ist die Verabreichung von Medikamenten über die Futterstellen möglich. Beim Gamswild könnte an die Salzlecke gedacht werden. Die jeweils aufgenommene Salzmenge ist aber so gering, daß die Beigabe von Heilmitteln Schwierigkeiten bereitet.

Massive Infektionen mit Innenparasiten erhöhen die Empfänglichkeit des Tieres für Außenparasiten. So stellt beispielsweise der Befall von Lungen- und Magenwürmern eine günstige Ausgangsstufe für den Befall mit Gamsräudemilben oder Papillomatose dar.

Grundsätzlich darf festgestellt werden, daß beim Gamswild ein Vorbeugen gegen parasitäre Infektionen sinnvoller ist, als der meist erfolglos bleibende Versuch, mit Medikamenten eine Heilung zu versuchen.

Einteilung der Parasiten des Gamswildes

a) Einzellige Lebewesen (Protozoen): Coccidien

b) Würmer (Vermes):

- Magen-Darmwürmer
- Lungenwürmer
- Leberegel
- Bandwürmer

c) Gliedertiere

er „Jagatratzer“. Im 19. Jahrhundert war es verschiedentlich den Bauernburschen verboten, einen Gamsbart zu tragen, da
eser häufig Anlaß zu Wirtshausraufereien gab. Um dieses Verbot zu umgehen, wurden dann die Haare in der oben
gebildeten Form gebunden. König Maximilian II. von Bayern trug keinen Gamsbart, sondern ein Gamsradl am Jagdhut.
.)

Bartrupfen: Ein Schulheft oder eine gebundene Zeitschrift wäre besser als das Zeitungsblatt, das nach dem Rupfen mit einem Holzspan versteift werden muß, damit die Barthaare nicht geknickt werden. (R)

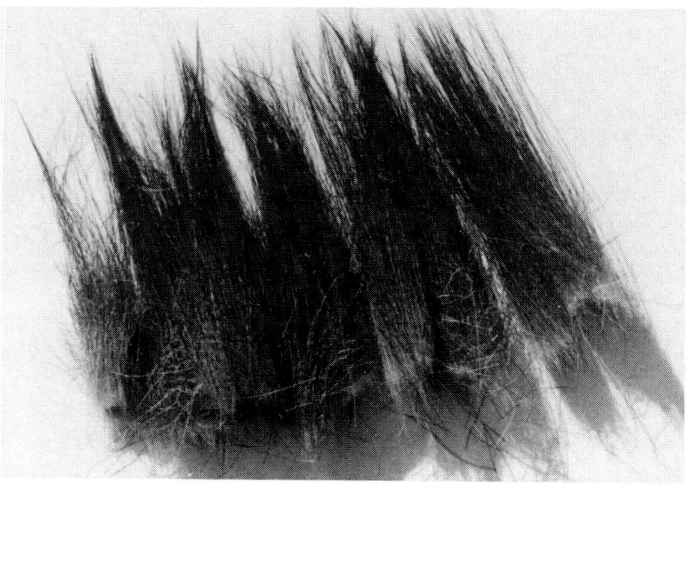

Frisch gerupfte Gamshaare. – Die zwischen den Haaren befindliche Unterwolle nicht auskämmen. Wenn die Wolle nicht entfernt wird, liegen die Haare besser in der meist sehr behelfsmäßigen Verpackung. Das Auskämmen besorgt besser der Bartbinder. (S)

Beim Bartbinder. (R)

Ein Gamsradl: Auch aus den wenigen Nackenhaaren einer Sommergams kann ein Gamsradl gebunden werden.

Auf der Gamspirsch: Zum „sich niedertun“ sollte man eigentlich immer eine Deckung wählen. (R)

Ein kapitaler Gamsbart: Die Haare am Schlegel von drei bis vier Gamsböcken sind erforderlich, damit so ein guter „Wachler“ gebunden werden kann. Er ist dann allerdings auch einige tausend Mark wert. – Der Bart ist sehr gleichmäßig gebunden. Auch das ist eine Kunst, die gelernt sein will.

a) Protozoen: Coccidien

Im Dünndarm des Gamswildes parasitieren einzellige Kleinstlebewesen, Coccidien genannt. Sie ernähren sich von den im Darm erzeugten Lebenssäften des Wirtstieres.

Beim Gamswild kommen folgende Coccidienarten vor:

Eimeria rupicaprae
Eimeria riedmülleri
Eimeria supperi
Eimeria yakimoff-matschoulskyi
Eimeria alpina

Krankheitsbild:

Bei starkem Befall leidet das Tier an Durchfall und zeigt deutliche Zeichen von Abmagerung. Mitunter ist auch der Spiegel durch Kot verschmutzt. Ein seuchenartiges Auftreten der Coccidiose ist beim Gamswild noch nicht beobachtet worden.

Die Verschmutzung des Spiegels allein wäre noch kein sicheres Anzeichen für das Auftreten von Coccidien, da auch Magen- und Darmwürmer oft die gleichen Erscheinungen verursachen.

Verwertung:

Nur wenn eine starke Abmagerung des Tieres vorliegt, bestehen Bedenken gegen seinen Genuß. Es sollte grundsätzlich bei der Verwertung abgemagerter Tiere der Rat des Tierarztes eingeholt werden.

b) Würmer (Vermes)

1. Magen- und Darmwürmer

Die im Labmagen sowie im Dünn- und Dickdarm aller Schalenwildarten vorkommenden parasitären Würmer, schwächen das Allgemeinbefinden des Wirtstieres. Junge Tiere sind gegen Darmparasiten anfälliger als mittelalte. Bei einer gewissen Altersschwelle nimmt die Empfänglichkeit wieder zu. Tiere, die durch besondere Umstände geschwächt sind, können infolge der Belastung durch Magen- und Darmwürmer eingehen.

Lebenslauf und Entwicklungsgang der Magen- und Darmparasiten:

Im Magen und Darmtrakt legen diese Parasiten ihre Eier ab, die dann mit dem Kot ausgeschieden werden. Im Freien entwickeln sich aus den Eiern Larven, die an Grashalmen emporklettern und vom Wild mit der Äsung wieder aufgenommen werden. Im Laufe eines Sommers kann durch diesen Kreislauf eine geringe Infektion im Frühjahr bis zum Herbst in einen Massenbefall übergehen.

Die Magen- und Darmwürmer entziehen dem Wirtstier die zu seinem Gedeihen notwendigen Körpersäfte, die im Eingeweide-Magentrakt erzeugt werden. Die Unterscheidung der einzelnen Arten ist nur dem Fachmann möglich.

Krankheitsbild: Stark von Würmern befallene Tiere halten sich abseits vom Rudel und folgen diesem in einem gewissen Abstand. Meist zeigen sie ein struppiges Haarkleid und einen leicht nach oben gekrümmten Rücken. Die Bewegung der Tiere ist müde, das gesamte Verhalten „lethargisch".

Der Spiegel ist mitunter verschmutzt, dem Kot kann blutiger Schleim beigemischt sein.

Ein geringer eiserner Bestand an Darmparasiten ist beim Gamswild fast immer vorhanden. Solange eine gewisse Befallsstärke nicht überschritten wird, ist das Vorkommen der Parasiten ungefährlich und beeinträchtigt kaum das Befinden des Wirtstieres.

Die Gewohnheit aller Wildtiere, immer die gleichen Äsungsplätze zu besuchen, fördert aber das Entstehen eines Massenbefalles, da hier fast täglich Neuinfektionen stattfinden.

Verwertung des Wildbrets: Solange keine deutlichen Abmagerungserscheinungen vorliegen, kann solches Wildbret bedenkenlos gegessen werden. Bedenken bestehen aber gegen die Gewohnheit mancher Jäger, beim Aufbrechen des Wildes den Hund mit rohen Wildbretteilen zu füttern.

Verschiedene Arten von Magen- und Darmwürmern

Der gedrehte Magenwurm (Haemonchus torquatus) ist der bekannteste Vertreter dieser Familie. Er lebt im Labmagen und kann durch den Entzug von Blut bei dem befallenen Tier eine allgemeine Schwächung und sogar Blutarmut hervorrufen. Er wird bis zu 30 mm lang.

Außer dem gedrehten Magenwurm finden sich häufig im Labmagen weitere Wurmarten, die der Gattung Ostertagia und Trichostrongylus angehören. An der geringen Größe von 3–8 mm sind sie leicht vom gedrehten Magenwurm zu unterscheiden.

Peitschenwürmer

Fast jedes Stück Schalenwild ist im geringem Grad von Peitschenwürmern befallen. Sie leben im Blinddarm. Beim Gamswild kommen folgende Arten vor: Trichuris ovis und Trichuris globulosa. Ihre Größe liegt zwischen 30 und 80 mm.

Übersicht der Magen- und Darmwürmer, die beim Gamswild, bei anderem Schalenwild und bei Haustieren vorkommen

Parasitenart	Rind	Ziege	Schaf	Rehwild	Rotwild	Gamswild	Steinwild	Muffelwild
Trichostrongylus axes	×	×	×	×	×	×	×	×
Trichostrongylus vitrinus	–	×	×	–	–	×	×	×
Ostertagia circumcincta	–	×	×	×	–	×	×	×
Ostertagia occidentalis	–	–	–	×	–	×	×	–
Ostertagia ostertagi	×	–	–	×	×	×	×	–
Ostertagia trifurcata	–	×	×	–	–	×	–	–
Skrjabinagia lyrata	×	–	–	×	–	×	–	–
Haemonchus contortus	×	×	×	×	×	×	×	×
Nematodirus filicollis	×	×	×	×	×	×	×	×
Nematodirus spathiger	×	×	×	–	–	×	–	–
Chabertia ovina	×	×	×	×	×	×	×	×
Oesophagostomum venulosum	–	×	×	×	×	×	×	×

× = Vorkommen
— = Nichtvorkommen

Die Pallisadenwürmer

Die Palisadenwürmer leben im Dickdarm und schwächen durch die Entnahme von Blut aus der Darmwand das Wirtstier. Durch das häufige Wechseln der Saugstelle erzeugen sie kleine offene Wunden, die sich entzünden können. Durchfall mit blutigem Schleim vermischt, kann ein Hinweis auf den Befall mit Palisadenwürmern sein. Der beim Gamswild auftretende Palisadenwurm findet sich auch beim Schaf.

Die Knötchenwürmer

In ihrer Lebensweise gleichen die Knötchenwürmer den übrigen Magen- und Darmwurmarten, die im Dickdarm leben. Der Darm reagiert auf den Befall durch Bildung von Knötchen. Selten ruft er erkennbare Störungen des Allgemeinbefindens hervor.

Beim Gamswild wurde Oesophagostomum venulosum nachgewiesen.

Die Pfriemenschwänze

Die beim Gamswild vorkommende Art ist Skrabinema rupicaprae.

Bereits im Darm entwickeln sich bei dieser Art aus den Eiern die Larven. Beim Auswandern aus dem tierischen Körper, rufen sie am Waidloch Juckreiz hervor. Andere gesundheitliche Störungen sind nicht bekannt.

2. Lungenwürmer

Die kleinen Lungenwürmer kommen beim Gamswild sehr häufig vor und verursachen erhebliche Minderungen des Allgemeinbefindens. Sie sitzen in den kleinen Lungenästen und Lungenbläschen, wo sie die für sie charakteristischen Brutknoten bilden. Schon an der Lungenoberfläche sind mit freiem Auge diese als gelblich-grüne oder graugelbe Stellen zu erkennen.

Die kleinen Lungenwürmer legen in der Lunge Eier ab, aus denen sich Larven entwickeln, die dann in den Darm wandern und mit der Losung ausgeschieden werden. Für ihre weitere Entwicklung benötigen sie als Zwischenwirt Nackt- oder Gehäuseschnecken. In diesen Schnecken können sie bis zu zwei Jahren leben. Sie sind schon nach etwa 14 Tagen wieder infektionsfähig. Das Gamswild steckt sich durch die Aufnahme von Schnecken beim Äsen an. Es können aber auch aus den Schnecken sogenannte Drittlarven auswandern, die ebenfalls mit der Äsung wieder in den tierischen Körper gelangen.

Krankheitsbild: Häufiges trockenes Husten des Gamswildes hat seine Ursache in dem Befall mit Lungenwürmern. Der Tierarzt ist in der Lage, durch Kotuntersuchungen eine einwandfreie Diagnose zu stellen.

Abwehrmaßnahmen

Eine unmittelbare Bekämpfung der Lungenwürmer in der freien Wildbahn ist nicht möglich. Als indirekte Maßnahme möchte die Bekämpfung der Schnecken empfohlen werden: Diese könnte durch die Trockenlegung feuchter Stellen und durch den Schutz sowie die Vermehrung schneckenfressender Vögel (z. B. Drosseln) stattfinden.

Feuchte, schneckenreiche Äsungsplätze sind für alle Schalenwildarten bedenklich.

Übersicht der Lungenwürmer, die am Gamswild, am übrigen Schalenwild und an Haustieren vorkommen

Große Lungenwürmer	Rind	Ziege	Schaf	Rehwild	Rotwild	Gamswild	Steinwild	Muffelwild
Dictyocaulus filaria	–	×	×	–	–	×	–	×
Kleine Lungenwürmer								
Protostrongylus austriacus	–	–	–	–	–	×	–	–
Protostrongylus rupicaprae	–	–	–	–	–	×	–	–
Neostrongylus linearis	–	–	×	–	–	×	×	×
Muellerius capillaris	–	×	×	–	–	×	×	×
Muellerius tenuispiculatus	–	–	–	–	–	×	×	–

× = Vorkommen
— = Nichtvorkommen

3. Leberegel

Beim Gamswild kommen zwei Arten des Leberegels vor:

Es sind dies der große Leberegel (Fasciola hepatica) und der kleine Leberegel (Dicrocoelium dendriticum).

Der große Leberegel wird bis zu 30 mm lang und 13 mm breit. Er lebt in den Gallengängen der Leber. Junge Tiere sind empfänglicher als ältere Stücke. Der Leberegel kommt auch beim Menschen vor.

Ein stärkerer Befall durch Leberegel beeinträchtigt das Befinden des Wirtstieres in wesentlichem Maße: Gewichtsabnahme, Blutarmut und Durchfall können als äußere Kennzeichen einer gesundheitlichen Störung auftreten. Auch Ödeme können durch den Leberegel verursacht werden.

An der Leber ist der Befall durch Verdickungen der Gallengänge kenntlich. Der große Leberegel ist bei Gamswild selten.

Einen einwandfreien Befund liefert nur die vom Tierarzt durchgeführte Untersuchung des Kotes.

Für seine Entwicklung benötigt der große Leberegel eine bestimmte Schneckenart.

Häufiger findet sich beim Gamswild der kleine Leberegel, der nur eine Länge von 1,5 Zentimeter und eine Breite von etwa 2,5 mm erreicht. Sein Entwicklungsgang ist noch komplizierter als der des großen Leberegels: Er benötigt zwei Zwischenwirte: eine Schneckenart und eine Ameisenart. Die Infektion findet durch die Aufnahme der Ameise statt.

Verwertung des Wildbrets

Eine schädigende Wirkung durch Leberegel ist erst bei starkem Befall festzustellen. Dann kann auch das Wildbret in Mitleidenschaft gezogen sein, indem sich wässrige Ansammlungen an verschiedenen Stellen des Körpers zeigen.

In solchen Fällen ist das Wildbret für den menschlichen Genuß nicht mehr brauchbar.

Entwicklungskreis des großen Leberegels

1. Aufnahme der Parasitenbrut mit der Äsung. Die Larven gelangen über den Darm in die Bauchhöhle und in die Leber, dort verbleiben sie etwa sechs Wochen und dringen dann in die Gallengänge ein, wo sie geschlechtsreif werden. Mit der Galle kommen die Leberegeleier in den Darm.
2. Die Eier werden mit der Losung ausgeschieden.
3. Aus dem Ei entwickeln sich sogenannte Flimmerlarven.
4. Diese dringen in den Fuß der Sumpfschnecke ein, entwickeln sich in der Schnecke weiter und vermehren sich sehr stark.

5. Nach dem Verlassen der Schnecke verkapseln sie sich als „Schwanzlarven" (Metacerkarien) und setzen sich an Grashalmen fest, mit denen sie wiederum vom Wild aufgenommen werden.

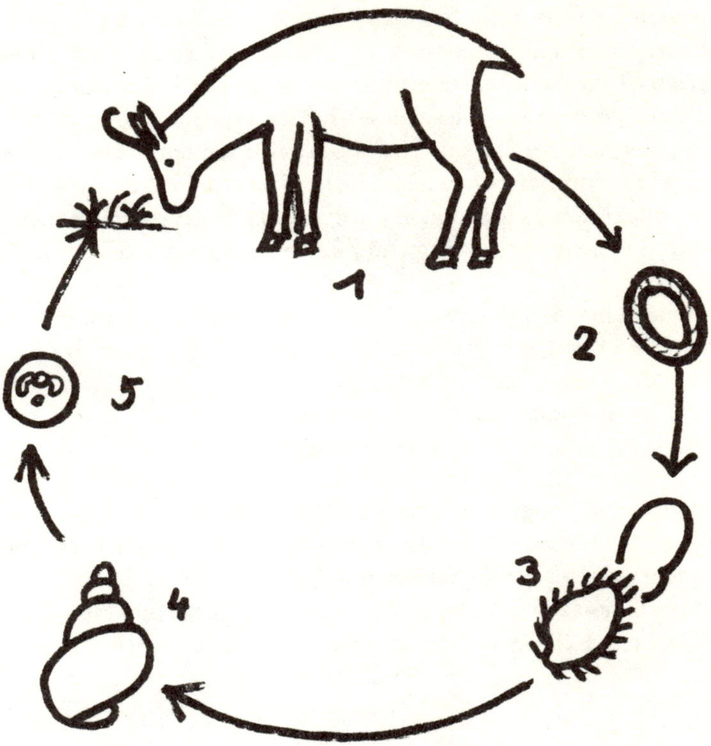

4. Bandwürmer und Bandwurmfinnen

Die Bandwürmer sind – wie schon ihr Name sagt – bandartige Würmer, die aus einem Kopf und einzelnen flachen Gliedern bestehen, die breiter als lang sind. Bei Reh- und Gamswild kommt eine Bandwurmart vor, die eine Länge von 10 Metern erreichen kann.

Jeweils nach der Eireife werden die letzten Glieder mit dem Kot ausgeschieden und von anderen Tieren (Zwischenwirt) aufgenommen. Der Bandwurmbefall erregt Durchfall, Freßunlust und Schwächezustände. Der Bandwurm lebt in den Eingeweiden und entzieht dem Wirtstier aus der Darmwand Nahrungssäfte. Die Saugstelle hinterläßt eine Wunde, die Anlaß zu Infektionen ist und u. U. eine weitere Schwächung des Wirtstieres bilden kann.

Die Bandwurmarten, die auf der Gams vorkommen, benötigen als Zwischenwirt eine Hornmilbe aus der Familie der Orabotiden, die mit der Äsung vom Gamswild aufgenommen wird. Vielfach tritt auch der Gams als Zwischenwirt auf: Aus den vom Hund oder Fuchs ausgeschiedenen und mit der Äsung aufgenommenen Wurmeiern entwickeln sich im Darmtrakt der Gams Larven, die durch die Darmwand in die Bauchhöhle gelangen und sich an gewissen bevorzugten Stellen, z. B. Außenseite der Leber oder am Zwerchfell festsetzen und sich dort zu durchsichtigen, mit Flüssigkeit gefüllten Blasen entwickeln. Diese Blasen heißen Finnen. Andere Bandwurmarten bilden hühnereigroße Finnen im Gehirn oder Rückenmark. Dort führen die Finnen immer zum Tod des befallenen Tieres. Werden Finnen von erlegtem Wild durch Hund oder Fuchs aufgenommen, so entwickelt sich in deren Körper ein Bandwurm, der durch die Ausscheidung von Eiern einen neuen Infektionszyklus einleiten kann.

Die verschiedenen Bandwurmarten sind weitgehend an bestimmte Tierarten angepaßt und beschränken sich ausschließlich auf diese Tierarten als Zwischenwirte und Endglieder in ihrer Entwicklung.

Beim Gamswild kommen zwei Bandwurmarten vor:

Moniezia avitellina und
Moniezia expansa.

Letzterer kann eine Länge von etwa 10 Metern erreichen.

Bei jungen Tieren kann ein Bandwurmbefall tödliche Folgen haben, während er bei erwachsenen Tieren kaum Schädigungen hervorruft.

Bandwurmfinnen: Für Bandwurmfinnen, die bei Fuchs und Hund vorkommen, kann das Gamswild als Zwischenwirt dienen. Es sind dies:

die dünnhalsige Finne
der Hülsenwurm und
der Gehirnblasenwurm (Quese)

Die *dünnhalsige Finne* (cysticercus tenuicollis) ist die Finne eines Hundebandwurmes. Die vom Hunde ausgeschiedenen Eier kommen mit der Äsung in den Darm des Gamswildes und entwickeln sich dort zu Larven. Sie durchbohren die Darmwand und wandern durch die Blutbahn in die Leber, wo sie sich zu gänseeiergroßen Blasen entwickeln können. In der Blase ist die stecknadelkopfgroße Kopfanlage des Bandwurmes erkennbar. Die weitere Entwicklung der Finne zum Bandwurm hängt von der Aufnahme durch den Hund oder Fuchs ab.

Der *Hülsenwurm* (Echinococcus polymorphus). Der Hülsenwurm kommt bei Haustieren sowie bei Hirsch, Reh, Gams und Wildschwein vor. Er ist aber auch schon beim Menschen nachgewiesen worden. Seine Cysten finden sich bevorzugt in der Leber und der Lunge. Sie können sich sowohl an der Außenseite, wie auch im Innern dieser Organe ansiedeln. Atemstörungen und Verdauungsbeschwerden sind meist die Folgeerscheinung.

Der *Gehirnblasenwurm* (Coenurus cerebralis). Sein Entwicklungsgang gleicht dem der dünnhalsigen Finne. Die Cysten setzen sich jedoch im Rückenmark oder Gehirn fest und lösen Lähmungserscheinungen und Bewegungsstörungen aus. Die Cyste kann Hühnereigröße erreichen. Die Auswirkungen dieser Erkrankung sind beim Jäger unter dem Namen „würfig" oder „Drehkrankheit" bekannt.

Abwehrmaßnahmen gegen den Bandwurmbefall des Wildes gibt es nicht. Der Jäger sollte immer daran denken, daß sein Hund, wenn er vom Bandwurm befallen ist, eine Gefahr für den Menschen und für das Schalenwild bildet. Keinesfalls sollte ein Bandwurmeier ausscheidender Hund ins Revier genommen werden. Grundsätzlich wäre der Hund beim Versorgen des erlegten Wildes in einiger Entfernung abzulegen, da er mit Vorliebe Finnen aufnimmt.

Fuchs und Hund sind die Hauptverbreiter des Gehirnblasenwurms beim Gamswild.

c) Gliedertiere (Arthropoden)

Verschiedene Vertreter der Gliedertiere schmarotzen beim Gamswild, sei es als Endoparasit, wie die Dasselfliege oder als Ektoparasit wie Lausfliegen, Haarlinge, Zecken, Herbstgrasmilben und Räudemilben. Mit Ausnahme der Räudemilbe, deren Befall fast immer tödlich ist, sind die durch Arthropoden verursachten Schwächungen des tierischen Organismus gering.

1. Dassel- oder Biesfliegen

Mitunter werden Gemsen erlegt, in deren Decke sich Narben finden. Es sind dies die Ausschlupflöcher einer Dasselfliegenart: Hypoderma diana. Sie hat Ähnlichkeit mit einer großen Stubenfliege. (Vgl. Bild). Die Dasselfliegenweibchen legen in den Monaten Juli–August ihre Eier an den Hinterläufen, der Bauchdecke oder den Flanken ab. In wenigen Tagen entwickelt sich aus dem Ei eine Larve, die sich in die Decke einbohrt. Die Ausscheidungen der Larve verursachen um das Einbohr- und Atemloch eine Entzündung, die als Beule sichtbar ist. Diese Beulen verheilen langsam, die Atemlöcher bleiben als Narben zurück und bedeuten eine Entwertung der Decke. Die Larven der Dasselfliege verlassen den Körper ihres Wirtes durch das Atemloch.

2. Die Gamslausfliege

Die Gamslausfliege gleicht der Hirschlausfliege, mit der Ausnahme, daß die erstere keine Flügel besitzt. Die Weibchen gebären bereits vor der Verpuppung stehende Larven, die auf der Decke des Gamswildes abgelegt werden, wo sie sich nach einer kurzen Puppenruhe zu geschlechtsreifen Männchen und Weibchen entwickeln. Die durch die Hirschlausfliege hervorgerufenen Störungen sind ohne Bedeutung. Die Lausfliegen sind Blutsauger, das befallene Tier versucht den Juckreiz durch Scheuern an Bäumen oder Felsen zu mildern. Dabei entstehen kahle Stellen, die mit Räudebefall verwechselt werden können.

3. Haarlinge (Mallophaga)

Die Haarlinge leben auf der Haut des Gamswildes und nähren sich von Hautschuppen. Der Lebenslauf der Haarlinge beginnt und endet auf der Decke des Gamswildes. Die Eier werden vom Weibchen an die Haare geklebt. Aus den Eiern schlüpfen Larven, die den ausgewachsenen Tieren ähneln und ebenfalls Hautschuppen fressen. Die Ansteckung findet durch direkten Kontakt statt. Nur wenn die Tiere bereits durch Innenparasiten geschwächt sind, werden die Haarlinge gefährlich, da der durch sie verursachte Juckreiz eine dauernde Belastung des Tieres bildet. Als Folge des Haarlingsbefalles können räudeähnliche Kahlstellen entstehen.

4. Zecken (Ixodidae)

Die Zecke (Ixodes ricinus), auch Holzbock genannt, findet sich bei allen Wildarten. Sie hält sich mit ihren Mundwerkzeugen in der Haut des Wirtstieres fest und saugt Blut. Ihre Entwicklung vom Ei über ein Larven- und ein Nymphenstadium zum geschlechtsreifen Tier dauert 1–2 Jahre. Meist lebt die Zecke auf Nagetieren. Im vollgesogenen Zustand lassen sich Larven, Nymphen und geschlechtsreife Weibchen nach der Begattung zu Boden fallen und wechseln den Wirt. Die geschlechtsreifen Weibchen legen am Boden 4–5000 Eier und gehen dann ein. Aus den Eiern entwickeln sich Larven, die zuerst kleine Tiere (Eidechsen, Igel, Mäuse) befallen.

Die Zecken beeinträchtigen in erheblichem Umfang das Befinden des Wirtstieres. In manchen Gegenden können sie das Virus der Meningoencephalitis auf den Menschen übertragen. Bedenklich erscheint die Beobachtung, daß das Virus der Zeckenencephalitis vom Weibchen auf das Ei weitergegeben wird.

Zecken sollte man nicht abreißen, sondern zuerst mit Fett oder Öl bestreichen und dann etwas warten. Nach wenigen Minuten lassen sie sich leicht ausziehen.

Im Revier ist die Bekämpfung der Zecken beim Wild weder möglich noch notwendig.

5. Herbstgrasmilben

Jedem Jäger sind im Gebirge Revierteile bekannt, nach deren Durchpirschen zur herbstlichen Jahreszeit er am Abend und am Folgetag an den Waden ein lästiges Hautjucken verspürt. Die Ursache dieses Juckreizes ist ein Befall der Herbstgrasmilbe. Die ausgewachsenen Milben überwintern im Boden und legen auch dort ihre Eier ab. Die aus den Eiern geschlüpften Larven benötigen für ihre weitere Entwicklung eine „Blutmahlzeit". Sie befallen deshalb Wild oder auch den Menschen für 2–3 Tage. Das Tier und auch der Mensch reagiert darauf mit Scheuern und Kratzen. Beim Wild können kahle Hautstellen entstehen. Die Larven fallen ab und entwickeln sich über Nymphen zu Milben im Erdboden.

Ernste Störungen treten weder beim Gamswild noch beim Menschen auf. Ein Kratzen mit den Fingernägeln sollte jedoch unterbleiben.

6. Die Gamsräude: Sarcoptes rupicaprae

Die Gamsräude ist die gefährlichste Erkrankung des Gamswildes. Als Räude bezeichnet man eine mit Juckreiz verbundene ansteckende Hauterkrankung, die durch Räudemilben hervorgerufen wird. Die Milbe ist 0,2–0,4 mm groß und kann mit dem freien Auge gerade noch erkannt werden.

Lebensweise: Die Milben graben in der Decke Gänge, in denen das Weibchen die Eier ablegt. Unter der Wärmewirkung des Wirtstieres entwickelt sich aus dem Ei eine sechsbeinige Larve (Protonymphe), aus dieser wird nach einer weiteren Häutung eine achtbeinige Larve (Teleonymphe). Die männlichen Teleonymphen verlassen nun den Fraßgang und häuten sich zum reifen Männchen. Gleichzeitig verlassen auch die weiblichen Teleonymphen die Gänge, um sich mit dem Männchen zu paaren. Die Begattung findet außerhalb der Gänge zwischen Männchen und Teleonymphe statt. Beide sind zum gleichen Zeitpunkt geschlechtsreif.

Der Entwicklungsgang vom Ei zum eierlegenden Weibchen dauert etwa drei Wochen. Das Männchen ist früher geschlechtsreif.

Besonders häufig tritt die Räude am Hals, am Brustkern und zwischen den Läufen auf. Auch die Bauchseite wird bevorzugt befallen. Die Ansteckung erfolgt durch unmittelbaren Kontakt zwischen gesunden und kranken Tieren. Eine Rolle spielt auch die beim Gamswild häufige Gewohnheit, die gleichen Lagerstätten abwechselnd zu benutzen.

Auswirkungen des Räudebefalles

Räudebefall an der Bauchdecke erschwert die Fortbewegung und verleitet den Gams zu Kratzversuchen mit den Hinterläufen.

Räudebefall am Äser verursacht die Bildung harter trockener Borken, die eine Behinderung der Nahrungsaufnahme und ein schlitzartig-werden der Augen im Gefolge haben, das zu einer Behinderung der Sehfähigkeit führen kann.

Das Gamswild reagiert auf den Milbenbefall mit erhöhter Bildung von Hautschuppen. Es versucht, die juckenden Stellen durch Scheuern an Latschen und

Felsen zu entfernen. Diese Abwehrreaktionen bringen keinen Erfolg, sondern steigern die Borkenbildung und verursachen ein Nässen der Befallstellen und das Entstehen tiefer Schrunden. Der ständige Juckreiz, die geminderte Hautatmung und die toxisch wirkenden Ausscheidungen der Milbe führen schließlich zum Tod des Tieres. Bei Räude am Äser spielt auch die Erschwerung der Nahrungsaufnahme eine Rolle.

Jedes räudeerkrankte Tier verliert durch Abstreifen am Gras oder beim Niedertun Milben und schafft so neue Infektionsstellen. Besondere Bedeutung kommt dem frühzeitigen Erkennen eines Räudefalles zu: Befallene Tiere sind sofort abzuschießen und in unschädlicher Weise zu beseitigen!

Die bisherigen Beobachtungen haben auch gezeigt, daß Tiere in geminderter körperlicher Verfassung anfälliger für die Räude sind als gesunde. Es stellt daher der Abschuß kümmernder Gemsen schon eine wertvolle Vorbeugungsmaßnahme dar.

Eine den Äsungsverhältnissen nicht angepaßte, zu hohe Wilddichte gefährdet die ausreichende Ernährung des Gamswildes und bildet einen günstigen Nährboden für alle Parasiten, nicht nur für die Räudemilbe.

Die Anwendung von Medikamenten gegen die Gamsräude

Die bisherigen Versuche mit Phosphorsäure-Estern die Milben in der Decke des Gamswildes abzutöten, brachten in der freien Wildbahn keinen Erfolg. Die über die Salzlecke verabreichte und aufgenommene Menge eines Neguvon-Salzgemisches war zu gering, um therapeutisch zu wirken. Es bestehen auch gewisse Bedenken, ein solches Salzgemisch im Revier auszulegen, da es in Überdosen beim Weidevieh vielleicht tödlich wirken könnte.

Im Laborversuch war es allerdings möglich, mit Neguvon bei Räudewild Heilerfolge zu erzielen.

Es ist auch bekannt, daß der Mangel an Mineralstoffen und Vitaminen im tierischen Organismus die Abwehrkraft des Gamswildes gegen Parasiten – auch gegen die Räudemilben – schwächt. Besonders ist das Phosphor-Kalzium-Verhältnis und das Vitamin A von Bedeutung.

Das heftigere Auftreten der Gamsräude im Kalkgebirge sowie ihre geringere Stärke im Urgebirge, könnten eine Bestätigung der vorstehenden Erkenntnisse bilden.

Weitere Versuche in dieser Richtung sollten angestellt werden! Es wäre in jedem Falle sinnvoll, statt der üblichen Kochsalzlecksteine Mineralstoffmischungen zu verwenden, die Phosphate, Vitamine und Kochsalz in einer dem tierischen Organismus angepaßten Aufschließbarkeit enthalten. Es müßten dann aber alle bisherigen Salzlecken aufgelassen werden. Auch die für Rot-, Reh- und Steinwild!

Die Übertragbarkeit der Gamsräude auf den Menschen

Jäger, die mit verräudetem Gamswild zu tun haben, bekommen manchmal einen stark juckenden Hautausschlag, den sie als Gamsräude bezeichnen.

Hierzu wäre folgendes zu sagen: Die Räudemilbe verläßt das tote Tier und wechselt auf einen neuen Wirt, in diesem Falle den Menschen über. Sie ist jedoch nicht in der Lage auf diesem Wirt, dem sie nicht angepaßt ist, zu leben. Sie erregt Juckreiz und die Bildung von Quaddeln, legt jedoch am Menschen keine Eier ab. Die klinischen Erscheinungen klingen nach etwa 14–20 Tagen – solange lebt die Milbe auf dem Menschen – vollständig ab. Es kann aber eine gewisse Allergie gegen Gamswild, insbesondere gegen verräudetes, zurückbleiben. Die Ausbreitung des Milbenbefalles und die Heilung kann durch Medikamente beim Menschen günstig beeinflußt werden.

Das Ansprechen von Räudewild

Räudekranke Tiere unterscheiden sich in ihrer Bewegungsart erst dann von gesunden, wenn der Räudebefall ein gewisses Ausmaß erreicht hat. Sobald sich die ersten Krusten bilden, werden die Bewegungen gehemmt, bei Befall an der Bauchdecke sind Kratzversuche mit den Hinterläufen zu beobachten.

Nackte, haarlose Stellen an den Flanken, am Hals oder entlang des Rückgrates können ein Zeichen für Räudebefall sein, allerdings nicht in der Zeit des Verhärens im Frühjahr. Ein Tier, das die Räude hat, schüttelt sich nicht, da ihm dies wegen der meist vorhandenen Schrunden Schmerzen bereiten würde. Oft beginnt die Räude auch an den Läufen, meist an der Innenseite, die dann weißliche Querschrunden zeigen. Verdächtig sind im Winter bei Schneelage einzeln hinter dem Rudel ziehende Stücke. Sie können unter Umständen „stille Milbenträger" sein, bei denen in kurzer Zeit die Räude ausbrechen würde. Von der Infektion bis zum Auftreten sichtbarer Räudeerscheinungen dauert es – je nach der Konstitution des Tieres – zwei bis drei Monate.

Alle langsam oder verspätet verhärenden Stücke leiden unter gesundheitlichen Störungen: es kann ein Befall von Innenparasiten oder auch eine beginnende Räude die Ursache sein. In jedem Falle wäre der Abschuß vertretbar.

Die „stillen Milbenträger" dürften in *Räude*revieren immer vorhanden sein. Bei ihnen kann mit dem Eintritt von Notzeiten die Abwehrkraft des Wirtes nachlassen und der Parasit die Oberhand gewinnen. Man sollte deshalb in *Räude*revieren mit dem Abschuß kümmernder Stücke großzügig verfahren.

Die Räudemilbe ist aber kein Parasit, der in jedem Gamsrevier vorkommt. In den Revieren westlich und nördlich des Inns ist bis jetzt keine Räude aufgetreten, obwohl dort auch gut besetzte Gamsreviere liegen. Wenn dort die Räudemilbe beheimatet wäre, müßte doch in strengen Wintern bei schwachen Tieren ein Räudebefall auftreten. Dies ist aber seit etwa 100 Jahren nicht beobachtet worden. Auch in der Schweiz sind keine Räudefälle in den letzten 100 Jahren bekannt geworden.

Die Behandlung des Gamswildes in Räuderevieren

Räumliche Verteilung der Räudeanfälle im Revier

In den vom Gamswild bevorzugten Revierteilen treten die Räudefälle in gehäuftem Umfange auf. Mit Vorliebe stellt sich räudekrankes Gamswild in kühlen Gräben oder in der Nähe von Gewässern ein. Im Königssee und in unmittelbarer Nähe des Königsbachwasserfalles ist – wie schon früher berichtet – wiederholt räudekrankes Gamswild erlegt worden.

Jahreszeitliche Verteilung der Räudeanfälle

Der Anfall von Räudewild hat eine Spitze in den ersten Monaten des Jahres. Es sind dies die Folgen des körperlichen Kontaktes und der damit ausgelösten Ansteckungen während der Brunft. Das Minimum der Anfälle liegt im Juli. Vermutlich steigert die Grünäsung die Abwehrkraft angesteckter Tiere, die jedoch häufig „stille Milbenträger" bleiben, bei denen in Notzeiten wieder Räude auftreten und die Oberhand gewinnen kann.

Die Vermehrungskraft der Milbe nimmt in der warmen Jahreszeit zu, ihre Lebensdauer ab.

Die Anfälligkeit der Tiere für die Gamsräude

Am wenigsten anfällig gegen die Räude sind die Gamskitze. Sie kommen auch mit älteren Tieren, mit Ausnahme ihrer Mutter, kaum in Berührung. Wenn jedoch das führende Tier die Räude hat, ist mit Sicherheit auch beim Kitz mit einer Ansteckung zu rechnen.

Sehr wenig Räudeausfälle treten auch bei den Jahrlingen auf. Sie haben wenig Kontakt zu älteren Tieren, weder in der Brunft noch sonst. Auch die bevorzugten Lagerstätten „dürfen" sie nicht benutzen.

Die Anfälligkeit steigt bei den Böcken vom Zeitpunkt der Geschlechtsreife bis zum 9. Lebensjahr laufend an. Dann sinkt mit der Abnahme des Brunfttriebes auch die Gefährdung, um aber im 12. Jahre erneut anzusteigen. Vielleicht ist in diesem Zeitpunkt ein allgemeines Nachlassen der Abwehrkräfte festzustellen.

Bei den Geißen beobachten wir einen erhöhten Räudeanfall im Alter von 3–5 Jahren und ab dem 10. Lebensjahr.

Die Räudegefährdung der Böcke ist höher als jene der Geißen.

Vorbeugungsmaßnahmen gegen die Gamsräude

Für die Durchführung von Vorbeugungsmaßnahmen gegen die Gamsräude sind folgende Umstände von Bedeutung:

Wilddichte
Äsungsangebot
Altersaufbau
Geschlechterverhältnis

Die Wilddichte muß dem Äsungsangebot angepaßt sein. Je gesünder und kräftiger die Tiere sind, desto stärker ist auch ihre Abwehrkraft gegen die Milbe. Je geringer die Wilddichte, desto geringer ist auch die gegenseitige Infektionsgefahr. Die Tiere sind weiträumiger verteilt. Aus großen Rudeln sollten jeweils laufend die schwächsten Stücke entfernt werden.

Eine weiträumige Verteilung des Gamswildes auf verschiedene Äsungsplätze und Einstände könnte durch die Pflege aufgelassener Almen erreicht werden: Abmähen im Spätsommer und Aufbringen von Kunstdünger: Vorratsdüngung mit Thomaskali würde gleichzeitig das Phosphor-Kalzium-Verhältnis günstig gestalten.

In Räuderevieren ist die Schonung aller gesunden Böcke im Alter von 7–9 Jahren dringend geboten, da diese am widerstandsfähigsten gegen die Räude sind. Eine enggestellte, niedere Krucke oder gar ein guter Bart dürfen in einem Räuderevier bei einem gesunden Bock nicht als Abschußgrund betrachtet werden. Der Wildbretzustand hat immer den Vorrang vor der Trophäe!

Geißen im Alter zwischen 8 und 12 Jahren sind möglichst zu schonen, da sie in diesem Alter am widerstandsfähigsten gegen die Räude sind, wie die Statistik zeigt. Innerhalb eines Gamsbestandes sollten die Böcke im Alter von 6–9 Jahren und die Geißen im Alter von 8–12 Jahren einen hohen Anteil ausmachen.

Schon wegen der höheren Anfälligkeit der Böcke ist in Räuderevieren das Geschlechterverhältnis 1:1 herzustellen.

Zur Entlastung des Muttertieres sollten Eingriffe in die Klasse der Kitze möglichst frühzeitig getätigt werden.

Der Zeitpunkt des Verhärens wäre zur Durchführung des Hegeabschusses weitgehendst auszunutzen! Die im Haarkleid nicht befriedigenden Stücke sind immer gestört in ihrem gesundheitlichen Befinden, vielleicht „stille Milbenträger". Ihr Abschuß wäre bevorzugt zu vollziehen.

Der Abschuß sollte in einem Räuderevier nur die kranken und krankheitsverdächtigen, sowie die alten Stücke erfassen. Alt ist der Bock ab dem neunten Lebensjahr und die Geiß ab dem zwölften!

Von der Gamsräude

Im Berchtesgadener Land wurde bei Beginn der Gamsräude in den fünfziger Jahren das nachstehende Aufklärungsblatt gedruckt:
Das Gamswild des Berchtesgadener Landes ist seit mehreren Jahren von einer gefährlichen Seuche befallen, die seinen Fortbestand gefährdet und im angrenzenden Salzburger Gebiet ganze Gebirgsstöcke bereits wildleer gemacht hat. Es ist die Gamsräude, eine Hauterkrankung, die in den meisten Fällen den Tod des befallenen Tieres zur Folge hat.

Bergwanderer hilf mit!

Freue dich, wenn es dir vergönnt ist, unser edles Gamswild zu beobachten! Verhalte dich still und verscheuche es nicht durch Schreien oder Pfeifen! Fällt dir ein einzelnes Stück Gamswild durch kahle Hautstellen oder durch Scheuern an Felsen oder Latschen auf, so verständige entweder Grenzpolizei, Landpolizei oder die nächste Forstdienststelle. Auch die Berggasthäuser sind bereit, solche Anzeigen entgegenzunehmen und werden deine Beobachtung an die Forstbehörden weitergeben.

Das sogenannte Räudegebiet ist durch Tafeln an den Wegen gekennzeichnet. Bitte lies diese aufmerksam, bleibe auf Wegen und Steigen und meide die Räudeherde.

Diese Geiß ist krank: Die Lichter zeigen nicht die normale fast runde Form, aus den Augenwinkeln fließt ein Sekret, das den Verdacht auf seuchenhaftes Erblinden erregt. Auch die Fliegen werden nicht abgewehrt! (R)

Eine gut angenommene Salzlecke für Gamswild: Die beiden Stöcke sind oben ausgehöhlt. In die Höhlung wurden Salzsteine gelegt, die sich unter dem Einfluß der Witterung rasch auflösten und vom leicht morschen Holz aufgesogen wurden. Das Gamswild äst dann das gesalzene Holz. Ein dritter Stein liegt auf der Erde zwischen den beiden Stöcken. Gegen Regen ist er durch ein Brett geschützt. Die Höhlungen am Stein zeigen die gute Annahme. Rings um beide Stöcke wird auch die salzige Erde aufgenommen.
Auch an aufgelassenen Salzlecken kann man nach Jahren noch die Aufnahme der ganz salzigen Erde durch Gamswild beobachten.

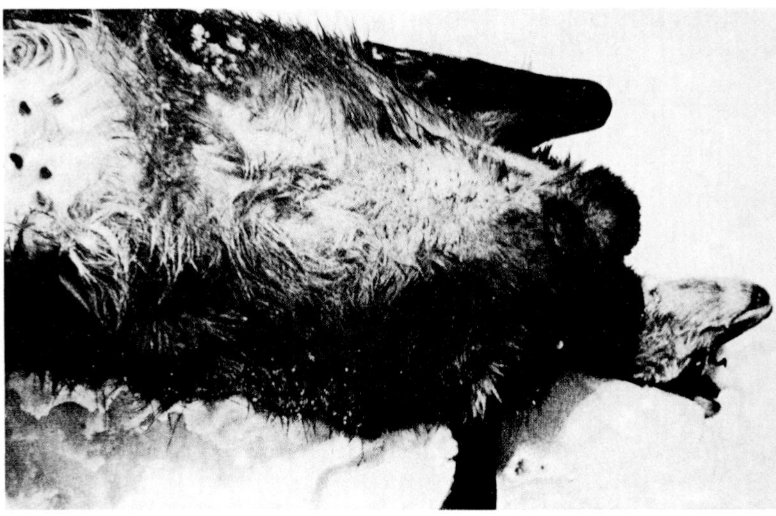

Räudeveränderungen an der Bauchdecke. Falten- und Krustenbildung mit z. T. schweißigen Kratzeffekten

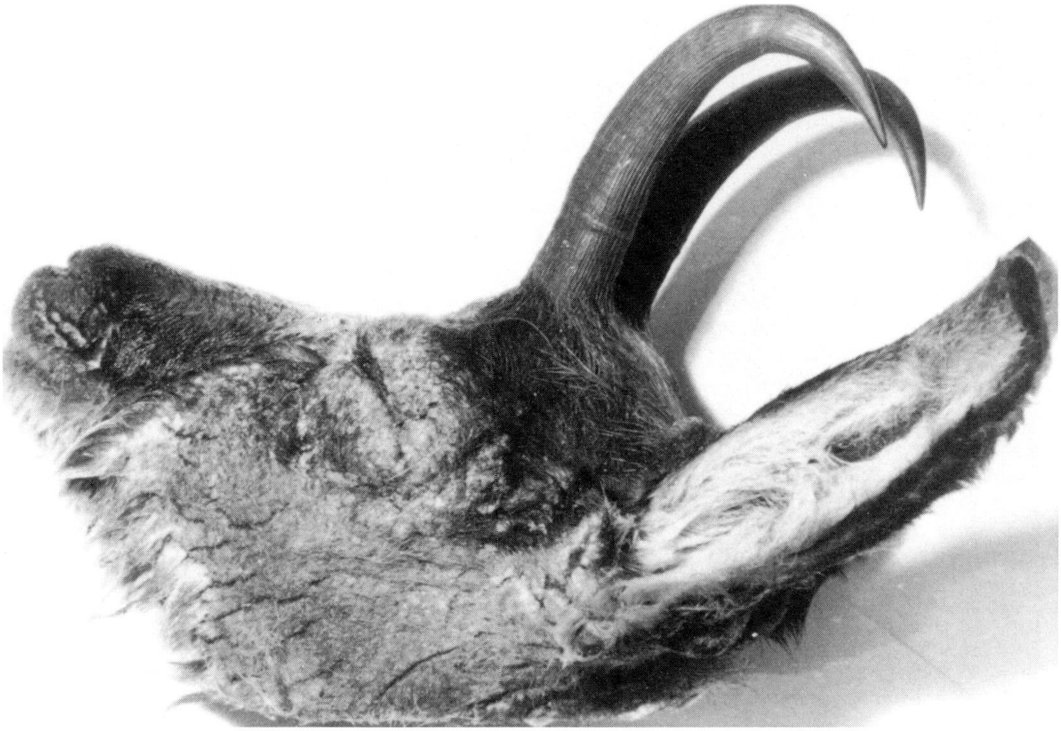

Mit Vorliebe tritt die Räude bei jüngeren Tieren am Haupt auf: Dreijährige Gamsgeiß mit starker Schorfbildung. Das Tier ist nicht mehr in der Lage, das Licht zu öffnen.

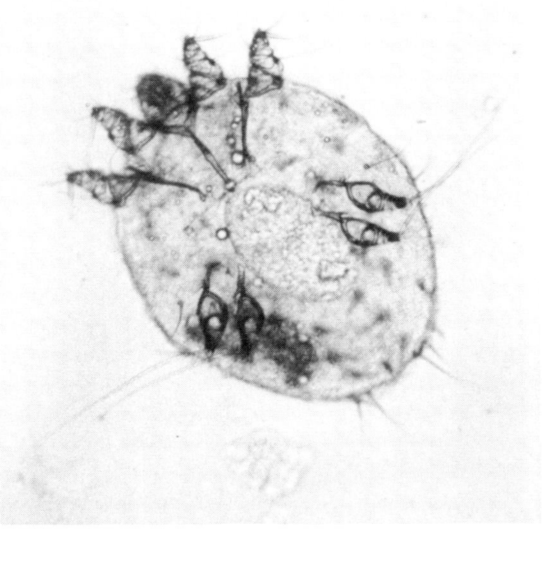

Weibchen der Gamsräudemilbe: Im Körper ist ein Ei sichtbar. 200fache Vergrößerung.

Ein Feistgams in des Wortes vollster Bedeutung. (H)

Die beiden Gams äsen die auf der Tannenrinde wachsenden Flechten. Wegen ihres Reichtums an Eiweiß werden manche Flechtenarten vom Wild gerne aufgenommen. (H)

Entstehung und Krankheitsbild

Die Gamsräude wird durch eine Milbenart verursacht, die nur 0,2–0,4 mm groß ist. Ein Weibchen legt bis zu 100 Eier, aus denen sich nach 6 Wochen fertige Räudemilben entwickeln, die sich in die Haut des befallenen Tieres einbohren.

Im weiteren Verlauf der Erkrankung zeigen sich schorfartige Bildungen auf der Haut und die Haare beginnen auszufallen. Infolge des damit verbundenen Juckreizes scheuern sich die erkrankten Tiere an Felsen und Latschenbüschen.

Überall, wo sich erkranktes Gamswild aufgehalten hat, bleiben Milben zurück und bilden einen neuen Ansteckungsherd. Auch durch Hirschläuse, Fliegen und Zecken kann die Verbreitung der Milbe stattfinden.

Neben dem Gamswild wird häufig auch die Hausziege, seltener Rot- und Rehwild, von der Räude befallen.

Abwehrmaßnahmen

Neben dem Abschuß der erkrankten Tiere ist die dauernde Beobachtung des Gamsbestandes und das frühzeitige Erkennen der Krankheit die wirksamste Vorbeugung.

Notwendig ist deshalb, daß alle Beunruhigungen im Revier vermieden werden, um die Aufsicht zu erleichtern und vor allem um zu verhindern, daß erkrankte Tiere in bisher seuchenfreie Gebiete versprengt werden.

Vom Auftreten der Räude bei Ziegen berichtet die Kk. Forst- und Domänen-Verwaltung Golling im Jahre 1910:

Zum rückfolgenden Auftrage vom 17. d. Mt. Zl. 147 wird Nachstehendes berichtet:

Am Mandleggut in Pfarrwerfen herrschte im vergangenen Spätherbst die Ziegenräude. Sämtliche Bewohner dieses Gutes wurden angesteckt und räudig.

Im Laufe des Winters wurde nun ein räudiger Dienstbote vom Besitzer des Salzachgrubgutes in Pfarrwerfen zum Dreschen des Getreides verwendet. –

Bald darauf wurde sowohl der Besitzer dieses Gutes, als auch seine Köchin räudig.

Schließlich haben dann sämtliche Ziegen – circa 15 Stück – von den beiden räudigen Personen auch diese Krankheit bekommen. Diese Ziegen sind im vergangenen Spätherbste als ganz gesund von Mittersill bezogen worden und sind mit anderen Ziegen niemals in Berührung gekommen

Dieser eklatante Fall dürfte daher den Beweis erbringen, daß die gegenseitige Ansteckung zwischen Mensch u. Vieh möglich ist.

Werfen 4. IV. 1910
Narholn

K.k. Forst- & Domänen-Verwaltung

Golling.

; dtto

Zum rückfolgenden Auftrage vom 17. d. M. Zl. 147 wird Nachstehendes berichtet:

Am Wandlgute in Pfarrwerfen herrschte im vergangenen Spätherbste die Ziegenräude. Sämtliche Bewohner dieses Gutes wurden angesteckt und räudig.

Im Laufe des Winters wurde nun ein räudiger Dienstbote vom Besitzer des Schwarzgrubgutes in Pfarrwerfen zum Dreschen des Getreides verwendet. –

Bald darauf wurde sowohl der Besitzer dieses Gutes als auch seine Köchin räudig.

Schließlich haben dann sämtliche Ziegen – circa 15 Stück – von den beiden räudigen Personen auch diese Krankheit bekommen. Diese Ziegen sind im vergangenen Spätherbste als ganz gesund von Mittersill bezogen worden und sind mit anderen Ziegen niemals in Berührung gekommen.

Dieser eklatante Fall dürfte daher den Beweis erbringen, daß die gegenseitige Ansteckung zwischen Mensch & Vieh möglich ist.

Werfen 4. IV. 1910

Narholz.

IX.
Die Ausrüstung des Gamsjägers

Die Ausrüstung beim Jagen im Gebirge

Das Beste ist für die Jagd im Gebirge gerade gut genug. Gewöhnlich ist man bei der Gamsjagd mehrere Tage auf einer Hütte und muß sogar im Sommer auf Wetterumschläge gefaßt sein. Man kommt auch im Sommer nicht ohne Reservewäsche und nicht ohne Wetterschutz aus.

Schuhe

Für die Jagd im Gebirge kommen nur kräftige Schnürstiefel in Betracht. Sie müssen so geräumig sein, daß dicke Schafwollsocken getragen werden können, ohne daß der Fuß eingeengt wird. Der Schaft soll sich oberhalb des Knöchels gut anschmiegen ohne zu drücken, so daß weder kleine Steine noch Schnee in den Schuh eindringen können. Besonders wichtig ist eine gute Profilsohle, die das Gehen auf nassem Fels sehr verbessern kann. An der Profilsohle kann das Leben des Jägers hängen.

Wenn mit Glatteis zu rechnen ist, sollte man vorsichtshalber kleine Steigeisen („Grödeln") mitnehmen.

Hose und Strümpfe

Die Länge der Strümpfe muß sich nach der Art der Hose richten. Trägt man eine Bundhose, dann sollen die Strümpfe über das Knie hinaufreichen. Bevorzugt man eine Schihose, dann genügen Socken, die bis zur halben Wadenhöhe hinaufgehen. Die Hose soll geräumig sein und aus einem schnee- und wasserabstoßenden Stoff bestehen (Gabardin oder Loden). Hautenge Hosen sind für die Jagd vollkommen unbrauchbar. Der Übergang zwischen Schuh und Hose oder Schuh und Strümpfen muß bei Schnee durch Gamaschen abgedichtet werden.

Die kurze kniefreie Lederhose ist nur im Sommer für die Jagd geeignet; aber auch zu dieser Jahreszeit verliert sie ihre Anhänger, da sie wegen des täglichen Temperaturabfalles abends zu kalt ist. Naß geworden, braucht sie lange Zeit um wieder trocken zu werden. Wegen dieser und anderer Nachteile verschwindet sie immer mehr, obwohl sie einst als zunftgerechte Jägerkleidung allgemein im Gebirge getragen wurde. Die Unterwäsche (Hemden und Unterhosen) sollten aus schweißaufsaugendem Wollflanell gefertigt sein. Für das Hemd wähle man eine gedeckte Farbe: grau, grün oder braun.

Die Joppe

Bei kühler Witterung trägt man auch beim Steigen eine Joppe. Diese darf nicht zu schwer sein, da man sie bei warmer Witterung auszieht und dann am Rucksack befestigt mittragen muß. Durch Knöpfe verschließbare Taschen verhindern den Verlust ihres Inhaltes.

Im November, wenn der Schnee oft schon kniehoch liegt, trägt der Bergjäger Schneegamaschen oder Schneestrümpfe, wie sie auch von den Waldarbeitern im Winter benutzt werden.

Der Mantel

Die häufigen Wetterumschläge im Gebirge sowie die täglichen Schwankungen der Temperatur zwischen Tag und Abend, machen die Mitnahme eines Mantels, als Regen- und Kälteschutz, notwendig. Auch als Unterlage beim Ansitz und als Auflagepolster beim Schießen leistet er immer gute Dienste.

Die Entscheidung, ob man einen Mantel mit Ärmeln oder einen ärmellosen Umhang wählen soll, richtet sich nach den Revierverhältnissen und der Art des Jagens. Beide, Mantel und Umhang, müssen aus einem leichten, Wasser und Schnee abstoßenden Stoff, am besten leichtem Loden, gefertigt sein. Wer viel pirscht, wird den Umhang wählen, weil dieser luftiger ist und man nicht so leicht in Schweiß gerät. Bei schönem Wetter trägt man ihn durch die Rucksackriemen gesteckt. Unter dem Umhang kann auch der Rucksack, das Fernglas und das Gewehr regensicher verwahrt werden.

Es gibt Umhänge zum Hineinschlüpfen und solche zum Zuknöpfen. Letztere sind zweckmäßiger, denn das Hineinschlüpfen mit Hut, Fernglas, Gewehr und Rucksack ist immer umständlich, während das Umhängen des aufgeknöpften Umhanges rasch vor sich geht.

Wenn man nicht weit zu gehen hat oder mit dem Wagen fast bis zum Gamsbock hinfahren kann, dann mag auch der Mantel mit Ärmeln seinen Zweck erfüllen. Zum längeren Steigen ist er nicht geeignet.

Der Umhang muß übrigens den im Gebirge üblichen Schnitt haben, seitlich kürzer wie vorne und hinten, so daß man auch mit dem Arm gut herausgreifen kann.

Ob dann der Mantel oder der Umhang Hirschhorn- oder Lederknöpfe besitzt, ist eine Frage der Zweckmäßigkeit: Hirschhornknöpfe sind zünftiger, Lederknöpfe klappern nicht, wenn das Doppelglas dagegen baumelt.

Der Rucksack

Zu den wichtigsten Ausrüstungsstücken des Hochgebirgsjägers gehört der Rucksack. Er soll so geräumig sein, daß man außer dem üblichen Inhalt noch einen Gamsbock drin unterbringen kann. Innen und außen sollte er einfache verschließbare Taschen haben, damit eine gewisse Ordnung im Rucksack herrscht. Auf jeden Fall braucht man einen wasserdichten Sack zur Verwahrung des meist noch schweißenden Wildbrets. Man kann hiezu auch einen dünnen Plastiksack verwenden.

Wenn man sich Verpflegung und Reservewäsche für eine Woche auf die Hütte begibt, mag ein großer Tourensack mit Gestell zweckmäßig sein. Für das Pirschen und Ansitzen im Gebirg, wenn man nur Mantel und die Verpflegung für einen Tag mitträgt, sollte man einen einfachen Rucksack haben, wie ihn die Berufsjäger meist benutzen.

Ein solcher Rucksack hat abnehmbare breite Riemen und ist aus einem kräftigen, allerdings nicht wasserdichten Stoff, Drillich oder Gradl, gefertigt. Im Rucksack verwahrt man die Verpflegung und sonstiges in kräftigen Plastiksäckchen, die alle gut verschlossen sein müssen. An den Rucksackriemen kann man einen Metallring anbringen lassen, für die Hundeleine und an dem linken Riemen eine kleine Lederleiste, damit der Gewehrriemen besser auf der Schulter liegt.

Am einfachsten ist es, wenn man sich von einem Jäger einen Rucksack als Muster entlehnt und sich dann vom Sattler oder Säckler den gleichen Rucksack anfertigen läßt. Meist haben diese Rucksäcke keine Verschlußklappe, sondern nur einen Schlitz, so daß man, ohne den Rucksack abzunehmen, in den Rucksack greifen kann. Eine solche Klappe – mit oder ohne Tasche auf der Innenseite – sollte man aber anbringen lassen, weil sie Regen und Schnee abhält.

In diesem Zusammenhang möchte auch empfohlen werden, die Zielfernrohrkappen und den Mündungsschoner mit einem schmalen Lederriemen am Gewehr zu befestigen, da sie im Revier leicht verlorengehen können.

Waffen und Zubehör

Gewehr mit Mündungsschoner (an Lederschnur angehängt)
Zielfernrohr mit Schutzkappen und Gummistutzen am Okular (auch mit Lederschnur befestigt)
Doppelglas mit Okularschutz
Spektiv mit Lederfutteral
Zwei Messer (ein feststehendes zum Versorgen des Wildes, ein zweites zum Essen)
Bergschirm (entbehrlich)
Bergstock („Alpenstange"): Seine Länge sollte gleich der Körpergröße sein.

Rucksack

Inhalt:	Verpflegung
	Thermosflasche

Kerze und Zündhölzer, beides wasserdicht in einer Plastiktüte verpackt
1 Taschenlampe
1 Reepschnur (10 Meter)
1 Luftkissen (entbehrlich)
1 Zeitschrift zum Verwahren des Gamsbartes (Holzspan)
1 Paar Reservestrümpfe
1 Reservehemd
1 Halstuch oder Wollschal
Wollfäustlinge
1 Wollunterjacke
Ohrenschützer
Verbandspäckchen, Leukoplast, Bandagen
Plastiktüten zum Verwahren des Aufbruches

Optik

Neben dem Spektiv, das zum genauen Ansprechen auf größere Entfernungen dient, benutzt der Jäger das Doppelglas zum Absuchen des Geländes. Die Lichtstärke des Glases spielt bei der Gamsjagd eine untergeordnete Rolle, da der Gams ein Tagestier ist.

Gläser mit den Werten 6×30
7×42 oder notfalls
8×56 (meist schwer)

reichen für die Gamsjagd vollkommen aus. Das Glas soll vor allem nicht zu schwer sein, da man meist den ganzen Tag unterwegs ist und noch anderes Gepäck zu tragen hat.

Für den Berufsjäger ist das Spektiv unentbehrlich zum genauen Ansprechen des Wildes nach Alter, Trophäe und Bart. Die modernen Auszugsfernrohre können auf verschiedene Vergrößerungen eingestellt werden (15–50fach). Meist begnügt sich der Jäger mit der 25fachen Vergrößerung, da bei den anderen jeder „Wackler“ sich allzu störend auswirkt.

Die Waffen des Jägers im Gebirge

Der Berufsjäger im Gebirge, der tagaus-tagein sein Revier betreut und neben Hirsch, Gams und Reh sich im Rahmen des Jagdschutzes auch mit der Bekämpfung von Raubwild befaßt, sollte ein Gewehr führen, aus dem er Kugel und Schrot schießen kann. Es gibt nur drei Arten von Gewehren, die diese Forderung erfüllen und die für das Gebirge geeignet sind:

Die **Büchsflinte,** die noch vor 40 Jahren häufig geführt wurde, ist heute aus dem Waffenhandel ganz verschwunden und wird nur mehr auf Wunsch gebaut. Schrot- und Kugellauf liegen nebeneinander. In der Zeit des Schwarzpulvers war sie bestimmt eine gute Waffe. Sie ist heute durch die **Bockbüchse** verdrängt worden, die meist oben den Schrotlauf und unten den Kugellauf besitzt. Es gibt aber auch Bockbüchsen, die den Kugellauf oben haben. Dies hat den Vorteil, daß die Seelenachse des Kugellaufes näher an der Visierlinie des Zielfernrohres liegt. Ein etwas schwereres Gewehr ist der **Büchsdrilling,** meist nach der Art einer Bockbüchse gebaut. Zwischen Schrot und Kugellauf, etwas seitlich verschoben, ist ein Kugellauf mit dem Kaliber Magnum oder 222 (Remington) angebracht. So ein Büchsdrilling ist eine ideale Waffe, weil damit auch ein leiserer Schuß auf größere Entfernung möglich ist. Der allgemein übliche Drilling mit einem Kugellauf und zwei Schrotläufen ist für das Gebirge zu schwer; auch tritt selten der Fall ein, daß im Gebirge zwei Schrotschüsse benötigt werden. Am meisten im Gebrauch ist im Gebirge der **Repetierer,** sei es das neue Mausersystem oder der neue Mannlicher oder der Mauser mit dem schönen alten und auch narrensicheren Militärschloß, dem viele gute Jäger treu bleiben. Der Vorteil dieser Waffe ist ihre Stabilität und die Möglichkeit, fünf Schüsse in rascher Folge abgeben zu können, die beim Kahlwildabschuß und beim Rotwildriegeln von Bedeutung ist. Wegen ihres geringen Gewichts und ihrer guten Schußleistung kommt in jüngster Zeit die **einläufige Kugelbüchse** wieder mehr in Gebrauch. Es ist erstaunlich, wie schnell gewandte Schützen mit dieser einschüssigen Büchse mehrere Schüsse abgeben und auch treffen. Das einläufige Kugelgewehr wird als Kipplaufgewehr oder mit Blockverschluß hergestellt.

In Revieren, in denen man auch mit ungebetenen Gästen rechnen muß, sollte man auch eine Handfeuerwaffe bei sich führen: eine Pistole oder einen Trommelrevolver. Die bessere Schußleistung liegt bei der Pistole, allerdings treten bei ihr oft gerade im entscheidenden Augenblick Ladehemmungen auf, weil die Federn im Magazin ermüden. Beim Revolver sind Störungen seltener, auch sind sie durch Drehen der Trommel rasch behoben. Dafür ist die Treffsicherheit beim Revolver auf größere Entfernungen wesentlich geringer als bei der Pistole. Das Nachladen, das eigentlich selten vorkommen wird, ist bei der Pistole Sekundenarbeit, bei dem Revolver benötigt man hierfür Minuten. Sowohl bei der Pistole wie beim Revolver sollte man kein Kaliber unter 9 mm wählen, weil nur dieses eine ausreichende Schockwirkung gewährleistet.

Ob nun die Entscheidung zugunsten des Revolvers oder der Pistole fällt, in jedem Falle nützt keine Waffe, wenn ihr Besitzer nicht mit ihr umgehen kann. Rasches Ziehen und rasches Schießen und vor allem Treffen will gelernt und geübt sein!

Griffbereit – nicht im Futteral im Rucksack – sollte die Handfeuerwaffe getragen werden.

Repetierbüchse der Fa. Voere

Lauflänge: Normalkaliber = 60 cm; Magnumkaliber = 65 cm
Stahlart: Chrom-Molybdän-Gewehrlaufstahl
Lieferbar in folgenden Kalibern:
5,6×57, 6,5×68, 7,5×55 Swiss, 9,3×62, 9,3×64,
6,5×57, 7×57, 8×57 IS,
6,5×55 SM, 7×64, 8×68 S, 7 mm SE v. Hofe.
.25–250, .375 H&H Magn., .458,
.25–06, .308 Win., .300 Win.Magn.,
.243 Win., .30–06, .300 H&H Magn.,
.270 Win., 7 mm Rem.Magn., .308 Norma Magn.
Sicherungsart: 3-fach wirkende seitliche Schiebesicherung sichert Abzug/Abzugstange und Kammerstengel
Schloß: 3-Warzenverriegelung mit 60° Öffungswinkel mit innenliegendem Schlagbolzen,
Verschluß: patentierter Doppelspannkurve für extrem kurzen Schlagbolzenweg (ca. 4,5 mm) und Schlagzeit
Art des Abzuges: Stecher oder Flintenabzug
Zielfernrohrmontage: Suhler-Einhak-, Schwenk- oder Kippmontage auf vorgebohrten Montagelöchern
Gewicht des Gewehres ohne Zf.: ca. 3,6 kg
Gravur: nach Wunsch
Besonderheiten: 2 Ausführungen – Luxus und Standard – unterscheiden sich im Schaft und in der Oberflächenbearbeitung

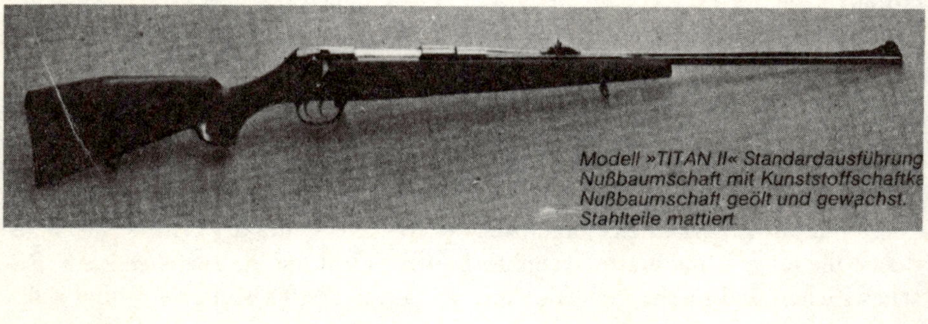

Modell »TITAN II« Standardausführung
Nußbaumschaft mit Kunststoffschaftk
Nußbaumschaft geölt und gewachst.
Stahlteile mattiert

Hans Zimmermann, Feinmechanik und Waffen

8789 Wildflecken 2

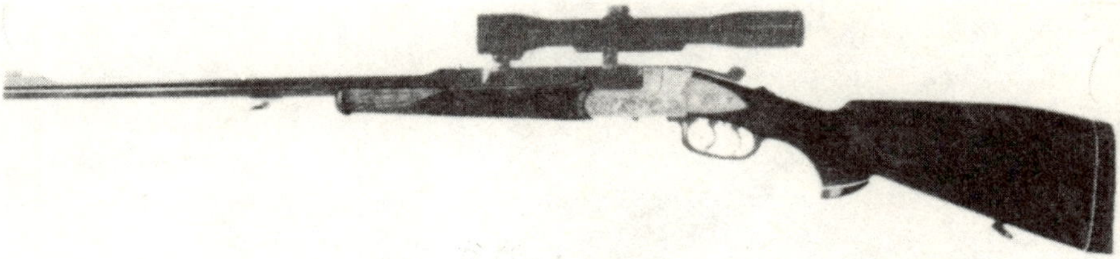

Technische Daten: Kipplaufbüchse, einschüssig

Kaliber: .222 Rem., 5,6×50 R, 5,6×57 R, .243 Win., 6,5×57 R, 7×57 R, 7×65 R, 7×75 R, .308 Win., 8×57 IRS, 9,3×74 R.

Lauf: Spezial-Laufstahl, im Hämmerverfahren hergestellt. 60 cm, bei 5,6×57 R.–7×75 R, 9,3×74 R, 6,5×68 = 65 cm Lauflänge.

System: Modernes, funktionssicheres, robustes Selbstspannsystem (DBGM Pat. angem.) Ganzstahlausführung im Fräsverfahren hergestellt. Feinjustierbarer Doppelstecher oder Flintenabzug.

Verschluß: System Greener, Laufhakenverriegelung.

Schaft: Schöngemasertes Nußbaumholz, elegante Schaftform mit bayer. Backe, ölgeschliffen, schottische Fischhaut an Pistolengriff und Vorderschaft. Hornbügel.

Visierung: Standvisier, Silberbalkenkorn.

Sicherung: Schiebesicherung auf dem Kolbenhals (Wirkung auf die Stange).

Gewicht: ca. 2,8 kg

Gesamtlänge: 103 cm

Diese Waffe ist mit zwei Handgriffen zu zerlegen und daher leicht im Koffer oder bei der Jagd im Hochgebirge im Rucksack zu befördern.

HEYM-RUGER-BLOCKBÜCHSE

Friedrich Wilh. Heym GmbH &Co. KG., Waffenfabrik, D 8732 Münnerstadt

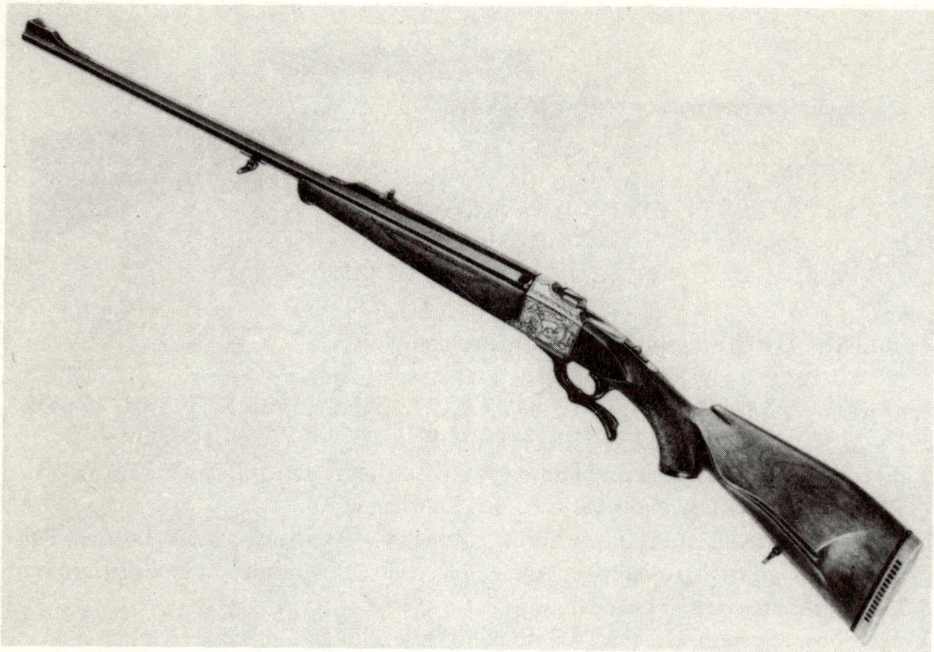

Technische Beschreibung: Blockverschluß

Waffengewicht: 3,0 kg
Gesamtlänge: 102 cm
Lauf: Krupp-Spezial Laufstahl, präzisionsgehämmert, gelötete Visierschiene.
System: Massiver Kammerblock, schwarz brüniert, wirkungsvoller Schlagbolzenmechanismus, Auszieher-Ejektor für alle randlosen und Randpatronen, Abzug mit Rückstecher (Canjar-Trigger), Schiebesicherung am Kolbenhals.
Schaft: Hinterschaft mit bayerischer Backe und vent. Gummikappe, Vorderschaft kurz oder lang (Stutzen). Schäfte geölt mit Fischhaut.
Normalkaliber: 5,6×50 R Mag., 5,6×57 R, 6,5×57 (R), 7×57 (R), 7×64, 7×65 R, 9,3×62, .243 Win., .308 Win., .30–06, Lauflänge 60 cm.
Großkaliber: 6,5×68 (R), 8×68 S, 9,3×64, 9,3×74 R, .300 Win. Mag., .375 H&H Mag., Lauflänge 65 cm.
Anstelle des Abzuges mit Rückstecher kann auch ein regulierbarer Flintenabzug geliefert werden.

H. Krieghoff GmbH

Jagd- und Sportwaffenfabrik

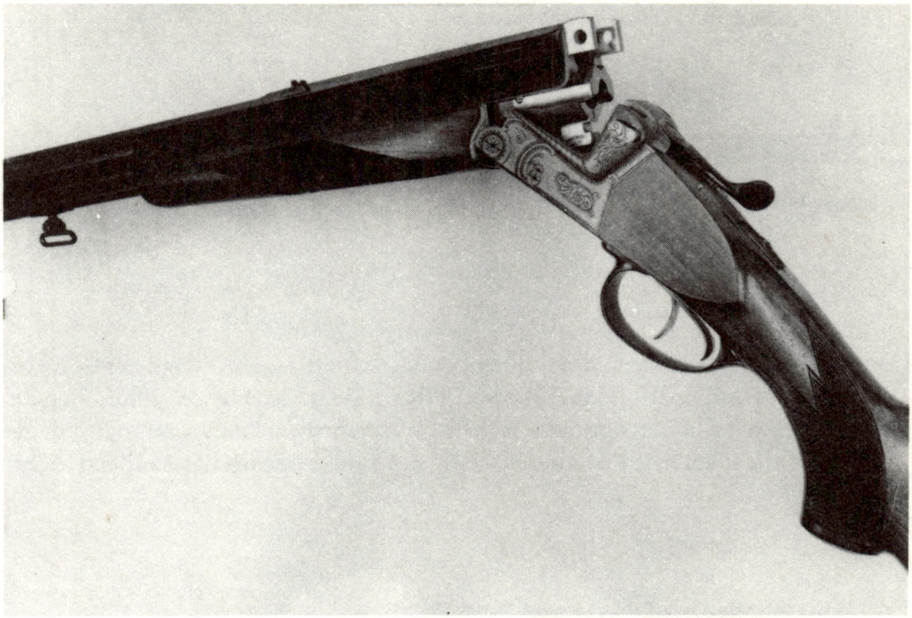

Bockbüchse (Schrot und Kugel)

Lauflänge: Standard 63,5 cm, auf Wunsch auch geringere Lauflänge.
Stahlart der Läufe: Böhler-Spezial-CRG (Rasant) auch Böhler-Antinit auf Anfrage.
Läufe lieferbar in: a) fest verlöteter Ausführung; b) mit freiliegendem Kugellauf, der sich in Längsrichtung ausdehnen kann und somit nicht „klettert"; c) Kaliber: 12, 16 und 20 (bei Systemkasten aus Stahl auch 20/76/Magnum). Kugel: 6,5×57 (R), .243, 7×64, 7×65 R, 7×75 R, .30–06, .300 Win.Magnum.
Sicherung: Beim Selbstspanner-Modell durch obenliegenden Schieber, Stangensicherung. Beim Handspanner-Modell keine Sicherung, denn: Sicherung durch Zurücknehmen des Spannschiebers, somit entspannte Schlosse.
Schlosse auf Schloßblech montiert, unzerbrechliche Schraubenfedern, Schlosse mit Rücksprung.
Verschluß: Kerstenverschluß mit doppelter Haken-Keilverriegelung.
Doppelabzug, vorderer auf unteren Lauf, hinterer auf oberen Lauf wirkend, vorderer Abzug mit regulierbarem Rückstecher ausgestattet. Beide Abzüge aus nichtrostendem Stahl.
Die Bockbüchse ist die Waffe der Berufsjäger.

Gewicht der Waffe (ohne ZF) a) Systemkasten aus Stahl je nach Schrotkaliber zwischen 3 und 3,3kg. b) Systemkasten aus Dural nach Schrotkaliber zwischen 2,7 und 2,9 kg. Das Waffengewicht kann unter Umständen stark beeinflußt werden durch die Art des Schaftholzes.

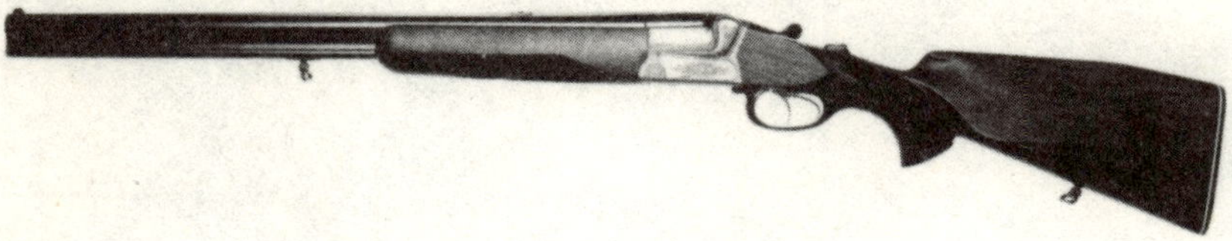

Zusammenfassend ist noch zu erwähnen, daß sich für die Gebirgsjagd auf Gams als günstigste Kombination das Modell TECK-Dural in Handspanner-Version eignet, denn es bietet optimale Sicherheit durch die Handspannung, auf der anderen Seite schnellste Feuerbereitschaft und darüberhinaus ist sie äußerst leicht.

Besonders die Kaliber 6,5×57, .243, .30–06 und 300 Win.Magn. erscheint besonders geeignet. Die letzten beiden jedoch nur im Systemkasten aus Stahl infolge des höheren Gasdrucks. Der freiliegende Kugellauf bietet darüberhinaus die Möglichkeit, nötigenfalls auch den 2. oder gar 3. Schuß abgeben zu können, ohne das sonst bei kombinierten Waffen so gefürchtete „Klettern“. Außerdem besteht die Möglichkeit, bei Schrotkaliber 12 den Kugellauf auch auswechselbar zu gestalten, um somit die Möglichkeit zu haben, z. B. im Frühjahr auf den kleinen oder großen Hahn mit Kal. 5,6×50 R oder Hornet jagen zu können, um dann zu Beginn der Jagdzeit auf Gams diesen kleinen Kugellauf gegen einen stärkeren auszutauschen.

Alle gängigen Zielfernrohr-Montagen sind möglich. Bei der Vielzahl der auf dem Markt befindlichen Gläser, ist die Montage auf der Laufschiene nicht vorbereitet.

Das Zielfernrohr

Jedes Kugelgewehr, gleichgültig, ob es im Gebirge oder im flachen Lande geführt wird, ist heute mit einem Zielfernrohr ausgestattet, weil dieses auch auf größere Entfernungen ein sicheres Erfassen des Zieles und damit einen tödlichen Schuß gewährleistet. Im allgemeinen genügt eine vierfache Vergrößerung. Wer aber beim Flüchtigschießen mit dem vierfachen Zielfernrohr nicht zurechtkommt, wähle ein Glas mit variabler Vergrößerung, das er dann beim Flüchtigschießen auf 2½-fache und beim Weitschießen auf 6fache Vergrößerung einstellen kann.

Von der Vielzahl der konstruierten Abkommen sind nur die nachstehenden drei im Gebrauch:

6 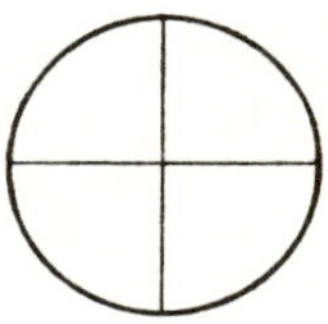

4 

1 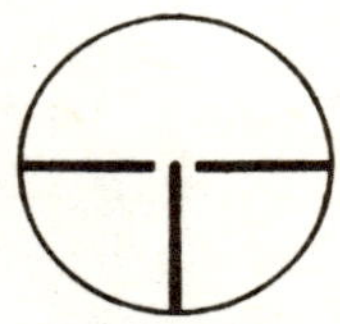

Normalabsehen

Das Abkommen 6 eignet sich für eine Waffe, die speziell auf Gamswild geführt wird; das feine Fadenkreuz ist in der Dämmerung nicht mehr zu erkennen, für Rot- und Rehwild wäre dieses Abkommen nicht zu empfehlen.

Das Abkommen 4 eignet sich auch zum Flüchtigschießen. Es ermöglicht auch ein genaues Zielen auf größere Entfernungen. Für die Verwendung bei ungünstigen Lichtverhältnissen möchte es weniger empfohlen werden.

Das Abkommen 1, auch „Normalabsehen" genannt, wird am meisten verwendet. Das Balkenkreuz wird in verschiedenen Stärken geliefert. Man wähle die einem zusagende Balkenbreite. Wichtig ist jedoch, daß der senkrechte Balken eine Spitze besitzt, da diese für ein genaues Zielen auf größere Entfernungen notwendig ist. Der Abstand der beiden waagrechten Balken ist meist so eingerichtet, daß bei einer Entfernung von 100 Metern ein Gams genau den Abstand zwischen den beiden Balkenenden ausfüllt. Bei einer Entfernung von 200 Metern wird nur der halbe Raum eingenommen. Das Zielfernrohr ist also auch ein brauchbares Gerät zum groben Ermitteln der Schußentfernung.

Im Revier wird das Zielfernrohr auf dem Gewehr aufgesetzt getragen. In schwierigem Gelände sollte man es allerdings im Rucksack in einem Lederfutteral verwahren.

Eine Gummikappe am Okular schützt beim Zielen vor Seitenlicht und vor Verletzungen beim Schuß steil aufwärts.

Je niederer das Zielfernrohr montiert ist, desto stabiler ist seine Befestigung und desto handlicher die Waffe. Die Lage des Zielfernrohres muß den Körpermaßen des Schützen angepaßt sein. Dies wirkt sich besonders beim schnellen Schießen aus. Wenn ein Gewehr gut liegt, ist das Ziel im Zielfernrohr, auch wenn der Schütze mit geschlossenen Augen in Anschlag geht. Wenn zum Auffinden des Zieles mehrmals am Zielfernrohr „vorbeivisiert" werden muß, dann stimmt die Lage des Gewehres oder des Zielfernrohres nicht zum Körperbau des Schützen.

Auch ein Bewohner des Gamsgebirges im Sommer. Meist vertreibt das Rotwild das in der Rangfolge tieferstehende Gamswild von den gemeinsamen Äsungsplätzen.

Der Schuß mit dem Bergstock als Zielhilfe sollte schon am Scheibenstand geübt werden. Der Jäger im Hochgebirg kommt oft in die Lage, rasch einen Schuß abgeben zu müssen, ohne daß irgend eine Auflage für die Büchse vorhanden ist. Dann sollte er sitzend mit dem Bergstock als Zielhilfe sicher schießen und treffen. (R)

Nur im Sommer sollte man zur Gamsjagd die kurze „Lederne“ tragen; oft friert man damit am Abend auch im Sommer.

Das Gamsgebiet des Schwarzwaldes: Baumfreie Gebiete, wie sie das Gamswild in den Alpen hat, sind nur spärlich vertreten. (Sa)

Die erste Trophäenschau in den Vogesen: Die Krukken sind alle gut gehakelt mit starken Schläuchen, allerdings etwas nieder. (H)

Trophäenschau im Schwarzwald: Alle Krucken sind auffallend stark, aber von mäßiger Höhe. Eine gewisse Ähnlichkeit mit den Vogesengams ist deutlich zu erkennen. (Sa)

X.
Die Besonderheiten des Schießens im Gebirge

Die Besonderheiten des Jagens und Schießens im Gebirge

Allgemeines

Pirschsteige und Bodensitze sind in den Bergen meist so angelegt, daß sie gute Sicht auf weite Entfernungen gewähren, die mitunter außerhalb der Reichweite unserer Jagdwaffen liegen. Mit dem Spektiv können diese Entfernungen überbrückt werden, um ein genaues Ansprechen des Wildes zu ermöglichen. Je nach den Geländeverhältnissen und der Tageszeit wäre dann zu entscheiden, ob ein sofortiges Angehen des Wildes sinnvoll ist oder ob die Bejagung auf den Folgetag zu verschieben wäre. Sehr oft sind im Gebirge weite Schüsse erforderlich, für die nur rasant schießende Gewehre geeignet sind.

Es bestehen aber auch für den Hochgebirgsjäger feste Grenzen in der Reichweite seiner Waffe, die er, wenn er als waidgerecht gelten will, nicht überschreiten darf. Grundsätzlich soll der Jäger Wild nur innerhalb jener Entfernungen beschießen, für die er bereits auf dem Scheibenstand oder im Gelände, seine Schießfertigkeit und die Schußleistung seiner Büchse unter Beweis gestellt hat. Es bestehen oft zwischen der Schußentfernung im Revier und der am Stammtisch vorgetragenen erhebliche Unterschiede: Die Entfernungen am Stammtisch sind immer größer! Die Schwierigkeiten in bergigem Gelände, über einen Graben hinweg, die Entfernung richtig zu schätzen, ist Ursache für manchen Fehlschuß. Bei klarem Wetter werden die Entfernungen unterschätzt, bei diesiger Luft und in der Dämmerung treten Überschätzungen leicht auf.

Je stärker die Ladung, desto rasanter wird die Flugbahn und desto weniger wirken sich Fehler beim Schätzen der Entfernung aus.

Gewisse Anhaltspunkte über die Flugbahn geben die Tabellen der verschiedenen Munitionsfabriken. Für Patronen der Kaliber der Gruppe 1 der nachfolgenden Tabelle beträgt die günstigste Einschießentfernung 230 m, bei den Patronen der Gruppen 2 und 3 liegt sie bei 200 m bzw. bei 175 m.

Man kann dann bei allen Entfernungen bis 200 m „mittendrauf" halten und wird immer mit dem Ergebnis zufrieden sein.

Die Flugbahn ist nie eine Gerade, sondern immer eine, je nach Pulverladung und Geschoßgewicht, mehr oder weniger gekrümmte Linie. Es empfiehlt sich, die Angaben der Schußtabellen durch einige Probeschüsse zu überprüfen, weil die innere Ballistik der Waffe (Laufstärke, Lauflänge und Stahlart) einen gewissen Einfluß auf die Flugbahn ausübt.

Beim Schießen auf weite Entfernungen, wie es im Gebirge üblich ist, wirken sich äußere Einflüsse, wie Temperatur, Höhenlage und Wind stärker aus, als bei den

Übersicht von Patronenlaborierungen, die für Gamswild geeignet sind:

(Aus „der Schuß im Hochgebirg“ von Walter Lampl)

	Patrone	Geschoß Gew./Typ.	V0	V150 m/s	V300 m/s	E150 m/s	E300 kpm	TPL m. Zfr.(+5 cm) 100 m kpm	150 m cm	200 m cm	300 m cm
1	5,6×61 SE v. H.	5,0/TS	1130	965	830	238	176	+3,0	+4,1	+2,5	–10,3
1	7 mm SE v. H.	8,0/To Sto	1109	952	805	360	264	+3,7	+4,5	+2,5	–10,3
1	6,5×68	6,0/Tm	1200	962	784	282	188	+3,0	+4,0	+2,5	–10,3
1	7×75 R SE v. H.	8,0/To Sto	1056	901	762	331	237	+4,2	+4,4	+1,0	–13,8
1	5,6×61 R SE v. H.	5,0/TS	1060	897	760	205	147	+3,5	+4,0	+1,4	–14,5
1	7 mm SE v. H.	11,0/To Sto	1004	885	783	439	346	+4,3	+4,5	+2,7	–13,5
2	7×64	6,7/TS	1089	865	664	256	151	+3,7	+3,9	+1,0	–16,6
2	5,6×57	4,8/KS	1040	861	701	181	120	+3,6	+3,9	+1,3	–15,7
2	.243 Win	5,5/TS	1000	835	700	196	137	+3,8	+3,8	+	–19,2
2	6,5×57	6,0/TmS	1010	821	674	206	139	+3,9	+3,8	+	–20,4
2	6,5×68*)	8,5/ HM Pla	1000	795	624	274	169	+4,0	+4,3	+1,1	–17,6
2	.243 Win	6,8/TR	912	783	683	213	162	+4,5	+4,2	+	–22,5
2	7×57	6,7/TS	1014	794	596	214	123	+3,9	+4,0	+	–22,7
2	7×65 R	6,7/TS	1060	833	642	237	141	+3,5	+3,6	+	–20,3
2	8×68 S	12,1/ HM Ku	970	824	700	418	376	+4,0	+3,7	+	–19,9
2	.270 Win	8,4/ HM Ku	955	815	685	285	201	+3,5	+3,1	–1,1	–22,2
2	7×57 R	6,7/TS	992	774	578	205	114	+4,5	+4,2	+	–23,4
2	7×64 Or Br	11,5/TIG	878	776	695	353	283	+5,1	+4,4	+	–25,7
3	7×64	10,0/Sta	895	750	645	287	212	+5,4	+4,8	+	–24,7
3	7×65 R Or Br	11,5/TIG	858	756	676	335	267	+5,6	+4,8	+	–21,1
3	7,62×63 (.30–06)	9,7/Tm S	912	749	608	278	183	+5,1	+4,5	+	–23,7
3	7×64 Or Br	10,5/TIG	902	747	657	299	231	+5,5	+5,0	+	–24,7
3	8×68 S	12,7/Rdk	930	734	580	349	217	+4,9	+4,6	+	–25,0
3	8×68 S	14,7/KS	870	738	630	403	293	+4,9	+4,7	+	–30,9
3	7,62×63 (.30–06)	11,7/TUG	870	730	615	318	226	+5,9	+5,2	+	–26,6
3	7×64	11,2/ HM Cu	850	723	620	298	220	+5,6	+5,3	+	–26,0
3	7×64	9,0/TR	914	721	582	238	155	+5,7	+5,2	+	–27,1
3	.308 Win	9,7/TS	870	724	611	259	185	+5,6	+5,3	+	–27,7
3	7×57	10,0 Sta	840	713	618	259	195	+6,2	+5,3	+	–27,4
3	7×57	10,5/TIG	848	709	613	269	201	+6,5	+5,7	+	–26,7
3	9,3×64 Or Br	19,0/TUG	805	718	643	499	400	+6,2	+5,6	+	–26,5

TS =Teilmantel-Spitzgeschoß
TR =Teilmantel-Rundkopfgeschoß
To Sto =Torpedo-Stopringgeschoß
TIG =Torpedo-Idealgeschoß Geschoßbezeichnung
TUG =Torpedo-Universalgeschoß IWK (DWM)
Sta =Starkmantelgeschoß
Or.Br. =Original Brenneke-Laborierung

TmS =Teilmantel-Spitzgeschoß
Rdk =Teilmantel-Rundkopfgeschoß Geschoßbezeichnung
Hm =H-Mantel, Ku mit Kupferspitze neuer Form Dyn. AG (RWS)
KS =Kegelspitzgeschoß
S =Halbspitzgeschoß

*) Bei dieser Laborierung ist eine Leistungsverbesserung zu erwarten.
Bei den Patronen der Gruppe 1 liegt die günstige Einschußentfernung bei 230 m, bei den Patronen der Gruppe 2 und 3 bei 200 m, bezw. 175 m.

geringen Schußweiten des flachen Landes. Wenn sich diese Einflüsse im gleichen Sinne auswirken, können sie die Ursache eines Fehlschusses sein.

1. **Der Unterschied in der Höhenlage** zwischen dem Einschießort und dem Jagdrevier:

Die Luft ist im Gebirge dünner, spezifisch leichter, als im flachen Lande. Mit steigender Meereshöhe und steigender Temperatur sinkt ihr spezifisches Gewicht. Die Flugbahn wird in dünnerer Luft gestreckter. Je größer der Unterschied in den Meereshöhen und in den Temperaturen zwischen dem Ort des Einschießens und dem Jagdrevier ist, desto größer sind auch die Höhenabweichungen. Die in der untenstehenden Tabelle angegebenen Differenzen scheinen auf den ersten Blick bedeutungslos zu sein. Es wäre jedoch zu bedenken, daß zu den Höhenabweichungen infolge der Höhenlage noch Temperaturunterschiede und menschliche Zielfehler kommen können. Ein Fehlschuß oder – was schlimmer wäre – ein Krankschießen kann unter Umständen seine Ursache von Luftdruckunterschieden, Temperaturunterschieden und Wind herleiten.

Ein Jagdgast, der aus dem flachen Lande kommt und sein Gewehr in einer Höhenlage von 100 Meter bei einer Temperatur von 16 Grad eingeschossen hat, wird bei einem Probeschuß in 1800 Meter Höhe und einer Temperatur von 30 Grad über die Höhenabweichung der Flugbahn überrascht sein.

Hochschuß infolge des Höhenunterschiedes, wenn die Büchse am Einschießort im Tiefland auf eine Fleckschußentfernung von 200, 250 oder 300 m eingeschossen ist und das Revier demgegenüber um die angegebene Höhendifferenz höher liegt. (v. W. Lampl)

Patronen-gruppe	Höhen-differenz in mm	Einschießentfernung FE 200 m cm	250 m cm	300 m cm
1 (V0 = 1000–1100 m/sec.)	500	–	1	1½
	1000	½	1½	3
	1500	1½	2½	4½
	2000	2½	4	6
2 (V0 = 900–1000 m/sec.)	500	1	1½	2½
	1000	1½	3	5
	1500	2½	4½	7½
	2000	4	6½	10
3 (V0 = 800–900 m/sec.)	500	1½	2	4
	1000	2½	4½	8
	1500	4	7	12
	2000	5½	9½	16

2. **Änderung der Treffpunktlage beim Schießen „steil bergauf und steil bergab“:**

Vorausgeschickt möchte werden, daß bei steilen Schüssen das Gewehr gut eingesetzt werden muß, da sonst das Zielfernrohr beim Rückstoß einen schmerzhaften und meist stark schweißenden Abdruck über der rechten Augenbraue hinterläßt. Man kann diese Gefahr durch einen Gummiring am Okular des Zielfernrohres abmildern.

Wenn die Flugbahn horizontal verläuft, unterliegt das Geschoß am stärksten der Schwerkraft, die senkrecht nach unten wirkt.

Würde die Flugbahn genau senkrecht nach oben verlaufen, dann würde die Schwerkraft genau in der Senkrechten wirken und keine Abweichung verursachen.

Man kann also folgendes feststellen: Je steiler die Flugbahn nach oben oder nach unten verläuft, desto geringer ist die Abweichung der Flugbahn von der Seelenachse.

Tabelle

über die Veränderung der Treffpunktlage bei Schüssen in verschiedenen Schußwinkeln auf Entfernungen von 100–300 m. (Die jeweils einschlägige V 150 wäre der Schußtafel zu entnehmen.)

V150 m/s	Schußentfernung m	Schußwinkel von 15°	25°	30°	35°	45°	60°	75°
950	100	+ 5½	+ 8½	+10	+12	+17	+27	+37
	150	+ 6½	+ 9½	+11	+13	+18	+28	+37
	200	+ 4½	+ 7½	+ 9	+11	+16	+26	+35
	250	+ 0	+ 3	+ 4	+ 6½	+11	+21	+30
	300	− 8	− 5½	− 4	− 2	+ 3	+13	+20
875	100	+ 6½	+10½	+12½	+14½	+21	+33	+42
	150	+ 6½	+10½	+12½	+14½	+21	+33	+42
	200	+ 4½	+ 8½	+10½	+12½	+19	+31	+40
	250	− 3	+ 1	+ 3	+ 5	+11½	+24	+35
	300	−12½	+ 8½	− 5½	− 4½	+ 1½	+14	+25
825	100	+ 6½	+11	+13½	+16	+23	+36½	+48
	150	+ 6½	+11	+13½	+16	+23	+36 1⁄1	+48
	200	+ 2½	+ 7	+ 9½	+12	+19	+32½	+44
	250	− 5	− 1	+ 2	+ 4½	+11½	+25	+36
	300	−18	−15½	−11	− 8½	− 1½	+12	+23½
775	100	+ 8	+12½	+15½	+18	+26	+41	+54
	150	+ 7	+11½	+14½	+17	+25	+40	+53
	200	+ 3	+ 7½	+10½	+13	+21	+36	+49
	250	− 6½	− 2	+ 1	+ 3½	+11½	+26	+40
	300	−21½	−17	−14	−11½	− 3½	+11½	+26
725	100	+ 9	+14	+17	+20½	+29	+45	+60
	150	+ 8½	+14	+17	+20	+29	+45	+60
	200	+ 3½	+ 8½	+11½	+15	+23½	+40	+55
	250	− 7	− 2	+ 1	+ 4½	+13	+30	+44
	300	−23	−18	−15	−11½	− 3	+13½	+28

Tabelle von W. Lampl

Da aber das Gewehr in der Horizontalen eingeschossen wurde, erhält man beim Schießen bergauf *und* bergnunter immer einen Hochschuß!

Die berühmte Jägerregel „bergauf halt drauf, bergnunter halt drunter“ war schon in der seligen Schwarzpulverzeit grundfalsch, sie hat sich aber erstaunlich lange gehalten.

Sie muß lauten „bergnauf und bergnunter, immer halt drunter“. Die Abweichungen der Flugbahnen bei den verschiedenen Schußwinkeln, Entfernungen und V 150 Meter/Sekunden zeigt die vorstehende Tabelle:

3. **Der Einfluß des Seitenwindes:**

Bei Entfernungen bis zu 50 Metern spielt der Wind überhaupt keine Rolle. Dagegen können große Windstärken, weite Schußentfernungen und ungünstige Geschoßformen seitliche Abweichungen verursachen, die den Jagderfolg zu gefährden vermögen. Der Einfluß des Windes ist am größten, wenn er im rechten Winkel auf die Flugbahn trifft.

Bei leichten Geschossen wirkt sich die seitliche Abtrift stärker aus als bei schweren. Am stärksten abgetrieben wird das Rundkopfgeschoß, weniger das Spitz- und das Torpedogeschoß. Als Extremfall zitiert Walter Lampl in seinem Buch „Der Schuß im Hochgebirge“ die Patrone 222 Remington mit dem Geschoßgewicht 3,24 Gramm: Bei dieser Patrone würde schon ein Seitenwind von 5 Sekundenmetern genügen, um bei einer Schußentfernung von 200 Metern eine Seitenabweichung von 21 Zentimetern zu veranlassen! Bei 300 Metern würde diese Abweichung 54 cm (!) betragen.

Es ist demnach beim Schießen auf weitere Entfernungen folgendes zu beachten:

1. Bis zu einer Entfernung von 50 m spielt die Abtrift infolge des Seitenwindes überhaupt keine Rolle, sofern er nicht das Ruhighalten des Gewehres erschwert. Bei Entfernungen um 100 Meter ist die Abtrift von Bedeutung, wenn die Windgeschwindigkeit 5m/sec. wesentlich übersteigt.

2. Stärkere Windgeschwindigkeiten beeinflussen die Richtung der Flugbahn auch dann noch, wenn die Windrichtung und die Flugbahnrichtung einen Winkel von 20° bilden.

3. Die Abtrift des Geschosses kann gefühlsmäßig durch eine seitliche Verschiebung des Haltepunktes ausgeglichen werden.

Beispiel: Starker Wind von rechts, Schußentfernung 200 Meter, Haltepunkt um etwa 10 Zentimeter nach rechts verschieben.

Die Wahl der Patrone

Die in der Tabelle auf Seite 164 angegebenen Patronen und Ladungen sind für die Jagd auf Gamswild geeignet, da sie auch auf Entfernungen von 200 Meter genügend Auftreffwucht besitzen.

Für ihre Leistung (Auftreffwucht) ist weniger die Mündungsgeschwindigkeit sondern die Auftreffwucht am Tierkörper maßgebend. Es wird deshalb in der vorgenannten Tabelle die Auftreffwucht bei einer Entfernung von 150 m angegeben.

Man wählt jene Einschießentfernung, die im Verlauf der Flugbahn auf die üblichen Entfernungen einen möglichst geringen Hochschuß und möglichst geringen Tiefschuß ergibt.

Beispiel: Das 10 Gramm-Geschoß 7×64 wird auf 175 m eingeschossen. Der Hochschuß beträgt dann bei 100 m 4 cm und ist praktisch bedeutungslos. Auf 300 m sinkt das Geschoß um 30 cm. Die Treffsicherheit ist dann fraglich, wenn Wind und Zielfehler mitwirken.

Auch das Einschießen der Waffe auf 200 m würde keine wesentliche Verbesserung der Flugbahn bringen.

Flugbahnschema beim Einschießen des Gewehres
auf 175 Meter und auf 200 Meter

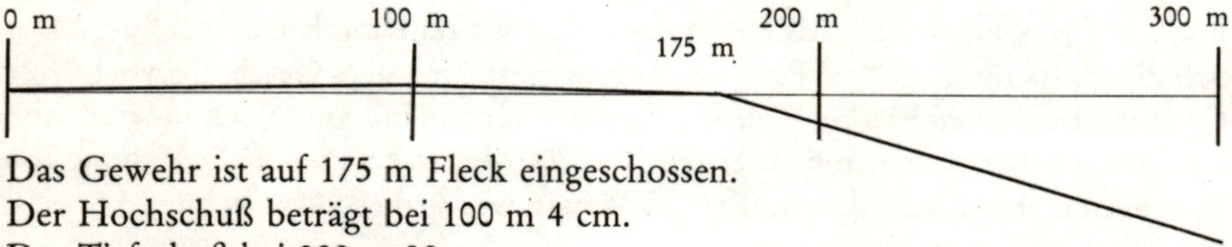

Das Gewehr ist auf 175 m Fleck eingeschossen.
Der Hochschuß beträgt bei 100 m 4 cm.
Der Tiefschuß bei 300 m 30 cm.

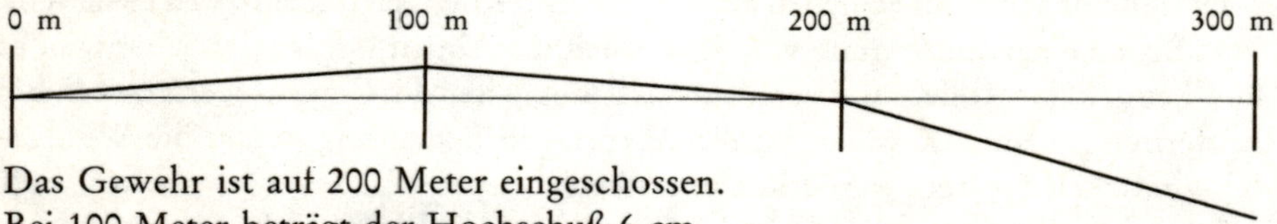

Das Gewehr ist auf 200 Meter eingeschossen.
Bei 100 Meter beträgt der Hochschuß 6 cm.
Der Tiefschuß bei 300 Meter 24 cm.
Flugbahn ———
Visierlinie ———

Das Einschießen des Gewehres auf 200 Meter bringt bei dieser Patrone keine wesentlich günstigere Flugbahn. Die Differenz von 6 cm bei der Entfernung von 300 Metern liegt innerhalb der Zielfehlergrenze.

Ein Jäger, der sich auf Schußweiten bis 200 Meter beschränkt, sollte als Einschußentfernung 175 Meter wählen.

Patronen mit einer V 150 unter 700 m/sec sollten nicht auf Gamswild verwendet werden, da weder ihre Rasanz noch ihre Auftreffwucht befriedigen.

Abgeraten wird auch von den Hohlspitzgeschossen, da diese sich bereits beim Auftreffen auf Grashalme oder Strauchwerk zerlegen und damit ihre tödliche

Wirkung verlieren können. Bei größeren Entfernungen besteht immer die Gefahr, daß unbedeutende Hindernisse, die sich vor dem Ziel befinden, übersehen werden.

Der Berufsjäger im Gebirge wird sich für eine Patrone entscheiden, die in ihrer Wirkung für Rot- und Gamswild ausreicht und die bei Rehwild keine zu brutale Wildbretzerstörung hervorruft.

Für Gamswild reichen 6 Gramm-Geschosse aus, für Rotwild sind sie zu schwach, auch wenn bei guten Schüssen meist befriedigende Ergebnisse erzielt werden. Das 8 Gramm-Geschoß der Patrone 6,5×57 erbringt auch bei Rotwild eine gute Schußwirkung; trotzdem möchte diese Patrone nicht als „Rotwildpatrone" bezeichnet werden.

Allgemein bewährt haben sich auf Rotwild, Gamswild und Rehwild folgende Kaliber:

7×64 bezw. 7×65
7,62×63 (3006)
7,62×51 (308, Natopatrone)

Die letzten beiden Patronen sind amerikanischer Herkunft, werden aber auch von deutschen Firmen hergestellt. In der Flugbahn entsprechen sie fast der Patrone 7×64.

Die Leistung der Treibladung wird nur dann vollständig ausgeschöpft, wenn die Pulverladung vollständig innerhalb des Laufes verbrennt. Dies ist aber **nur** der Fall, wenn die Lauflänge mindestens 60 cm beträgt. Der bei den Gebirgsjägern so beliebte Stutzen ist eigentlich zu kurz und seine Reichweite auf 200 m beschränkt. Dieser Nachteil wird allerdings durch seine „Führigkeit" und sein geringes Gewicht ausgeglichen.

XI.
Das Gamswild in der Sage und der Heilkunde des Volkes

(aus Oeconomia ruralis et domestica von Johannes Colerus) a. D. 1645

Von den Gemsen
(Naturgeschichtliches Wissen im Mittelalter)

Über das Gamswild berichtet Johann Colerus (1645) in der Oeconomia Ruralis et Domestica (Wirtschaften in Garten und Haus) folgendes:

„Damae, Demlein oder Demhirsch, Gemsen, Rupicaprae, Dorcades, Ibices ist alles ein Name. Sind gar furchtsame Tiere, die um ihres eigenen Nutzens willen auf hohe Klippen und Felsen steigen, daß sie nur von den Jägern nicht gefangen werden, wie der 104. Psalm sagt: „die hohen Berge sind der Gemsen Zuflucht".

Martial, ein römischer Dichter, † 104 n. Chr., sagt:

„Dente tuetur aper, defendunt cornua cervum
imbelles Damae, quid nisi praeda sumus."
Übersetzung:
Der Keiler schützt sich mit dem Zahn,
der Hirsch mit des Geweihes Wucht,
Wir Gemsen sind gar übel dran,
Denn uns bleibt nur die Flucht.

Ein jedes Tier hat seine Wehr, die Gemsen haben ihre Behendigkeit mit ihrem Springen und Klettern oder Steigen. Sonstens ist's gar ein schwach und furchtsam Tier. Mit nichts kann es sich verteidigen, denn mit Laufen, Steigen, Springen und Anhangen. Denn seine Hörner sind vorwärts gebogen. Wenn es den Jäger vernimmt, so macht's sich bald auf die hohen Berge und Felsen, da niemand hinaufkommen kann und kann gewaltig von einem Fels auf den anderen springen, denn es hat ein scharf Gesicht, ist schnell auf den Füßen und wenns nirgend weiter kommen kann, so springet's vom Felsen auf einen Baum und hängt sich mit den Hörnern dran oder hängt sich an die Klippen und Felsen, daß man nicht zu ihm kommen kann.

Der Jäger, der ihm nachsteigen will, muß sich in großer Acht haben, daß es ihm durch die Beine oder zwischen den Beinen den Himmel nicht sehen kann. Denn ob sich's gleich mit den Hörnern an Fels gehangen hat, so gibt's doch gar eigen Achtung auf die Gelegenheit und springet ihm zwischen die Beine und wirft ihn von den Klippen herunter. Er muß sich auch immer mit dem Leibe hart an den Fels halten, daß es zwischen ihm und dem Fels nicht sehen kann. Es springet bald hin, dringet sich herdurch und macht, daß er fallen muß.

Das Gamswild ist mit Größe und Haaren den Rehböcklein nicht ungleich. Aber in den Hörnern sind sie einander ungleich, denn mit den Hörnern ist ein Unterschied: Die Hörner der Gemse sind schlecht. Lang, spitzig und von vorne gekrümmt, aber die der Rehböcklein von Hinten. Das Blut des Gamswildes ist ein gesund Ding den Nerven, wenn einer krank ist, so kann er sich damit wieder zurecht bringen. Item ist es auch gut wider die Schmerzen der Glieder oder Gelenke, der Podagrae, Chiragrae und Gonagräe. Item wider die Gifte, denn es treibt die Gifte gewaltig heraus. Das Blut frisch getrunken, vertreibt den Schwindel.

Die Schlangen fliehen vor den Gemsen. Sie können deren Atem nicht vertragen.

Dieses Tier schießt man nur mit Röhren. Es muß aber ein Jäger, der sie bekommen soll wohl klettern und steigen können und zusehen, daß er sich nicht zu sehr versteige, wie dem Kaiser Maximiliano I. widerfuhr, wie man nicht ferne von Innsbruck sehen kann."

Das Gamswild in Sage, Dichtung und Heilkunde des Volkes

Das Gamswild galt in der Antike als ein geheimnisvolles Tier und nahm als solches eine besondere Stellung ein. In Griechenland kam Gamswild u. a. im Raume von Sparta vor und wurde dort als Opfertier verwendet. Vor jeder Schlacht pflegte der König der Artemis, der Schutzgöttin der Jagd, eine „Chimaira", d. i. Gemse, zu opfern. Auf griechischen Münzen aus der Zeit vor Christi Geburt ist die Göttin Artemis mit einem Gamsbock abgebildet.

In den Sagen der Alpenländer entdecken wir eine interessante Beziehung von Berggeistern, Zwergen und „saligen Fräulein" zum Gamswild. Sie beschützen das Gamswild vor dem Jäger und pflegen verwundete Tiere. In dem Gedicht „Der Alpenjäger" schildert Friedrich von Schiller das Zusammentreffen eines Gemsenjägers mit dem Berggeist. Obwohl Schiller sicher nie eine Gams gesehen hat und auch nie in den Alpen war, beschreibt er das Gamswild und das Gebirge mit erstaunlicher Genauigkeit:

„Auf der Felsen nackte Rippen
klettert sie mit leichtem Schwung,
durch den Riß gespaltener Klippen
trägt sie der gewagte Sprung;
aber hinter ihr verwogen
folgt er mit dem Todesbogen.
Jetzo auf den schroffen Zinken
hängt sie auf dem höchsten Grat,
wo die Felsen jäh versinken
und verschwunden ist der Pfad.
Unter sich die steile Höhe
hinter sich des Feindes Nähe.

Mit des Jammers stummen Blicken
fleht sie zu dem harten Mann,
fleht umsonst, denn loszudrücken
legt er schon den Bogen an.
Plötzlich aus der Felsenspalte
tritt der Geist, der Bergesalte,
und mit seinen Götterhänden
schützt er das gequälte Tier.
„Mußt du Tod und Jammer senden“,
spricht er, „bis herauf zu mir.
Raum für alle hat die Erde,
was verfolgst du meine Herde?“

Den Stoff zu diesem Gedicht mag Schiller anläßlich der Vorarbeiten zum Drama „Wilhelm Tell“ in einer Sammlung von Schweizer Sagen entdeckt haben.

F. L. Rochholz erzählt in den „Schweizer Sagen aus dem Aargau“ vom Gemsenkönig, der einem Jäger das Versprechen abgenommen hatte, die Gemsen in Frieden zu lassen. Als dieser aber sein Wort brach, stürzte ihn der Gemsenkönig über die Fluh hinab.

Frau Hulda, eine altdeutsche Sagengestalt, erscheint als Waldfrau und behütet mit dem Melkeimer in der Hand die Gemsen. Mit besonderer Vorliebe pflegen die „saligen Fräulein“ vom Jäger verwundetes Gamswild gesund. Gegen den Jäger aber können sie von grausamer Härte sein. Die „saligen Fräulein“ besitzen einen besonderen Gamshimmel: Dort leben verschiedene Alpentiere friedlich nebeneinander: Steinböcke, Gemsen, Murmeltiere, Schneehühner, Birkhähne und Flühvögel. Dort stehen alte Bergahornbäume und blühen immer die Alpenrosen.

In den „Sagen aus Tirol“ berichtet Ignatz Zingerle folgendes: Ein Hirte vernahm abends einen wunderschönen Gesang, der ihn in tiefe Schwermut versenkte und ihn schließlich in den Kreis der saligen Fräuleins lockte. Daraufhin verläßt er abends häufig Frau und Kind, um diesem Gesang lauschen zu können. Auch den Gamshimmel darf er besuchen. Die Frau des Hirten leidet unter der häufigen Abwesenheit ihres Mannes und schleicht ihm heimlich nach. Sie begegnet den saligen Fräulein und klagt ihnen ihr Leid. Diese haben Verständnis für ihre Sorge und schenken ihr einen Garnknäuel, der nie zu Ende geht. Der Mann findet wieder den Weg zu seiner Familie.

Solche „Ewigkeitsgeschenke“, wie dieser Garnknäuel, finden sich in vielen Sagen, in denen die geheimnisvollen Schutzgeister des Gamswildes mit den Jägern Verträge abschließen: Ein Jäger hat eine Gams erlegt und verwahrt sie des Abends auf dem Hüttendach, damit sie nicht von den Füchsen angeschnitten wird. Dann begibt er sich in die Hütte, um sein Abendbrot zu bereiten. Plötzlich vernimmt er vor der

Hütte eine klagende Stimme: „Da liegt unsere liebe Kuh, sie ist tot!“ Im gleichen Augenblick betritt eine schöne Frau die Küche und ist über den Eingriff des Jägers in ihre Herde sehr erzürnt. Zuerst will sie ihn in Stücke reißen, läßt aber davon ab, als der Jäger Besserung gelobt. Nun zeigt sie ihm eine Höhle, ihren Gemsenstall, wo Gemsen an Futterkrippen stehen. Ein Platz an der Krippe ist leer . . .! Als aber dann später der Jäger sein gegebenes Wort bricht und doch wieder eine Gams erlegt, kennt die Herrin der Gemsen kein Mitleid und stürzt ihn in die Tiefe einer Schlucht, wo er den Tod findet.

Nach anderen Sagen ziehen die Zwerge mit ihren Gemsherden über die Almen.

Diese geheimnisvollen Frauen, Zwerge und Bergmännlein melken nicht nur die Gemsen, sondern ernähren sich auch von deren Wildbret, allerdings mit gewissen Vorbehalten.

So traf einmal ein Jäger drei Frauen an, die einen Gamsschlegel in einem Kessel zubereiteten und ihn zum Mithalten einluden. Sie baten ihn jedoch, kein Knöchelchen zu verzehren, da dies die Gemse büßen müsse. Trotz aller Vorsicht verschluckte der Jäger doch einen kleinen Knochen, verschwieg dies aber seinen Gastgeberinnen. Am folgenden Tage traf er eine sehr magere Gemse, die am linken Hinterlauf hinkte. Diese Begebenheit wird auch in anderer Form erzählt: Der Jäger, dem das gleiche Mißgeschick zustieß, gestand sein Versehen den Frauen ein. Diese trösteten ihn und sagten, daß die Gams zwar eine gewisse Zeit hinken werde, aber dann wieder gesunde. Diese geheimnisvollen Frauen konnten also Tiere aus ihrer Herde verzehren und sie aus dem Knochengerüst wieder zum Leben erwecken.

In den „Beiträgen zur deutschen Mythologie“ berichtet F. J. Vonbun folgendes: Die Zwerge und „Fänkenmännli“ in Graubünden sind imstande, der schnellsten Gemse zu folgen, ohne zu ermüden. Zu dieser Fähigkeit gelangen sie durch das Herausschneiden der Milz, das sie schon bei den Kindern mit großem Geschick ausführen. Damit wäre Milzstechen und Seitenstechen für immer beseitigt. Die Gamsmilch, mit der die neugeborenen Kinder genährt würden, würde ihnen Ausdauer und Schwindelfreiheit verleihen.

Um ihre „Gams-Herden“ vor den Jägern zu schützen, werden Verträge zwischen den Schutzgeistern der Gemsen und den Jägern abgeschlossen: Ein Zwerg vereinbart mit dem Jäger folgendes: Dem Jäger wird an jedem siebten Tag eine tote Gemse geliefert, wenn er dafür verspräche, für alle Zeit die Gamsjagd aufzugeben. Der Jäger ging auf dieses Angebot ein und hielt sich auch eine gewisse Zeit an diese Abmachung. Jeden siebten Tag hing vor seiner Hütte eine fette, geschlachtete Gemse. Bald erwachte aber die Jagdleidenschaft des Jägers von neuem: Als er in der Nähe seiner Hütte einen starken Gamsbock sah, machte er sich fertig zum Schuß. Plötzlich erfaßte ihn von hinten der Zwerg und warf ihn in einen Abgrund.

Nach einer ähnlichen Erzählung erhält der Jäger für das gleiche Versprechen ein Gemskäslein, das nie ausgehen würde. Auch dieser Jäger bricht sein Wort. In der

Geiß und Kitz nach unten sichernd

Anläßlich einer Reise nach den Niederlanden, die Albrecht Dürer in Begleitung seiner Frau und seiner Magd antrat, hat er auch einen Tiergarten besucht und dort verschiedene Tiere, darunter auch den etwa 3–4jährigen Gamsbock gezeichnet.

Jüngerer Bock mit niederer, aber starker Krucke stellt den Bart. Am Schlegel wachsen die längsten Haare, die zweitlängsten am Rückgrat oberhalb des Blattes. Die Haare am Hals sind kurz. Sie werden zu den sogenannten Gamsradeln gebunden. (H)

Im Frühjahr: Gamsgeiß und Kitz mit Jahrling; das Kitz steht fast verdeckt rechts im Gesträuch, das stark verbissen ist. Latschen und Felsenbirne bilden für das Gamswild eine häufige Notäsung.

Ein jüngerer Bock setzt „Duftmarken“: Abgrenzung seines Einstandes. (R)

Abwesenheit von der Hütte fressen die Mäuse das „Ewigkeitskäslein". Daraufhin verarmte der Jäger und verkam im Elend.

In einer anderen Sage schießt der Jäger auf eine weiße Gamsgeiß und fehlt sie. Aber an der gleichen Stelle steht ein schönes Mädchen, das ihm für die Entzauberung dankt. Sie erzählt, daß sie sich immer gewünscht habe, als weiße Gams die Jäger narren zu dürfen. Ihre Mutter habe ihr dessentwegen gezürnt und sie strafweise in eine weiße Gemse verwandelt. Sie habe so lange als weiße Gemse leben müssen, bis sie von drei Jägern gefehlt werden würde.

Stets spielen die weißen Gemsen im Glauben der Jäger eine besondere Rolle. Viele Jäger würden es auch heute noch ablehnen, eine weiße Gemse zu erlegen. Die Erbeutung abnorm gefärbten Wildes gilt allgemein als Unglück bringend.

Sowohl Erzherzog Rudolf wie der österreichische Thronfolger Franz Ferdinand, fanden innerhalb Jahresfrist nach der Erlegung eines weißen Gamsbockes den Tod.

Die harte Lebensweise des Gamswildes, seine Kraft und Schwindelfreiheit waren für die Heilkunde des Volkes Veranlassung seinen Organen, insbesondere seinem Blut und seinem Fett („Unschlitt") besondere Heilkräfte zuzuschreiben.

Das Blut, warm getrunken, galt als Vorbeugungsmittel gegen Schwäche und Schwindel. Es führten deshalb früher manche Gamsjäger einen ledernen Becher mit sich, um das rinnende Blut auffangen und trinken zu können. Das Bestreichen der Schläfen mit Gamsfett wurde als Heilmittel gegen Kopfschmerzen und Schwindel empfohlen. Besondere Heilkraft wurde dem Bezoarstein, der sich mitunter im Pansen erlegter Gemsen findet, zugeschrieben. Die Ursache dieser Bildung von Bezoarsteinen, die aus Harz, Gras und Erde bestehen, glattpoliert und von graugrüner Farbe sind, ist nicht bekannt.

Aus den Klauen der Gemsen fertigte man früher Fingerringe, die ebenfalls gegen Schwindel schützen sollten.

In einem 1682 erschienenen Buche berichtet Staricius folgendes: „Ist ein köstlich Ding, einen Ring aus einer Elendsklaue (Elchklaue) machen lassen und denselben am Finger getragen. Gleiche Tugend soll haben der Ring aus einer Gemsen Klauen: der Christallenstein wird auch hiervor sehr gerühmt und dahero bey etlichen Autoribus der Schwindelstein genannt."

Das Tragen eines Gamsbartes soll seinem Besitzer Kraft und Gewandtheit verleihen, Gamszähne auf einer Schnur aufgereiht und um den Hals getragen, sollen den kleinen Kindern das Zahnen erleichtern. Als blutstillendes Mittel wurde geschabtes Gemsenhorn verwandt; in gebranntem Zustand vertreibt es Schlangen, verursacht aber auch Fallsucht.

All diese Sagen kreisen um den Grundgedanken, daß die Gemsen tierliebende Schutzgeister besitzen, die dem Jäger den Untergang bereiten können. Anlaß für die Auffassung waren sicher die häufigen Unfälle, die sich bei der Gamsjagd ereigneten.

Die Ähnlichkeit der Gamshörner mit mittelalterlichen Teufelsbildern mag zur Entstehung mancher Sagen beigetragen haben.

Mit des Teufels Hilfe sollen verschiedentlich Jäger die Kunst, Gamswild „zu bannen", beherrscht haben: Gebanntes Gamswild konnte seinen Platz nicht mehr verlassen und wurde so eine leichte Beute des Jägers. Das „Bannen " bereitete dem Tier aber große Schmerzen und wurde deshalb als schwere Sünde betrachtet. Ein Allgäuer Jäger beherrschte die schwarze Kunst des „Bannens". Als der Pfarrer davon erfuhr, begleitete er diesen Jäger ins Gebirge. Bald trafen sie eine Gemse an und der Jäger bannte sie. Der Geistliche ließ dann den Jäger den Gams durch den Ärmel seines Chorrockes, wie durch ein Fernrohr, betrachten. Der Gemse rannen große Tränen aus den Augen und sie zitterte am ganzen Körper, da der Teufel sie mit seinen Krallen festhielt. Nach der Rückkehr ins Tal warf der Pfarrer das Zauberbuch des Jägers ins Feuer. Es verbrannte aber nicht, sondern fand sich unversehrt in der Tasche des Jägers. Daraufhin wickelte der Pfarrer das Teufelsbuch in ein Kelchtuch und warf es abermals ins Feuer. Nun verbrannte es restlos zu Asche. Der Jäger aber konnte den Anblick der weinenden und zitternden Gams nie vergessen und hat kein Wild mehr gebannt.

Ein Tiroler Jäger konnte Gamswild rudelweise bannen. Einmal gab er seinem Begleiter eine Patrone und sagte: „Schieß, wohin du willst und wünsch dir soviel Gemsen wie du brauchen kannst". „Dann sollen es sieben sein", sagte der Begleiter und schoß in den blauen Himmel. Und siehe sieben Gemsen lagen mit Blattschuß auf der Alm.

Ein anderer Jäger traf mit einem Rudel von 24 Gemsen zusammen, die aber plötzlich verschwanden, bis auf eine. Beim Näherkommen sah er, daß diese an den Läufen gefesselt war und nicht flüchten konnte. Dem Schützen war diese Sache unheimlich und es widerstrebte ihm, das wehrlose Tier zu erlegen. Er durchschnitt aber die Stricke, worauf das Tier schnell in die Latschen zog. Nach Jahren kehrte dieser Jäger in einem Gasthaus ein und wurde sofort von der Wirtin freundlich aufgenommen und bewirtet. Sie erzählte ihm dann, daß sie vor Jahren von Hexen in eine Gemse verwandelt und gefesselt worden sei. Durch das Mitleid des Jägers wäre sie erlöst worden und hätte ihre menschliche Gestalt wieder angenommen.

Auch von einem Bauernburschen wird berichtet, der die Tochter eines reichen Bauern freien wollte. Als er von ihr höhnisch abgewiesen worden sei, habe er sie in eine weiße Gemse verzaubert. Der Anblick dieser weißen Gemse brachte jedem Unglück. Drei Jäger, die sie verfolgten, stürzten ab und fanden den Tod. Daraufhin ward aber diese weiße Gemse nicht mehr gesehen.

Dem Gamswild schrieb man Klugheit zu und glaubte an einen regelrechten Wachdienst des Rudels. Auch Friedrich von Schiller war noch dieser Anschauung. In seinem Drama Wilhelm Tell läßt er den Jäger Werni folgendes erzählen: „. . . das Tier hat auch Vernunft, das wissen wir, die wir die Gemsen jagen. Die stellen klug, wo sie zur Weide geh'n, 'ne Vorhut aus. Die spitzt das Ohr und warnet mit heller Pfeife, wenn der Jäger naht."

Diese Beobachtung und Auslegung ist allerdings verhaltensmäßig nicht richtig. Bei einem größeren Rudel äsen nie alle Gemsen gleichzeitig. Irgend ein Tier blickt immer zufällig in die Gegend und eräugt den Jäger. Meist aber wird es durch den Wind gewarnt, da ja das Gamswild mehr ein Nasentier als ein Augentier ist. Ein unruhiger Gams beunruhigt das gesamte Rudel, so daß dieses gemeinsam mit dem Warnenden abspringt. Es ist aber nicht so, daß bestimmte Stücke stets als „Wachgemsen" auftreten würden.

Nach einer Tiroler Sage ist das Gamswild vom Teufel erschaffen worden, der vom Schöpfer am achten Schöpfungstag die Erlaubnis bekam, auch ein Tier zu machen. Und so begann die Erschaffung des Gamsbockes: Vor allem bekam das neue Tier richtige Teufelshörner. Beide Geschlechter erhielten diese Hörner und damit das Aussehen dieser Schöpfung noch eigenartiger würde, wurde der Bart über das Waidloch gepflanzt. Als besondere Attraktion hängte der Teufel dem Tier noch einen Fuchsschwanz an und wies ihm als Wohnung das Gebirge zu. Der Teufel hatte auch die Aufgabe übernommen, seine Tiere zu versorgen. Wenn nun die Gemsen mit ihren Fuchsschwänzen in den Dornen hängen blieben, mußte der Teufel sie mit vieler Mühe wieder loslösen. Da ihm aber auf die Dauer diese Arbeit zu lästig wurde, biß er seinen Schützlingen den Schwanz dicht über dem Waidloch ab. Seitdem haben die Gemsen statt eines schönen Schwanzes nur ein kurzes „Stutzerl", das die Jäger Wedel nennen.

Die Annahme des Teufels, daß seine Schöpfung für die Jäger und Wildschützen eine besondere Anziehungskraft haben würde, war richtig, ebenso wie sein Wunsch, daß die Gamsjagd für viele Jäger und Wildschützen tödlich enden sollte. Aus diesem Grunde hatte er sein Tier ins Gebirge verpflanzt.

Gamsfett, in der Sprache der Jäger Gamsunschlitt genannt, verhindert das Wundlaufen der Füße. Diese Heilwirkung wird auch heute ärztlicherseits bestätigt. In heißer Milch aufgelöst, wurde das Gamsfett als Heilmittel gegen die Schwindsucht empfohlen. Hierzu wurde aber als notwendig erachtet, daß er der Gams im „Frauendreißiger", d. h. in der Zeit zwischen dem 15. August und dem 12. September, erlegt wurde.

Die edlen Eingeweide einer Gemse: Herz, Lunge und Leber einer im „Frauendreißiger" erlegten Gams, galten als besonders heilkräftig. Sie wurden im Ofen gedörrt, zu Pulver zermahlen und dann, in Wein aufgelöst und mit allerlei Zutaten vermischt, getrunken.

Sogar der Brunftdrüse des Gamsbockes wurde besondere Heilkraft zugeschrieben. Sie befindet sich hinter den Krucken am Haupt des Tieres. In der Brunftzeit, im November, sondert sie ein nach Moschus riechendes Sekret ab. Diese Drüse, auch Brunftfeige genannt, einer Wöchnerin in die Hand gegeben, lindert die Geburtswehen und wirkt gleichzeitig gegen die eheliche Untreue.

In einem Gedicht aus dem Jahre 1683 hat Johann Joachim Becher die Heilkraft der verschiedenen Organe des Gamswildes aufgezählt:

Die Gembs

Die Gembs auff Bergen steigt und sonder Schwindel springt
Der Jäger mit Gefahr nach ihrem Leben ringt.
Er hascht sie endlich und versucht sein eigen Glück.
Sie gibt der Apothek alsdann sechs gute Stück:
Das Inschlicht und die Gall, die Leber und das Blut
den Kot, den Gembsenstein, die hält man auch für gut,
1. Das Inschlicht oder Fett, das man aus Gembsen macht,
mit Milch gebraucht, die Lung, die wird zu recht gebracht.
2. Es wird auch aus der Gall ein Wasser präpariert,
das allen Staub und Wust bald aus den Augen führt.
3. Der Bauchfluß wird gestillt und auch zur Ruh gebracht,
wenn man die Gembsenleber zu eim zarten Pulver macht.
4. So man früh nüchtern trinkt das frische Gembsenblut
man sagt, es sei für den Schwindel trefflich gut.
5. Die Gembsenstein, so man die Gembsenkugel nennt
Durch fünfzehn Gran dem Gifft der Weg wird abgerennt.

XII.
Die Gamsjagd im Mittelalter

Die Gamsjagd im Mittelalter

Vorbemerkung

Die Ausführungen dieses Abschnittes stützen sich – teilweise wörtlich, der Originalität wegen – auf den „Wildanger“ von Franz von Kobell und auf das „Geheime Jagdbuch“ des Kaisers Maximilian I., ferner auf den „Weißkunig“, das ist eine vom Kaiser entworfene allegorische Jagderzählung und schließlich auf den „Theuerdank“, eine Jagddichtung von Melchior Pfinzing aus dem Jahre 1517.

Im „Wildanger“, der „Bibel der Bayerischen Jäger“ berichtet Franz von Kobell vom Gamswild, das sicher sein Lieblingswild gewesen ist, folgendes: Im Mittelalter sollen die Gamsbestände in den bayerischen Teilen der Alpen gering gewesen sein, „obwohl die Wildnis noch ungebrochen und wuchernd war“. Er vermutet, daß das Gamswild die besseren Einstände im Nachbarland Tirol bevorzugte, wo es schon in der Zeit Maximilian I., der ein leidenschaftlicher Gemsenjäger war, besonders gehegt wurde. Neben der Wilderei des Almpersonals, mag auch das damals noch häufige Großraubwild (Luchs) eine Ursache für die zahlenmäßig geringen Gamsbestände gewesen sein.

Im Mittelalter war in manchen Gegenden die Jagd für jedermann freigegeben. So heißt es in den „Rechten der Grafschaft Werdenfels“ aus dem Jahre 1431: „Am Kramerberg bei Garmisch darf jedermann jagen, Gamsen, Hasen, Hühner, Bären, Schweine und Eichhörner, ausgenommen Rotwild und das rote Federwild“ (gemeint sind wohl die Fasanen).

Im 15. und 16. Jahrhundert ist fast überall in den bayerischen Bergen ohne Aufsicht gejagt worden. Von einem geregelten Abschießen oder einem Schonen der Gamsgeißen war nirgends die Rede.

Die bayerischen Herzoge kümmerten sich wenig um die beschwerlichen Gemsjagden. Sie besaßen im flachen Lande Hirsche und Sauen im Überfluß. Anders war es in der Steiermark und in Tirol, wo der Kaiser Maximilian I. (gest. 1519) für die Hege des Gamswildes besondere Anordnungen erließ. Im „Weißkunig“ wird erzählt, daß einmal im „Smyrental“ in Tirol, über 600 Gemsen in einem Bogen eingekreist waren und daß davon 183 „gefangen“ wurden.

Der kaiserliche Waidmann besaß alle notwendigen Eigenschaften für die nicht ungefährliche Jagd im Gebirge. Er war kräftig und mutig, außerdem ein trefflicher Schütze und Kletterer, aber „gar fürsichtig, auch hatte er keinen Schwindel in seinem Haupt nit“.

Er jagte im Inntal, im Steinacher Tal, am Achen- und Heiterwangersee. Oft ließ er Hirsche und Gemsen in den See sprengen und, wenn gerade „nichts angeschwommen kam“, vergnügte er sich mit dem Fischfang.

Der Kaiser hat alle Gefahren und Abenteuer eines Gemsenjägers erlebt. Er bestieg die schärfsten Wände und schwang sich mit dem „Schaft“ über Felsenklüfte. Ein paar Mal war er nahe daran, von herabrollenden Steinen erschlagen zu werden: einmal nahm ein Stein seinen Hut mit, ein ander Mal wurde er an den beiden Spannadern verletzt, während sein Begleiter, von einem Stein getroffen, besinnungslos zusammenbrach. Er hätte sich zu Tode gefallen, wenn ihn nicht der Kaiser gehalten hätte. Ein tödlich getroffener Gamsbock hätte ihn wieder ein ander Mal mit in die Tiefe gerissen, wenn er nicht beim Herunterstürzen durch das Aufprellen auf einem Felsvorsprung über ihn hinweggeflogen wäre:

„Darauf der Held ohn Hindernuß
tat auf den Gemsen einen Schuß
so daß der Pfeil durchs Herz hinaus
dem Tiere fuhr, indes mit Graus
herunterfiel auf ihn gerad.
Doch gab der Höchste seine Gnad,
daß dieser Gems rührt in dem Fall
ein Stein, darum er überall
am Berg den Helden nicht berührt
daraus hat Er groß Glück gespürt,
so er hat jederzeit gehabt:
Denn hätte Ihn der Gems ertappt
samt seinem Knecht, so wäre Er
der Theuerdank gfallen mehr
denn hundert Klafter in ein Tal.“

Das Abenteuer des Kaisers an der Martinswand ist bekannt. Dort mußte er zwei Tage und eine Nacht ausharren. Es wird uns auch berichtet, wie Gamswild, das sich an einer kaum zugänglichen Stelle eingestellt hatte, mit dem Schaft (d. i. eine Lanze zum Stechen) aus der Wand „geworfen“ wurde. Es dürfte sich in diesem Falle wohl um angeschossenes oder von Hunden gestelltes Wild gehandelt haben.

Im Jahre 1495 schreibt der Kaiser an seinen Vetter, den Erzherzog Sigmund von Tirol: „Wir haben den Fürstentag zu Worms am Rhein gekürzt und Ihn in das Gebirge gelegt zu den wilden Gemsen“. Dann lädt er den Erzherzog zu dem „ungeheueren Gemsgejaid“ ein. Viele deutsche Fürsten seien geladen und es heißt weiter: „Ich hoff zu Gott, daß das Schallen der Hörner und das Jagdgeschrei den Türken und allen bösen Feinden in den Ohren klingen wird.“

Erst um die Mitte des vorigen Jahrhunderts sind von G. von Karajan jagdliche Anweisungen, geschrieben von des Kaisers eigener Hand, entdeckt worden. Es ist dies das „Geheime Jagdbuch“. Aus diesen Aufzeichnungen geht hervor, daß der kaiserliche Jäger auch über die Ausrüstung des Gemsenjägers und über die notwendigen Vorsichtsmaßregeln im Gamsgebirg wohl unterrichtet war:

„Graue und grüne Kleidung sollst Du zur Jagd nehmen, halb grau und halb grün, geviertelt, denn dies ist für die Hirschen und Gemsen die beste Farbe. Vor allem sollst Du feste Fußeisen mit sechs Zacken tragen! Kein Fürst darf eine Felswand besteigen, da es wegen des Steinschlages zu gefährlich ist.

Immer sollst Du zwei Paar Schuhe mitführen und vier Leisten:

Wenn bei Schnee Deine Schuhe naß werden, kannst Du sie über dem Leisten trocken werden lassen und die trockenen anlegen. Damit Steine nicht hineinfallen, sollen die Schuhe oben mit Riemen verschnürt sein. Allzeit sollst Du Dir eine Hirnhaube in einem Waidsack nachtragen lassen, damit Du im Gebirge gegen Steinschlag gesichert bist. Auch ein gutes Seil sollst Du mitführen.

Du sollst Dir einen Leibrock mit abgeschnittenen Ärmeln machen lassen, nur so lang, daß er über die Hüfte hinabreicht.

Wams und Leibrock sollen einen hohen Kragen haben, damit beim Schliefen durch die Latschen deren Nadeln Dir nicht auf den bloßen Hals und Rücken fallen. Im Wams und im Leibrock soll vorne ein Schlitz sein, in dem Du Dein Taschentuch verwahren kannst. Ein Brusttuch aus Scharlachstoff soll Dich gegen die bösen Winde schützen.

Zwei Paar Handschuhe sollst Du bei Dir haben. Kleine dünne nach der Hand geschnitten, vorne an den Fingern offen, damit die Luft dazu kann, wenn Du schwitzest. Wollene Handschuhe sollst Du anlegen, wenn die anderen am Schaft glitschen.

Auch wollene Socken sollst Du mitführen lassen, damit Du im Schnee diese über Schuhe und Hosen anlegen kannst.

Bei großer Hitze sollst Du ein Pfauenhütlein tragen, das mit Taft überzogen ist. Sonst aber ein graues Hütlein mit umgeschlagener Krempe und einem Band daran, daß es der Wind nicht mitnehmen kann.

Wenn starker Wind weht, nimm eine Kappe aus halbseidenem Taft, und bei Regen und Schnee eine wollene Kappe.

Ferner brauchst Du ein breites Jagdschwert und ein mittelgroßes Horn mit hellem Klang, dazu noch ein kurzes breites Schwert und ein Messer, auf welchem ein Schnitzer und ein Pfriem.

Außerdem laß mit Dir führen zwei gute Schäfte, einen langen und einen mittleren, mit vier und dritthalb Klafter Länge. Beide Schäfte sollen gleich stark sein. Sie müssen aus Naturholz bestehen und dürfen keinesfalls aus einem stärkeren Stück herausgeschnitten sein.

Auf die ganze Länge soll der Schaft gleichmäßig stark sein, damit er sich nicht verbiege. Oben sollen gute, zäh gestählte Tillmesser*) angebracht sein.

*) Tillmesser sind die eisernen Lanzenspitzen, die am unteren Ende in einer Röhre endigten und die auf den Schaft gesteckt wurden: Tille, Tülle = Röhre, Öffnung.

Deine Schäfte sollen in einem langen Kasten aufgehängt werden, damit sie nicht krumm werden. Lasse sie auch mit grober Leinwand überziehen. Zur Gamsjagd sollst Du ein junges Saumroß nehmen, das ein oder zwei Jahre Erz über das Gebirge getragen hat und so an bergiges Gelände gewöhnt ist. Laß es verschneiden, damit es ruhig und bedächtig geht." Für die Jagd wurden im frühen Mittelalter nur die Armbrust, ein Speer und ein Jagdschwert benutzt. Der Speer wurde nur selten geworfen, in der Regel diente er zum Stoßen: Wenn sich das Gamswild vor dem Hund an einem zugänglichen Platz stellte, pirschte sich der Jäger an und „warf" dann das Wild mit dem Schaft aus. Es war dies eine Übung, die viel Geschick und Kraft erforderte.

Der Kaiser verstand sowohl mit dem Schaft wie auch mit der Armbrust gut umzugehen. Er kannte auch die Gefahren der Berge und war sich der Verpflichtung bewußt, Leben und Gesundheit dem heiligen römischen Reich deutscher Nation zu erhalten. Dies beweisen die folgenden Empfehlungen: „Du sollst allzeit einen oder zwei Jäger vor Dir die Berge hinangehen lassen, damit sie Dich führen und die Wege prüfen. Du sollst, wenn es die Berge hinangeht, ganz vorne vor Deinem Gefolge gehen.

Geht es die Berge hinab, dann laß alle *vor* Dir gehen und bleibe Du zu hinterst, einen oder zwei ausgenommen, die neben Dir gehen, denn immer werden Steine losgetreten.

Wo Du Deinen Anstand wählst und Du dort lange verweilen willst, lasse eine kleine, grüne Hütte, die Du mitführen läßt, aufbauen und auch einen Stuhl zum Zusammenschrauben, damit Du ruhen kannst bis der Treib kommt. Dort kannst Du auch in Ruhe Dein Wasser abschlagen."

Der Oberstjägermeister des Kaisers, namens Jann Hilland, erhielt genaue Anweisungen für die Zäune, die zum Schutz der Äcker vor Rotwild und Sauen errichtet werden durften: „Er soll nirgends einen Zaun oder anderes, das dem Wildbret schaden könnte oder seinen Lauf hindern, errichten lassen. Den Bauern soll gestattet sein Zäune zu machen, doch müssen diese aus Schindeln (= Spälterzäune) und Ästen verfertigt sein." Aus des Kaisers „Geheimen Jagdbuch" erfahren wir auch manches von der Treffsicherheit: „Der große Waidmann hat mit seiner Hand in einem (1) Jahr 32 Hirsche, 41 Gemsen und 300 Enten erlegt". Es ist dies für den vielbeschäftigten Kaiser und die damaligen Waffen eine sehr beachtliche Jahresstrecke. „Mit einem (1) Falken hat er in einem Fluge vier Reiher erbeutet. Wenn der Falke einen herabgetragen hatte, fuhr er wieder hinauf und schlug den zweiten. Ein ander Mal hat der Kaiser mit 104 Schüssen 100 Enten erlegt und mit einem Bolzen 26 Hasen, ohne ein Mal zu fehlen."

Im Jahre 1617 veranstaltete Herzog Albrecht von Bayern in Berchtesgaden eine Gamsjagd zusammen mit seinem Bruder Ferdinand, der Kurfürst von Köln und Fürstprobst des Augustinerchorherrnstiftes Berchtesgaden war. Ein gutes Gamsrevier war auch Hohenschwangau. Dort hielt im Jahre 1671 Ferdinand Maria, der Vater des „Blauen Königs“ Max Emanuel, eine Gamstreibjagd. Nach dem Bericht des Forstmeisters J. Brandstätter hatte er in seinem Revier im Jahre 1726 einen Bestand von etwa 150 Gemsen. Daraufhin reiste am 21. Juni (!) 1727 der Kurfürst Carl Albrecht dorthin um sich der Gamsjagd zu widmen: Es wurden zwei große Bogen getrieben und insgesamt 48 Gemsen erbeutet, wovon 26 lebend in den Wildgarten nach Nymphenburg gebracht wurden. 550 Treiber wurden für diese beiden Bogen benötigt. Bei einer Jagd in Großweil am Kochelsee, die für Kurfürst Maximilian III. angestellt, wurden im Jahre 1752 38 Stück Gams darunter 10 Kitze erlegt. – Die Rechnungen des Benediktinerklosters Tegernsee weisen für die Jahre 1768–1782 nur 29 Gemsen aus. Der Klosterjäger Adam Mayer hatte im Jahre 1760 folgende Strecke abgeliefert:

5 Luchse (!)
3 Hirsche
7 Rehe (!)
2 Gemsen (!)
3 Edelmarder
1 Haselhuhn
1 Hausmarder
1 Fuchs
1 Hase

Es scheint damals der Bestand an Luchsen im Raum Tegernsee doch recht beachtlich gewesen zu sein. Die Auswirkungen auf seine Beutetiere (Gams und Reh) bedürfen keiner näheren Erläuterung.

Die Klosterherrn achteten übrigens auf waidgerechtes Jagen und duldeten nicht, daß mit Schrot auf Gamswild „geplenkelt“ wurde. Dies zeigt eine Anordnung aus dem Jahre 1711: . . . sollen die „Schredtpixen“, bei Verlust der jährlichen Besoldung in dem Gebirg zu tragen, verboten sein, ausgenommen auf dem Hahnfalz, Hasenpirsch und Fuchswarten.

Erst im 19. Jahrhundert stieg der Gamsbestand in Bayern an. Es war dies eine Folge der Hegemaßnahmen des jagdfrohen Königshauses.

In den Blaubergen bei Bad Kreuth wurden im Jahre 1820 100 Gemsen erlegt. 1821 hielt König Max I. eine Jagd im Königstal bei Berchtesgaden. Die Beute bestand aus 95 Gemsen. Bis zum Jahre 1848 wurde auch das Gamswild anläßlich von „eingestellten Jagen“ erbeutet.

Der Sohn von Max Joseph I. führte die sogenannten „freien Treiben“ ein, bei denen auch für das Wild gewisse Chancen für ein Entkommen bestanden. Die „eingestellten Jagen“ benötigten oft Wochen der Vorbereitung mit vielen Treibern und Abwehrern und waren sehr kostspielig.

Kobell hatte die Härte des Gamswildes, gegenüber den Unbilden des Winters und sein Ruhebedürfnis, erkannt. Er schreibt: „Die Gemsen vermehren sich schnell, wenn sie der gehörigen Ruhe auf ihren Standorten genießen, denn sie sind das einzige Wild, welches von den harten Wintern verhältnismäßig wenig Schaden erleidet. Sie finden auf den steilen Hängen, von welchen die Lawinen abstürzen, oder unter den Felsen und Schirmbäumen, die den Schnee abhalten, immer noch Äsung, während Hirsch und Reh zu Tal getrieben ohne Fütterung häufig erliegen.

Die Wildstandsübersicht von Tegernsee aus dem Jahre 1800 weist einen Gamsstand von 20 Stück auf. Im Jahre 1847 war dieser Bestand auf 650 Stück angewachsen. Ähnlich liegen die Verhältnisse in Hohenschwangau: aus 100 Stück im Jahre 1820 wurden im Jahre 1853 1200–1500 Stück.

Diese Vermehrung hat aber ihre Grenze, die von der Örtlichkeit bedingt ist. Auch das Gamswild verlangt wie jedes Wild, für seinen Standort eine gewisse Größe. Wird der Wildbestand zu groß, so wechseln die Tiere in einen anderen Gebirgsteil. Bei gehörigem Gemsstand muß also, zum Vorteil der Jagd, ein bestimmter Abschuß vollzogen werden."

Franz von Kobell hatte schon damals den Zusammenhang von Wilddichte und Lebensraum klar erkannt.

XIII.
Der alpine Lebensraum und seine Bewohner

Der alpine Lebensraum und seine Bewohner

Der alpine Lebensraum umfaßt jene Höhenzone der Alpen, die beginnend am oberen Rande des Wirtschaftswaldes, in einer Höhenlage von 1400–1500 Metern, sich über die Gürtel des Kahlgebirges und der Gletscher bis zu den Gipfeln fortsetzt. Den Übergang vom Wirtschaftswald nach oben bilden licht stehende Waldbestände – meist Alpenwald genannt – aus Fichten, Lärchen und Zirben. Mitunter sind einzelne Vogelbeerbäume und Bergahorn eingesprengt. Nach oben schließt an den Alpenwald der Almengürtel an, der schließlich in Latschenfelder und in das kahle Felsgebirge übergeht. Alle diese Landschaftsformen, einschließlich der Gletscher, fallen unter den Begriff „alpiner Lebensraum".

Besonders reizvoll in dieser Zone sind die aufgelassenen Almen, die verhältnismäßig rasch wieder in Wald übergehen. Dort siedeln sich Laub- und Nadelhölzer in bunter Mischung an: An den Laubhölzern stellen sich der Bergahorn, die Vogelbeere, verschiedene alpine Weidenarten und allerlei Strauchwerk ein. Die Nadelhölzer sind durch Lärche, Fichte, Zirbe, Latsche, Wacholder und Zwergwacholder vertreten. Auch ohne die Hilfe des Menschen würden sich die Hochlagen allmählich bewalden und die Waldgrenze nach oben wandern, insbesondere, wenn die Schafweide aufhören würde. Das in den letzten 100 Jahren erfolgte Absinken der Waldgrenze nach unten, um etwa 100 Höhenmeter, darf nicht dem Schalenwild angelastet werden: Im Sommer finden Rot-, Stein-, Gams- und Rehwild in den Hochlagen hochwertige und mineralstoffreiche Äsung, so daß sie keine Not leiden und auch keine Veranlassung haben, Holzpflanzen zu verbeißen. Im Winter ist in jenen Lagen die Schneedecke so hoch, daß das gesamte Schalenwild gezwungen ist, sich andere Einstände und Äsungsplätze zu suchen. Ehedem wanderte das Rotwild den Flußläufen entlang in die Täler, das Gamswild wechselte auf steile Süd- und Südwesthänge. Das Steinwild, eine sehr harte Wildart, verbringt den Winter an Südhängen in Höhenlagen über 2000 Metern, über der winterlichen Nebelschicht. Wie das Gamswild bevorzugt es sonnenseitige Hänge, an denen der Schnee rasch abtaut oder abrutscht.

Das Rehwild hält sich nur kurze Zeit in der Alpenwaldzone auf. Schon Ende September wandert es ins Tal und beäst dort manchmal im Rudelverband die herbstlichen Wiesen.

Eine Besonderheit bildet das Murmeltier, das die Almzone bis zum Rand des Kahlgebirges bewohnt und dort seine Baue hat. Es ist ein reiner Pflanzenfresser, der an Forstpflanzen keinerlei Schaden anrichtet. Den Winter verbringt es schlafend in seinem Bau, verläßt diesen für kurze Zeit an sonnigen Spätwintertagen.

Nur kurze Zeit teilen die im Vorstehenden aufgeführten Tiere den hochalpinen Lebensraum mit dem Gamswild. Alle diese Tiere sind imstande, den harten

Bergwinter zu überstehen, sei es, daß sie ihm ausweichen und äsungsreichere Lagen aufsuchen (Rotwild, Rehwild), oder daß sie in der Lage sind, durch Speicherung von Feist gewisse Hungerzeiten zu überwinden und den Bewegungsaufwand gering zu halten (Gamswild, Steinwild, Murmeltier).

Das Rotwild hält sich nur in den Sommermonaten in den Hochlagen der Berge, um der Fliegenplage im Tale zu entgehen. Es bevorzugt ruhige, schwer zugängliche Dickungen an schattigen Stellen als Feisteinstände und die mineralstoffreiche Äsung auf den Almen und in den Hochlagenwaldungen. Noch vor 200 Jahren war der Rotwildbestand in den Alpen sehr gering: Die Erlegung eines Hirsches bildete fast eine Sensation. Besser mit Rotwild besetzt waren die Vorberge, aber auch von hier wanderte das Rotwild im Winter ab, hinaus in die Möser und Flußauen, die damals weit zahlreicher waren als heute. In jener Zeit war ein erheblicher Unterschied in der Wildbret- und Trophäenstärke zwischen dem Berghirsch und dem Flachlandhirsch, der beispielsweise das ganze Jahr über in den Donauauen stand und nachts in die Getreidefelder wechselte. Die winterliche Fütterung, die im bayerischen Gebirge vor etwa 150 Jahren eingeführt wurde, hat es dem Rotwild ermöglicht, auch den Winter im Gebirge zuzubringen. In gut gepflegten Hochgebirgsrevieren hat heute das Rotwild in Wildbret- und Trophäenstärke das Rotwild des Flachlandes fast erreicht, teilweise sogar schon übertroffen: Äsung, Sonne und Ruhe sind die drei wichtigsten Faktoren, die starke Hirsche wachsen lassen.

In der Rangordnung steht der Hirsch über dem Gams: Oft kann man ein Stück Rotwild – auch Kahlwild – beobachten, wie es aus Futterneid (?) einen Gams vom gemeinsamen Äsungsplatz verjagt. Von einer Äsungskonkurrenz kann man eigentlich zwischen den beiden Tierarten nicht sprechen, da dem Gamswild immer genügend äsungsreiche Lagen zur Verfügung stehen, die das Rotwild wegen seiner Steilheit nicht aufsucht.

Solange genügend Nahrung vorhanden, äsen beide Arten selektiv. Im Notfall stellt sich das Rotwild schneller um als das Gamswild, das immer „heikel" bleibt. Auch in Notzeiten nimmt das Gamswild an Futterstellen nur bestes Futter an. Es wäre falsch zu behaupten, daß das Gamswild Futterstellen nicht besuchen würde. An anderer Stelle wurde bereits eingehend dargelegt, daß künstliche Fütterung des Gamswildes einen Rückschritt darstellen würde.

Im Sommer kommen häufig Rehwild und Gamswild auf Almen zusammen. Das Gamswild, das rangstufenmäßig höher als das Rehwild steht, ist ihm gegenüber duldsam. Im übrigen ist das Rehwild nur wenige Wochen in der dem Gamswild vorbehaltenen Zone.

Weniger gut vertragen sich Steinwild und Gams: Beide bewohnen den Sommer über die gleichen Höhenlagen und die gleichen Einstände. Allerdings werden Almen, die das Gamswild im Frühjahr und im Herbst mit Vorliebe aufsucht, vom Steinwild selten beäst. Das Steinwild ist weniger anpassungsfähig als der Gams, der vom

Etwa drei Jahre alter Gamsbock im Oktober. (A)

Der Gams ist neugierig wie die Hausziege. Dieser Bock hat etwas Ungewöhnliches entdeckt und ist hoch geworden. (P)

Jahrling.

Ein „Einkruckiger“,
Sommergams, 11 Jahre alt.

Der weibliche Jahrling bleibt auch im zweiten Lebensjahr bei seiner Mutter; der helle Keulenfleck bei der Geiß ist ein Zeichen von Jugend. Er ist nicht geschlechtsgebunden. (P)

Bewohner der Felsregion zum Waldtier („Waldgams") werden kann. Das Steinwild bleibt ein Bewohner des kahlen Felsgebirges. Es braucht Sonne und Höhenlagen über 2000 Metern.

Das Gamswild hält vom Steinwild immer einen gewissen „Respektabstand". Nie äsen die beiden Tierarten in unmittelbarer Nähe.

Dagegen finden wir das Murmeltier oft in unmittelbarer Nähe eines Gamsrudels. An das häufige, scheinbar oft grundlose Pfeifen des Murmeltieres, hat sich der Gams gewöhnt und faßt keineswegs jeden Murmeltierpfiff als Warnsignal auf.

Irgendwelche „freundnachbarliche Beziehungen" zwischen Gams und Murmeltier bestehen allerdings nicht.

Zu den Bewohnern des „Gamsgebirges" gehören auch die Rauhfußhühner: Auerwild, Birkwild und Schneehühner. – Bei der Morgenpirsch tritt man oft einen großen Hahn los, der dann mit Gepolter arbeitet. Das fröhliche Balzen des Birkhahnes kann man im Frühjahr und Herbst auch untertags hören. Die Schneehühner werden häufig im Herbst zur Zeit der Gamsbrunft angetroffen, wenn sie durch ihr weißes Winterkleid im braunen Lahnergras auffallen.

Eine ausgesprochene Notzeit bildet der Bergwinter für den Schneehasen, der bei hoher Schneelage kaum Nahrung findet und sich oft einschneien läßt, um seinen Wärmehaushalt und seinen Bewegungsaufwand gering zu halten. Seine Hauptnahrung bildet im Winter das abgefallene Laub der Vogelbeere und das braune Lahnergras auf Graten und freigewehten Hochflächen. Auch in schneereichen Wintern bleibt der Schneehase in den Hochlagen.

XIV.
Außeralpine Gamsvorkommen

Das Gamswild im Schwarzwald

Von Werner Sattler, Freiburg

Herkunft und Begründung des Bestandes

Aus mündlicher Überlieferung, aber auch aus gelegentlichen schriftlichen Aufzeichnungen, ist bekannt, daß der Gams im 14. Jahrhundert im Schwarzwald heimisch war. Einige präparierte Gams, erlegt 1887 im Höllental und um 1900 am Feldberg, sind als Beweisstücke noch heute zu sehen. Systematisch betriebene Nachforschungen über die Herkunft dieses Urbestandes ergaben, daß der Gams offenkundig über Fernwechsel aus dem nahen Alpenraum einwanderte und bei dem günstigen Biotop, das er hier vorfand, auch blieb. (siehe Karte)!
Solche Fernwechsel sind bekannt
von Osten

a) aus dem Allgäu über den nördlichen Bodenseeraum – Heiligenberg – Immendingen – Wutachgebiet – Südschwarzwald,
b) aus der Nordschweiz über den westlichen Bodenseeraum (Überlingen) – Bodanrück – Singen – Wutachgebiet – Südl. Schwarzwald und

von Süden

aus der Nordschweiz über den Raum Waldshut durch die Täler der Alb, Wehra, Schwarza – Wutachgebiet nach dem Südschwarzwald.

Diese oben angedeuteten Fernwechsel werden auch heute, trotz totaler Veränderung der ursprünglichen Landschaft (Waldrodung, Verkehrswege, Besiedelung, Industrie), eingehalten, wobei man den Eindruck hat, daß jeweils nur *Zu*wanderungen erfolgen. Wasserläufe wie der Rhein, ja selbst der Bodensee, bedeuten dem wanderfreudigen Gams kein Hindernis. Der Gams rinnt bekanntlich ausgezeichnet und ausdauernd. Fischer zogen in den dreißiger Jahren einen erschöpften Gams aus dem Bodensee bei Unteruhldingen. Der Gams hatte auf seinem Wege aus der Schweiz kommend den sog. „Überlingersee" durchronnen, er ließ sich willig in den Fischerkahn nehmen und an Land setzen.

Wiedereinbürgerung

Neuzeitliche Hegegedanken begannen sich um 1900 durchzusetzen. Der Plan begeisterter Forstmänner, Jäger und Naturfreunde, die im Schwarzwald nur noch in Resten vertretene Wildart wieder heimisch zu machen, führte nach eingehender Prüfung zu einem Aussetzungsversuch mit *Waldgams.* Insgesamt wurden in den Jahren 1935–1939 in mehreren Abschnitten 10 Böcke und 11 Geißen, also 21 Stück, im Zastlertal unterhalb des Feldberges ausgesetzt. Die ausgesetzten Stücke stammten ausnahmslos aus der Steiermark und zwar aus dem südöstlich von Leoben gelegenen Hochalmgebiet um 1400 m NN (Urgestein). Die noch vorhandenen Akten des damaligen Gaujägermeisters von Baden über die Aussetzungsaktion, lesen sich heute wie ein spannender Roman.

Die „Neubürger" lebten sich rasch und problemlos ein, fanden sie doch in den Fels- und Geröllhalden des Zastlertals, im schützenden Wald, mit den angrenzenden Matten und „Weidfeldern", optimale Lebensbedingungen.

Lebensraum

Das Einstandsgebiet kann heute, wie folgt, fest umrissen werden: (siehe auch Karte)

Feldberggebiet mit Zastler – St. Wilhelm-Wiesental (mit „Brücke" zum Belchengebiet) – Oberes Albtal – Bernau – Menzenschwand – Feldseekar – Höllental (mit „Brücke" zum Kandelgebiet und Mittelschwarzwald). Höhenlage zwischen ca. 700 in Tallagen und 1500 m NN am Feldberg. Das Gebiet umfaßt derzeit etwa 35 Jagdbezirke mit einer Jagdfläche von rd. 16 000 ha. Etwa 66 % davon sind Wald, der Rest hauptsächl. Hochweiden und Wiesen. Auf dieser Fläche stehen etwa 75 % des vorhandenen Gesamtbestandes an Gams, der Rest außerhalb, auf mehr oder weniger großen Inseln mit loser Verbindung zum Haupteinstandsgebiet.

Das Kerngebiet der Einstände konzentriert sich auf das ehemalige Aussetzungsgebiet im staatl. Forstbezirk Kirchzarten. Die damaligen Initiatoren hatten offenkundig ein gutes Gespür für den richtigen Biotop. Heute stehen dort bei einer Waldfläche von 3 500 ha und 300 ha Weiden, i.g. auf 3 800 ha Gesamtjagdfläche im Sommer ca. 280 Stück Gamswild. Auch wenn das Nahrungsangebot auf Urgesteinsböden mit einer alpinen und subalpinen Pflanzendecke ein breites Spektrum von der krautreichen Bodenflora über Gräser bis zu Knospen, Blüten, Blättern, Nadeln und Triebspitzen der Waldbäume und Sträucher umfaßt, so ist hier, selbst unter optimalen Bedingungen, der derzeitige Bestand doch offenkundig übersetzt. Die Gamswilddichte beträgt 7,4 Stück/100 ha.

Wintersnot

Wie wir auch bei den anderen Schalenwildarten beobachten, kann der Winter dem Gams im Schwarzwald wenig anhaben. Eine feste Schneedauer, die man im Hochgebirge mit einkalkulieren muß, spielt hier keine so wichtige Rolle. Die starke Gliederung der Einstände durch Steiltäler mit Nord- und Südhängen lassen den Gams leicht auf günstiger gelegene schneefreie Plätze ausweichen. Ab November ist mit Frost, ab Dezember bis April voll mit Schneelage zu rechnen.

Einstandsgebiet Feldberg, Wanderungen, Fernwechsel

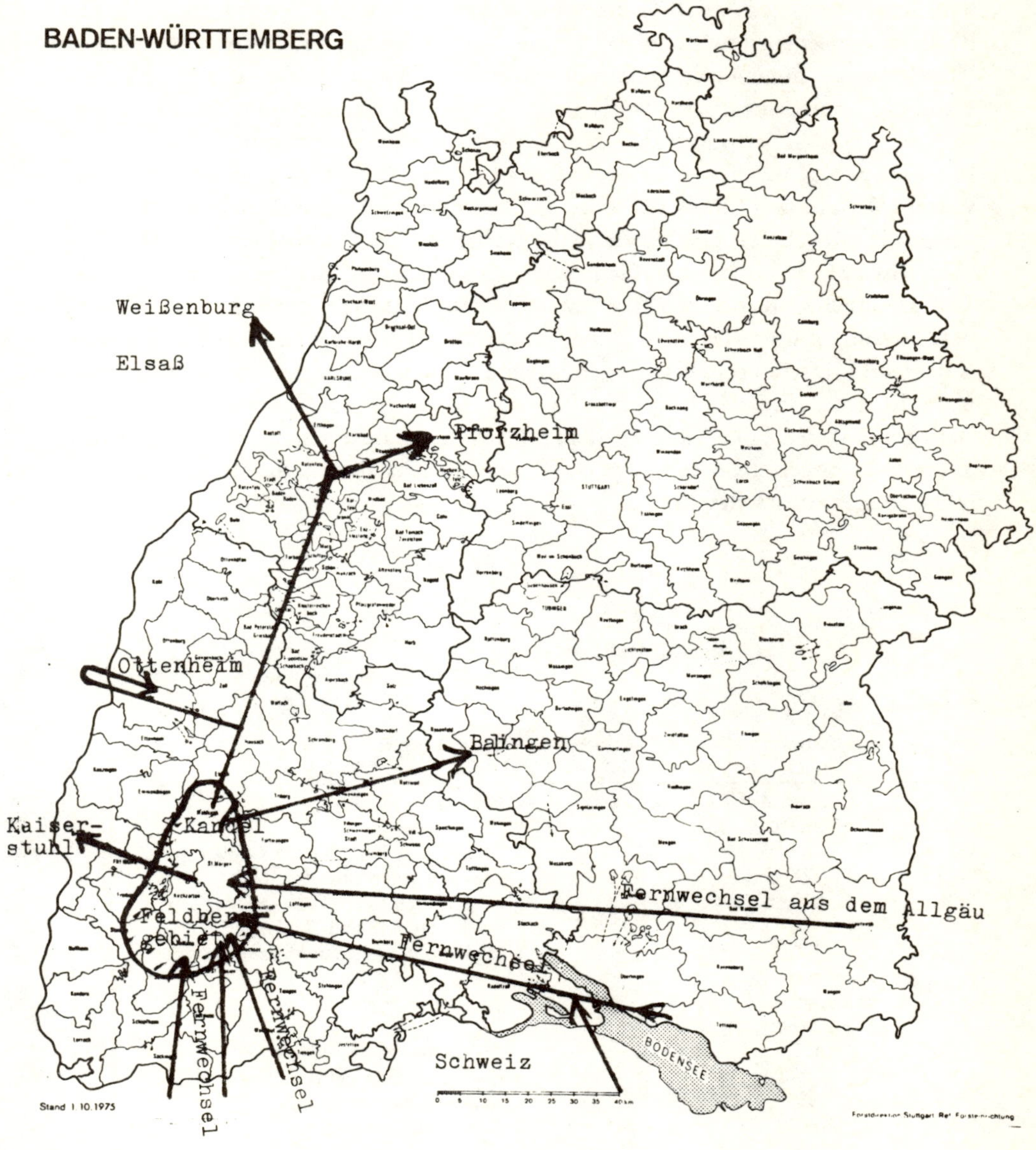

Wanderungen (siehe auch Karte)

Die Wanderungen des Gamswildes, die Suche nach neuen Einständen, scheinen heute einen gewissen Abschluß erreicht zu haben, nachdem kräftige Eingriffe in den Bestand zwischen 1960 und 1965 eine Verminderung brachten. Die meisten Wanderungen, aus dem Kerngebiet des südlichen Schwarzwaldes, sind in den Zeiten starken Populationsdruckes zwischen 1955–60 zu verzeichnen. Wanderungen führen z. B. den Schwarzwaldkamm entlang nach Norden bis in die Gegend um Pforzheim–Vaihingen, wo 1954 ein Gams auf der Autobahn „verunfallte". Eine weitere Wanderung führt noch über den Nordschwarzwald hinaus nach Westen, vermutlich durch den Hardtwald Nähe Karlsruhe, über den Rhein nach Weißenburg (Elsaß), wo 1957 ein Gamsbock irrtümlich als Rehbock erlegt wurde. Wanderungen sind auch zu verzeichnen aus dem Mittelschwarzwald nach Westen, bei Ottenheim über den Rhein, ins Elsaß und wieder zurück (1957) und an den Kaiserstuhl. Darüberhinaus dringt der Gams aus dem Schwarzwald nach Osten vor über Rottweil hinaus. Offenkundig wird ein geringes Gamsvorkommen bei Balingen auf der Zollernalb aus dem südschwarzwälder Gamsbestand im Raum Triberg–Villingen–Rottweil gespeist. Ein Fernwechsel aus dem Osten (Allgäu) ist hier weniger wahrscheinlich.

Die Bestandsentwicklung sieht wie folgt aus:

Jahr	Bestand (Schätzung) Stück	Nutzung (erlegt u. Fallwild) Stück	Bemerkungen
bis 1935	Urbestand 5 Stück	0	entstanden durch Zuwanderung
1935bis 1939	21	0	Aussetzung 10 Böcke, 11 Geißen (Bestandsaufstockung)
1945	120	12	erlegt durch Besatzungstruppen bei Kriegsende und Wilderei
1949	240 (Verdoppelung innerhalb von 5 Jahren!)	–	Jagdverbot aufgrund Abkommen mit französ. Forst. und Jagdverwaltung
1951	300	7	Erlangung der Jagdhoheit; Beginn vorsichtiger Bejagung
1955	1000	127	starke Gebietserweiterung
1960	1500	202	Bestandszahlen sind mit
1965	1670	264	allem Vorbehalt zu be-
1970	1300	174	handeln. Mehrfachzählung
1975	1400	268	nicht ausgeschlossen

Geschlechterverhältnis

Nach Berechnungen für das Kerngebiet (z. B. Forstamt Kirchzarten), beträgt das GV derzeit 1:1.5; es dürfte dies auf den in den Vorjahren zu starken Eingriff beim männlichen Wild zurückzuführen sein. Nach Beobachtungen und vorsichtiger Schätzung der Jagdbehörden liegen in den übrigen Jagdbezirken des Gamsvorkommens die Verhältnisse ähnlich. Leider scheint der Wunsch vieler Neulinge auf Erbeutung eines Gams*bockes* im Vordergrund zu stehen.

Zuwachs

Die Zuwachsverhältnisse lassen sich nur schwer ermitteln, da bislang exakte Zählungen des Frühjahrsbestandes nicht stattfanden, bzw. mißlungen sind. Man ist daher nach wie vor auf Schätzungen angewiesen. Auffällig ist aber, daß selbst bei gewissenhaft durchgeführten Bestandsaufnahmen in einigen Revieren, die Zuwachsberechnungen nach keiner der bekannten Methoden zutreffen. So bleibt der rechnerische Zuwachs nach HENNIG, KNAUS und GRUSCHWITZ ganz erheblich hinter dem hier ermittelten zurück. Am ehesten trifft noch die PRAGER'sche Formel (4o % der Geißen) zu. Die zwischen 1950 und 1960 im Schwarzwald gemachten Beobachtungen, daß Geißen überwiegend oder doch vielfach Zwillingskitze führen, konnten in jüngster Zeit nicht mehr bestätigt werden.
Die Winterausfälle scheinen im Schwarzwald erheblich geringer zu sein als in den Alpen.

Die Wilddichte (Frühjahrsstand)

Im Kerngebiet des Einstandsgebiets beträgt die Wilddichte, bezogen auf die Jagdfläche,

in den letzten Jahren zwischen	4,2 (1973) und 5,6 (1977);
richtiger bezogen auf die Waldfläche als Einstand	4,6 (1973) und 6,0 (1977).
Bedenkt man, daß dies einer Wilddichte nach dem Sommerstand von	6,9 (1973) und 8,0 (1977)

entspricht und daß neben dem Gamswild noch mindestens ebensoviele Stücke Rehwild oder mehr auf der gleichen Gesamtjagdfläche ihren Einstand haben, dann ergibt sich für den forstlichen Bewirtschafter eines solchen Bezirks, gleichgültig ob es sich um Staatswald, Gemeinde- oder Privatwald handelt, ein wenig erfreuliches Bild. Deshalb mußten in den letzten Jahren unverhältnismäßig hoch erscheinende Eingriffe in den Bestand vorgenommen werden.

Sommerstand, Abschußauftrag und Vollzug:

Jahr	Sommerstand Stück	festgesetzter Abschuß	Stück	erlegt einschl. Fallwild
1973	242	67	28 %	64
1974	255	78	30 %	71
1975	252	89 +	35 %	89
1976	262	100	38 %	100
1977	283	100	35 %	100

Trotz dieser hohen Eingriffe (z. T. wurde das Doppelte des theoretisch errechneten Zuwachses erlegt), steigt der Gamsbestand noch immer an. Sollte selbst die PRAGER'sche Formel hier nur Näherungswerte bringen? Eher jedoch scheint die Bestandserfassung unzutreffend, zu nieder.

Abschußplanung

Da die Erfahrung gezeigt hatte, daß, zumindest in den Haupteinstandsgebieten, die Abschußplanung, unter Zugrundelegung rein theoretischer Zuwachsfaktoren, nicht praktikabel war, orientiert sich die Planung heute notgedrungen am Sommerstand. Unter Berücksichtigung der standörtlichen Gegebenheiten und der forstwirtschaftlichen Situation in den einzelnen Revieren (waldbauliche Zielsetzung, Umfang der Wildschäden und der Forstschutzmaßnahmen gegen Wild) werden Schwerpunkte gesetzt. Wie Anfang der sechziger Jahre bereits mit gutem Erfolg praktiziert, erhofft man auch jetzt, mit der Auflockerung der Gamsbestände, die Verhinderung übermäßiger Wildschäden und eine Senkung der hohen Forstschutzkosten zu erzielen.

Wildschäden

Über die Waldschädlichkeit des Gamswildes im Schwarzwald bestehen unter Fachleuten keine Zweifel. Auf diesen Umstand wurde schon *vor* der geplanten Aussetzung durch führende forstliche Stellen (Reichsforstamt) aufmerksam gemacht. Verbißschäden sind nicht nur an der Tanne in Kulturen und Naturverjüngungen festzustellen, sondern auch an der überall reichlich vorhandenen Fichte, welche letztere dann den klassischen Pyramidenschnitt aufweist, wie wir ihn im Rotwildgebiet oft finden. Douglasien, die auf trockenen Steil- und Geröllhalden noch gut gedeihen und im Schwarzwald oftmals die einzige Lösung der Aufforstungsfrage darstellen, werden gefegt. Selbst durch Drahthosen geschützte Forstpflanzen werden rücksichtslos verbissen; im Winter bei hoher Schneelage wird der Terminaltrieb von oben „gekappt". Oft bleibt nur die Zäunung übrig, die jedoch in

Steillagen unverhältnismäßig aufwendig oder aus technischen Gründen undurchführbar wird. Neben den direkten Schäden entstehen solche indirekt durch Erosion. Der Verlust des spärlichen Erdreichs in Steilhängen und Geröllfeldern bedeutet für den forstlichen Wirtschafter eine schwere Beeinträchtigung der waldbaulichen Bewegungsfreiheit. Leider erkennt der forstlich nicht „vorbelastete" Privatjäger diese Dinge noch viel zu wenig. Auch hier ist der Hebel für die künftige Zusammenarbeit mit der Jägerschaft anzusetzen.

Abschußdurchführung – Koordinierung

Die im Gamsgebiet tätigen Jäger erlangen nur schwer die Qualifikation, die erforderlich ist, einen wirtschaftlich angemessenen, gesunden Bestand mit einem artgerechten, soziologisch richtig geschichteten Rudelaufbau, unter gleichzeitiger Berücksichtigung weiterer Schalenwildarten, herbeizuführen. Die geringe Größe der Reviere und die fehlende Kommunikation mit den Nachbarn sind ein weiteres Hemmnis. Die Jagdbehörden, nach der Gebietsreform mit viel zu umfangreichen Kreisen „bedacht" und mit nicht eingearbeiteten Fachleuten besetzt, stehen vor der schweren Aufgabe, fachlich zu beraten, aufklärend zu helfen und planend zu wirken. Ein „Gamshegering" auf freiwilliger Basis, seit einiger Zeit tätig, hat zusammen mit der Forstverwaltung einen Teil dieser Aufgabe übernommen. Erfolge werden dort sichtbar, wo der Schwerpunkt der neuen Planung auf den untersten Altersklassen liegt und hier wiederum überwiegend bei den weiblichen Stücken (Zuwachsdrosselung). Ein in dieser Hinsicht vorbildlicher Beitrag wird im Kerngebiet bereits geleistet. Im Gesamtabschuß des Jahres 1975/76 mit 146 Stück Gamswild sind 36 Kitze, 13 Jahrlingsböcke und 24 weibliche Jahrlinge enthalten. Es sind dies genau 50 % des gesamten Abschusses. Der Schwerpunkt liegt beim weiblichen Wild. Daß ein solcher Eingriff in die untersten Altersklassen notwendigerweise die durchschnittlichen Wildbretgewichte „drückt", sei zur Erläuterung der folgenden Tabelle bemerkt.

Wildbretgewichte

Die Durchschnittsgewichte aufgebrochener Stücke ohne Haupt wurden von 652 Stück ermittelt:

Jagdjahr	Gamsböcke		Gams-geißen	Jahrlinge		Gamskitze
	vor Brunft	nach Brunft		Böcke	Geißen	
	kg/Stück	kg/Stück	kg/Stück	kg/Stück	kg/Stück	kg/Stück
1960–1967	25.3	20.2	18.7	15.0	14.7	9.4
1976/77	22.5	19.7	18.1	15.6	13.8	8.8

Gewichte über 25 kg sind nicht selten. Von 14 Böcken 1976 sind 4 mit über 25 kg, davon zwei mit ca. 28 kg festgestellt.

Der Gams im Schwarzwald scheint trotz der guten Standortsverhältnisse alpine Spitzengewichte nicht zu erreichen.

Der Gesundheitszustand

des Schwarzwaldgams ist als zufriedenstellend anzusehen. Stärkerer Befall mit Lungen- und Magenwürmern, wie dies bei der starken Population um 1960 festgestellt wurde, ist nach dem Radikalabschuß aller kranken oder krankheitsverdächtigen Stücke nicht mehr beobachtet worden. Jedoch findet man beim Aufbrechen mitunter Bandwurmfinnen. Daß der Gams nicht immun ist gegen die Tollwut, dürfte bekannt sein. Wiederholt sind tollwutpositive Gams festgestellt worden. Sie kommen regelmäßig aus dem Belchengebiet, das ein starkes „Reservoir" tollwutinfizierter Füchse sein dürfte. Die Krankheitserreger der Gamsräude und der Gamsblindheit sind hier unbekannt. Sie könnten theoretisch nur durch die auf Fernwechseln einwandernden Gams eingeschleppt werden. Die Obere Jagdbehörde in Freiburg hat aus diesem (und keinem anderen) Grunde den vor Jahren geplanten Aussetzungsversuch von Gamswild auf der Zollernalb bei Balingen nicht gutheißen können. Mit einem isolierten Gamsvorkommen dort wird u. U. eine künstliche „Brücke" zum Gamsvorkommen im Alpenraum geschaffen, eine Verbindung, die sich verheerend auswirken könnte.

Trophäen

Die Güte der erbeuteten Trophäen läßt noch zu wünschen übrig, wenn man Maßstäbe anlegt an das, was hierzulande „wachsen" kann. Bei den Trophäenschauen wird zu Recht bemängelt, daß noch immer bestveranlagte junge Böcke der Altersstufe 4–7 und ebensolche Geißen gezeigt werden. Wirklich alte reife Stücke sind verhältnismäßig selten zu erbeuten, da ja der Bestand noch „jung" ist. Immerhin hängen in den guten Stuben der Förster und Jäger hierzulande und auch über dem Kamin so manchen Jagdgastes der Forstverwaltung Trophäen von selten gesehener Stärke, um 100 bis 110 Punkte. Die „Rekord-Geiß" aus dem Jahre 1963 – Jagdbezirk Todtnau – (siehe Bild) hat 119.6 Punkte. Sie war auf der internationalen Jagdausstellung 1963 in München ein vielbeachtetes „Prunkstück".

Sogenannte Pechkrucken sind verhältnismäßig selten zu sehen, da die Kiefer als Pechlieferant weitgehend fehlt. Da und dort finden sich bei Gamsjägern gut gehütete kapitale Bärte von „autochthonen" Schwarzwaldgams. Selten wird der „Wachler" aufgesteckt, meist nur im kleinen Kreis gezeigt. Gute Bärte mit Reif sind schon deshalb selten, weil um die Zeit, da der Gams hier einen solchen richtig ausbildet, die Jagdzeit bereits zu Ende ist (15. Dezember).

Mehr und mehr wird dazu übergegangen, gute Decken im ganzen zu gerben; eine sinnvolle Verwertung der sonst mit einer Mark vom Händler bezahlten „wertlosen" Decke.

Abschließend kann für den Schwarzwaldgams gesagt werden, daß der Bestand bei „vernünftiger" jagdlicher Bewirtschaftung und Berücksichtigung der neuesten jagdwissenschaftlich gesicherten Ergebnisse sich wird halten, ja sogar wird verbessern lassen. Um dieses Ziel zu erreichen, sind derzeit Gespräche zwischen Forst- und Jagdbehörden, Jagdwissenschaftlern und Jagdpraktikern im Gange. Dabei soll

a) das „Gamsgebiet" näher festgelegt und abgegrenzt,
b) die Wildbestandsaufnahme besser koordiniert und auf eine sicherere Basis gestellt,
c) eine andere Altersklassen- und Güteklasseneinteilung vorgenommen,
d) gemeinsame Hegerichtlinien erlassen und Hegemaßnahmen ergriffen,
e) gemeinsame Trophäen- und Lehrschauen durchgeführt und
f) eine wissenschaftliche Auswertung aller zugänglichen Daten vorgenommen werden.

Das Gamswild in den Vogesen

Als der zweite Weltkrieg ausbrach, war der Gamsbestand im Schwarzwald (etwa 30–40 Tiere) im Aufbau begriffen. Bis zum Jahre 1945 hatte sich die Zahl der ausgesetzten Tiere ungefähr verdoppelt. Der weitere Bestand dieser Kolonie war noch nicht gesichert. Auf jagdkameradschaftlichem Wege konnte von der Besatzungsmacht (Frankreich) die Zusicherung erreicht werden, daß dem Gamswild vollständige Schonung durch die in Deutschland jagenden französischen Wehrmachtsangehörigen zuteil würde. Diese Zusage wurde in vorbildlicher Weise eingehalten.

Als Gegenleistung wurde die Lieferung eines Einbürgerungsbestandes von Gamswild für das benachbarte Elsaß-Lothringen (Vogesen) versprochen. Diese Zusage ist im Jahre 1956 eingelöst worden. 11 Stück Gamswild wurden der französischen Jagdbehörde übergeben.

Als Einbürgerungsgebiet wurde der Raum um den „Gebweiler Kopf" ausgewählt und zum „Nationalen Schutzgebiet" erklärt. Dort und auch in den benachbarten Revieren wurde der Abschuß von Gamswild untersagt. Die französische Jägerschaft betrachtete die Einbürgerung des Gamswildes als eine willkommene Bereicherung der Jagdstrecke und brachte der Schonung des Gamswildes volles Verständnis entgegen. Das Gamswild wurde in seinem neuen Einstand bald sehr vertraut und hielt sehr geringe Fluchtdistanzen. Diese trugen viel dazu bei, dem Gamswild die Sympathie der nicht jagenden Wildfreunde zu gewinnen.

Es möchte unentschieden bleiben, ob es sich in diesem Falle um eine Neu- oder eine Wiedereinbürgerung handelt. Sicher kam in vorgeschichtlicher Zeit – vielleicht sogar noch um die Zeit vor Christi Geburt – Gamswild in den Vorgesen vor. Fossile Funde beweisen das Vorkommen von Gamswild sogar im Raum von Paris.

Das gewählte Aussetzungsgebiet liegt in einer Höhenlage von 1200–1400 Metern. Die Berggipfel sind runde, kahle, mit Gras bewachsene Rücken. Die Waldbestokkung bilden Buchen und Bergahorn, in tieferen Lagen stockt die Tanne. Auf lichten Stellen samt sich gerne die Vogelbeere an.

Im Jahre 1976 hatte der Gamsbestand eine Höhe von etwa 600 Tieren erreicht und man entschloß sich, die Bejagung in diesem Jahre in verschiedenen Revieren *um* das Schutzgebiet freizugeben. *Im* Schutzgebiet selbst wurde nicht gejagt!

Schon vor dem Beginn der Einbürgerung ist die Frage der Bejagung eingehend besprochen worden. Man hatte sich geeinigt, die Bejagung erst dann zu gestatten, wenn das Gamswild in seiner neuen Umgebung Standwild geworden wäre und der Bestand eine ungefähre Höhe von etwa 500–600 Tieren erreicht hätte. Schon im Frühjahr 1973 war zu erkennen, daß die Einbürgerung gelungen war und daß die Freigabe der Gamsjagd kurz bevorstehen würde. Damals schätzte man den Bestand auf etwa 400 Gemsen. Laufend vergrößerte das neue Wild seine Einstände. Im Jahre 1973 traten die ersten Verbißschäden auf, da das Gamswild den Wald als seinen bevorzugten Einstand wählte. Diese Änderung der Lebensweise hatte man eigentlich nicht erwartet.

Nachdem die genauen Begründungsdaten und auch die Fallwildzahlen festgehalten wurden, konnte auch der Jahreszuwachs ermittelt werden. Schon im Jahre 1968 stellte man fest, daß sich der Bestand alle vier Jahre verdopple und ermittelte einen jährlichen Zuwachs in Höhe von 19–24 % des Gesamtbestandes.

Heute hat das Gamswild in den Vogesen bereits eine Fläche von 500 qkm erobert. Im Herzen dieses Raumes liegt das Schutzgebiet, in dem die Jagd noch immer ruht. Seine Wilddichte wird mit „forte" bezeichnet. Dort stehen 5 Stück Gamswild auf 100 Hektar. Für ein Waldgebiet ist damit die obere Grenze der Belastbarkeit erreicht, wenn die forstlichen Schäden ein gewisses Maß nicht übersteigen sollen. Es kommt aber auch Rehwild im Gamsgebiet vor. An die Zone mit der Wilddichte 5/100 ha schließt sich ein schmaler Gürtel an, der mit 2 Stück Gamswild je 100 Hektar besetzt ist. Die laufende sorgfältige Überwachung der Ausbreitung des Gamswildes machte es möglich, eine gewisse Reihenfolge in der Freigabe der Bejagung unter den einzelnen Revieren einzuhalten. Schwach besetzte Reviere wurden erst 1977 mit einer Gamsabschußfreigabe bedacht.

Bei der Eröffnung der Gamsjagd tauchte im dortigen Raum eine Reihe von Problemen auf: Das Gamswild war für alle Revierinhaber ein fast unbekanntes Tier.

Verschiedene Jäger zeigten wenig Interesse an dieser neuen Wildart, andere wiederum versuchten ihre Rehwilderfahrungen auf das Gamswild zu übertragen. Ein Teil der Jäger war begeistert über die Bereicherung ihrer Jagdstrecke und insbesondere über die geringen Fluchtdistanzen.

Die Abschußfreigabe findet nach einem Abschußplan statt. Entsprechend der Zahl der freigegebenen Stücke wurden Wildmarken ausgegeben, die sofort nach der Erlegung am Tier angebracht werden mußten.

Im 1. Jahr der Jagdfreigabe kamen 49 Stück Gamswild zur Strecke. Da das Gamswild in den Vogesen sich in seiner Lebensweise grundlegend vom Gamswild in den Alpen unterscheidet, dürfte es notwendig werden, besondere Hege- und Abschußrichtlinien aufzustellen.

Vor allem wird man sich über das vorgesehene endgültige Verbreitungsgebiet des Gamswildes klar werden müssen. Auch sollte in Waldgebieten eine Wilddichte von 5 Stück je 100 Hektar keinesfalls überschritten werden. Vielleicht wäre zu versuchen, das Gamswild durch Pflege und mineralstoffreiche Düngung der begrasten Bergkuppen mehr auf die Freiflächen zu locken. Dort sollte es so wenig wie möglich beunruhigt werden, während der Schwerpunkt der Bejagung in den Wald zu verlegen wäre.

Unter keinen Umständen dürften Salzlecken im Walde errichtet werden, da dann das Gamswild noch mehr als bisher sich im Walde halten würde. Auch die Futterstellen von Rot- und Rehwild wären im Gamsgebiet aufzulassen: Es ist nämlich zu befürchten, daß im Laufe längerer Zeit das Gamswild diese Futterstellen im Winter besuchen würde.

Es müssen alle Möglichkeiten ausgenutzt werden, das Gamswild weitgehend in die Hochlagen zu bringen, in denen keine forstlichen Schäden auftreten werden. Auch die abhaltende Wirkung von Schutzanstrichen bei Forstpflanzen (Teeren) wäre zu erproben.

Vor einer Überbewertung der durchschnittlichen Wilddichte wäre zu warnen! Immer treten, lokal begrenzt auf kleinem Raum, höhere Wilddichten auf. Dort verursacht das Gamswild erhebliche Schäden durch Verbiß der Weißtanne. Keine Wildart verteilt sich gleichmäßig auf größere Räume! Immer werden bestimmte Höhen und Hanglagen bevorzugt. In diesen bevorzugten Einständen muß intensiv gejagt werden, wenn Schäden vermieden werden wollen. Vorläufig sind in den Vogesen folgende Grundgedanken festgelegt worden:

„Aufhebung des ursprünglich erlassenen Jagdverbotes für Gamswild.
Festlegung einer Schußzeit, beginnend am 23. August und endigend am 2. Februar.
Beibehaltung der Kontrolle des Abschusses durch die Ausgabe von Wildmarken und Überwachung des Abschußvollzuges.
Einführung einer Pflichtkontrolle für das erlegte Tier und seine Trophäe."

Nach einem neuen Bericht zeigen die Vogesen-Gams ein außergewöhnlich gutes Gedeihen zur Freude der dortigen Jäger und sehr zum Leidwesen der Forstleute. Auch scheint es den Wald als Einstand zu bevorzugen. Mit Recht sind daher die Forstleute um die dort noch häufig vorkommende Weißtanne besorgt, deren natürliche Verjüngung durch das Gamswild erheblich erschwert wird.

Die Kruckenbildung beim dortigen Gamswild übertrifft alle Erwartungen: In den Jahren 1975 und 1976 wurden die nachstehenden Kapitalkrucken erbeutet:

Punktzahl	Alter	
110,5	3	(!) (? Der Verfasser)
109,1	15	
108,4	6	
105,3	8	
80,8	1	(!)

Auch der Jahrling mit 80,8 Punkten wäre ein Kapitaler Bock geworden! Wenig Interesse zeigen bis jetzt die Vogesenjäger für den Gamsbart. Etwas unsicher ist man noch in der Ansprache des Alters.

Die Brunft spielt sich zwischen dem 10. und dem 20. November ab. Die Kitze werden in den ersten Maitagen gesetzt.

Bemerkung des Verfassers: Es ist unverständlich, warum die Schußzeit nicht den dortigen klimatischen Verhältnissen angepaßt wurde: Eine Schußzeit vom 1. Juli – 31. Dezember wäre vermutlich bei den günstigen Äsungsverhältnissen sicher tragbar gewesen.

Aufgabe der nächsten Jahre wird es sein, die unbewaldeten Kuppen zu pflegen, so daß sie bevorzugte Äsungsplätze des Gamswildes, mindestens im Sommer werden.

Anmerkung: Die vorstehenden Ausführungen stützen sich auf einen Bericht, den Forstingenieur Quinquerez François, der erste Leiter des Gamsschutzgebietes am Gebweilerkopf, dem Verfasser, dankenswerter Weise, überlassen hat.

Das Gamswild im Elbsandsteingebirge

Die zahlreichen, im Elbsandsteingebirge vorhandenen Felsgebilde, waren im Mittelalter Veranlassung für die Einbürgerung von Gamswild. Im Jahre 1555 erteilte Kurfürst August von Sachsen seinem persönlichen Vertrauten Franz Kram den Auftrag, lebendes Gamswild zu beschaffen. Das Beispiel des Kaisers Maximilian I., der ein leidenschaftlicher Hochgebirgsjäger war, mag mit Veranlassung gewesen

Gamskitz im Herbst. (H)

Gamsrudel in den Vogesen, das im Winter sich im Wirtschaftswald einstellt und, wie hier auf dem Bilde, nach Bucheckern sucht. (H)

Geiß und Kitz haben etwas Beunruhigendes eräugt. (P)

Eine „bockkruckige“ Geiß. Die Erlegung einer alten Geiß bereitet dem echten Jäger ebenso viel Freude wie die eines Bockes.

Gamsfährten beim langsamem Ziehen im Schnee: Bewegungsrichtung von links nach rechts. (H)

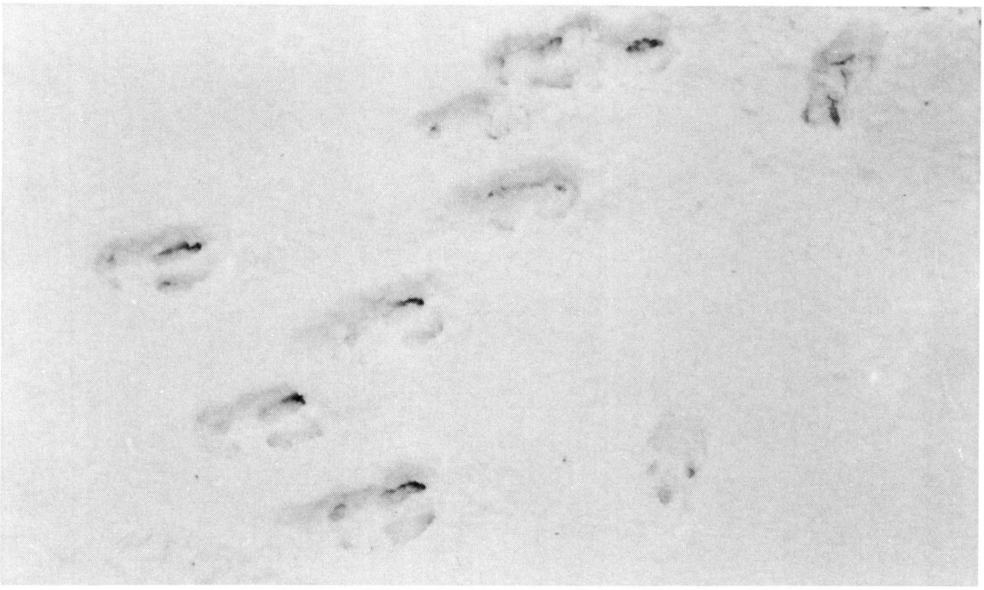

Gamsfährten im Schnee beim leichten Troll. Die Afterklauen zeichnen sich ab. – Bewegungsrichtung von links nach rechts, leicht bergab. (H)

Vierjähriger Gamsbock mit Schalenentartung. Schalenlänge 18 cm! Gewicht (aufgebrochen): 24 kg. Erlegt in Piesendorf bei Salzburg am 26. Oktober 1966. (Das Bild wurde freundlicherweise vom Haus der Natur in Salzburg zur Verfügung gestellt.)

Gamsfährten auf festem Boden: Bewegungsrichtung von links nach rechts. (H)

sein für die Absicht des Kurfürsten, die Felsen des Elbsandsteingebirges mit Gamswild zu bevölkern, um dann auch ähnlich kühne Jagden veranstalten zu können.

Die Bemühungen des Franz Kram scheiterten und die ganze Sache geriet vorerst in Vergessenheit.

Im Jahre 1690 wurde dieser Gedanke zu neuem Leben erweckt, als der Fürsterzbischof von Salzburg, Graf von Thun, dem Kurfürst von Sachsen Gamswild schenkte. Unter den Reichsfürsten war es zu jener Zeit üblich, sich mit Wild für die gezäunten Jagdreviere, die „Wildgärten", zu beschenken. Leider hat dadurch mancher autochthone Rotwildbestand unwiederbringlich seine reine Linie verloren.

Das Land Salzburg war zu jener Zeit sehr gut mit Gamswild besetzt, da die Fürsterzbischöfe von Salzburg mit aller Strenge gegen die Wilderer vorgingen. In Sachsen war ein „Gembsengarten" vorbereitet worden. Aus unbekannten Gründen ist dieser Einbürgerungsversuch mißlungen. Nur ein Teil der Tiere erreichte überhaupt lebend das Reiseziel. Vermutlich hatten sie beim Fangen tödliche Verletzungen erlitten. Auch der Streß des damaligen Transportes mag mitgewirkt haben.

In den Jahren 1907–1913 entschloß sich Fürst Kinsky zur Einbürgerung von Gamswild in der sächsischen Schweiz. In Bayern, Tirol, Niederösterreich und in der Schweiz wurde Gamswild angekauft und in die Sächsische Schweiz gebracht. Diese Maßnahme hatte Erfolg. Der Fürst entschloß sich daraufhin zu weiteren Wildankäufen und ließ das Gamswild in der böhmischen Schweiz aussetzen. Diese Tiere kamen wiederum aus dem Land Salzburg, vermutlich vom Untersberg.

Im Jahre 1943 hatte dieser Gamsbestand eine Höhe von etwa 150 Tieren erreicht. Diese Vermehrungsrate liegt allerdings erheblich unter dem in freier Wildbahn beobachteten Wachstum eines Gamsbestandes. Trotzdem wurde in diesem Jahre der Abschuß von 26 Tieren vollzogen: Es wurden mehr Geißen als Böcke erlegt, um das Geschlechterverhältnis zu verbessern.

Gegen Ende der dreißiger Jahre entschloß sich die sächsische Staatsforstverwaltung zur Einbürgerung von Gamswild.

In ein vorbereitetes Eingewöhnungsgatter, in Hinterhermsdorf, wurden in den Jahren 1937–1940 fünf Böcke und 2 Geißen gebracht. Als im Jahre 1944 ein Sturm das Gatter beschädigte, wanderte das Gamswild ab und schloß sich dem böhmischen Rudel an.

Kurz vor Kriegsende war der Bestand in Böhmisch-Kaunitz auf etwa 170 Tiere angewachsen. Die Kriegs- und Nachkriegswirren verminderten ihn allerdings auf 115. Seitdem dürfte sich der Bestand bestimmt wieder verdoppelt haben, insbesondere, weil die Standortverhältnisse wesentlich günstiger sind als in den Alpen. Auch sind dort Zwillingskitze häufiger. Krucke und Wildbretgewicht erreichen jedoch nicht den Alpendurchschnitt. Es mag sein, daß die geringe Sonnenintensität mit eine Ursache für das geminderte Gedeihen ist.

An den Touristenverkehr im dortigen Raum hat sich das Gamswild gewöhnt, zeitweise wandert es zwar in ruhigere Einstände ab. Hervorragend sind die Äsungsverhältnisse im Winter: Heidel- und Preißelbeere, Heide und Birkenanflug liefern ausreichende hervorragende Winteräsung. Auch die Dauer des Winters und die Schneehöhen bleiben erheblich hinter den alpinen Verhältnissen zurück.

Die vorerwähnten Einbürgerungen sind ausschließlich aus jagdlichen Gründen vorgenommen worden. Das Gleichgewicht zwischen Äsungsangebot und Gamsstand sollte laufend überwacht werden, damit rechtzeitig beim Auftreten forstlicher Schäden der Gamsstand in den Schadensräumen vermindert werden kann. Sicher aber wird der Anblick des Gamswildes allen Wanderern Freude bereiten.

Biologisch und ökologisch betrachtet sind Neueinbürgerungen stets mit einer gewissen Zurückhaltung zu beurteilen, da sie immer einen harten Eingriff in einen bereits besetzten Lebensraum darstellen und unter Umständen die Nahrungsgrundlage der vorhandenen Tierarten gefährden können. Sollte dieser Fall eintreten, dann dürfte man auch vor einem scharfen Eingriff nicht zurückschrecken.

Die Einbürgerung des Gamswildes in Neuseeland

Die beiden neuseeländischen Inseln darf man als das klassische Land der Wildeinbürgerung bezeichnen. Bei seiner Entdeckung war Neuseeland nur von wenigen Tierarten besiedelt: Die Säugetiere fehlten vollkommen. Auch der Anbau von Getreide war unbekannt. Dagegen waren beide Inseln sehr waldreich.

Die ersten Siedler kamen aus England und Schottland und waren jagdlich passioniert. Zur Schaffung einer zusätzlichen Ernährungsgrundlage und auch um den Siedlern eine Jagdmöglichkeit zu schaffen, entschloß man sich zur Einbürgerung von Wild. 53 verschiedene Säugetierarten sind in Neuseeland in den letzten 150 Jahren eingeführt worden. Auf die verschiedenen Flugwildarten möchte in diesem Zusammenhang nicht eingegangen werden. Es verdient jedoch Beachtung, daß die Regierung nicht unbeträchtliche Mittel ausgibt um den Bürgern das Vergnügen der Jagd zu ermöglichen: Besonders für die Hege und Vermehrung der Fasanenbestände läuft ein umfangreiches Forschungsprogramm.

Leider läßt die Einbürgerung der Säugetiere jede Planmäßigkeit vermissen. An die Herstellung und Erhaltung des notwendigen Gleichgewichtes, zwischen Äsungsangebot und den Pflanzenfressern, dachte niemand. Die Äsung wurde als unerschöpflich betrachtet. Man rechnete auch nicht mit einer so stürmischen Vermehrung aller Tiere, wie sie sich tatsächlich vollzog. Heute vermutet man, als eine der Ursachen für das gute Gedeihen des Gamswildes, die Freiheit von Parasiten, mit der die Tiere in Neuseeland ankamen: Der Transport geschah auf Schiffen und dauerte zwei Monate, wenn nicht länger. Sicher waren strenge Aufträge für die Sauberhaltung der Käfige und die Verpflegung der Tiere erteilt worden. Auch wurde alle Tage der anfallende Kot und mit ihm ausgeschiedene Parasiteneier und Larven entfernt. Möglichkeiten für Neuinfektionen bestanden also auf dem Schiff nicht, weil ausschließlich Heu verfüttert wurde. Die Tiere kamen parasitenfrei am Zielort an. Da aber in Neuseeland vorher keine Tiere mit einer ähnlichen Parasitenfauna vorhanden waren, bestand auch keine Gefahr von irgendwelchen Neuinfektionen. Die Zeitdauer, die vergehen wird bis sich die dortige Parasitenfauna auf die eingeführten Säugetiere umgestellt hat, ist nicht abzuschätzen.

Bei Gamswild haben sich bis heute zwei Krankheiten gezeigt, die in Europa beim Gamswild noch nie beobachtet worden sind: Die Osteoporose, eine Knochenerkrankung und eine Augenerkrankung, deren Erreger in Neuseeland heimisch ist oder aus Japan oder Tasmanien, bei der Einführung der dort heimischen Hirschrassen, miteingeschleppt worden ist.

Heute sind in Neuseeland acht Hirschrassen, Gamswild, Steinwild und der Thar heimisch. Die Vermehrung der Einbürgerung verlief so günstig, daß heute alle eingeführten Säugetiere mit Ausnahme des Wapiti und des Elches als Schadenswild zum Abschuß freigegeben worden sind.

Alle Säugetiere übertreffen in Neuseeland, die in ihrem Ursprungsland gewohnten, Wildbretgewichte und Trophäen. So erreichen beispielsweise die aus Schottland kommenden Hirsche in Neuseeland ein Gewicht von 250 Kilogramm! Auch das Gamswild ist in seiner neuen Heimat stärker als in seinem Herkunftsland, dem Salzkammergut.

Es wurden folgende größeren Säugetierarten eingebürgert:

Wildart	Einbürgerungsjahr	Herkunft
Damwild	1867	Tasmanien, Australien
Weißwedelhisch	1905	Nordamerika
Elchwild	1910	Canada
Gamswild	1907/1913	Österreich
Maultierhirsch	1905	Nordamerika (der Versuch ist mißlungen)
Sambarhirsch	?	Südasien
Axishirsch	?	Südasien
Sikahirsch	?	Japan

Das Gamswild wurde im Gebiet des Mount Cook ausgesetzt und hat sich über die gesamten neuseeländischen Alpen verbreitet. Besonders zahlreich ist das Gamswild am Dartfluß, am Wakatisee und am Motnekafluß im Distrikt Nelson. Dieses Gebiet wird intensiv für die Schafweide genutzt, so daß Gams und Schaf dort als

Äsungskonkurrenten auftreten. Die Schafzüchter sprechen deshalb für den Totalabschuß des Gamswildes. Seine Bejagung wurde im Jahre 1930 freigegeben. In der Zeit von 1930–1957 sind etwa 7000 Stück Gamswild erlegt worden. Die beste bisher erbeutete Krucke wies eine Länge von 29 Zentimetern auf und kann sich mit den Weltrekordkrucken messen. Erst in den letzten Jahren erwachte in Neuseeland die Jagd nach der guten Trophäe. Es besteht heute in Neuseeland eine Vereinigung von Jägern, die sich bemüht, europäische Jagdgepflogenheiten einzuführen: New Zealand Deer Stalker Association ist ihre offizielle Bezeichnung.

Im Interesse des Waldes und der Schafweide hat man sich bereits entschlossen die verschiedenen Wildarten in der Reihenfolge ihrer Schädlichkeit zu vermindern. Vor allem gilt es, das Rotwild, das Gamswild und den Thar bevorzugt abzuschießen. Aber auch Damwild und Weißwedelhirsch sind in einer ökologisch nicht mehr tragbaren Zahl vorhanden. Infolge der Unbegehbarkeit großer Gebiete ist man gezwungen, vom Hubschrauber aus zu jagen und die Bergung des erlegten Wildes mit dem Hubschrauber vorzunehmen.

Nicht zum Schadenswild zählen Elch und Wapiti. Es mag sein, daß diese beiden Arten Einstände gefunden haben, die weder forstlich noch landwirtschaftlich genutzt werden und in denen Pflanzenarten mit hoher Regenerationsfähigkeit vorkommen.

Die Trennung der Äsungsräume des Wildes von denen der Schafe dürfte kaum durchführbar sein. Dagegen könnte, auf weite Sicht gesehen, versucht werden, das Nahrungsangebot, durch Einbringung wertvoller Futterpflanzen, zu verbessern. Eine solche Maßnahme erfüllt aber nur dann ihren Zweck, wenn vorher eine spürbare Verminderung des Schalenwildes vollzogen wird.

Die Möglichkeit, die Überbestände an Wild durch Führung von Jagdexpeditionen wirtschaftlich zu nutzen, müßte eingehend untersucht werden, da die weiten Entfernungen und die Begehbarkeit des Gebietes unvorherzusehende Schwierigkeiten bringen können.

Das Gamsvorkommen im Schweizer Jura

Bis zum Jahr 1950 war der Schweizer Jura gamsleer. In den Jahren 1950–1962 wurden dort an geeigneten Stellen Gemsen aus den Schweizer Alpen ausgesetzt. Wider Erwarten gewöhnten sich die Tiere in ihrem neuen Lebensraum sehr rasch ein. Heute hat der Gamsstand bereits eine ungefähre Höhe von 3000 Stück erreicht und auch den französischen Jura, bis an den Rhein, besiedelt. Die anfänglichen Zweifel über das Gelingen dieses Planes, wurden auf Grund prähistorischer Funde, die ein Vorkommen des Gamswildes in vorgeschichtlicher Zeit nachwiesen, widerlegt. Das gute Gedeihen dieser Wiedereinbürgerung bestätigt die Eignung des Schweizer und des Französischen Juras als Lebensraum für Gamswild. Die guten, fast immer bei Einbürgerungen gemachten Erfahrungen, haben sich auch hier bestätigt.

H. C. Salzmann, Bern, stellt in einem Aufsatz in der Zeitschrift für Jagdwesen folgendes fest: (Z. Jagdw. 20/1979/S. 105–115).

„Die Böcke aller Alterskategorien und die unausgewachsenen Geißen sind im Vergleich mit Gemsen anderer Herkunftsgebiete eher als schwer zu bezeichnen, adulte Geißen sind dagegen verhältnismäßig leicht. Ausgewachsene Juragemsen haben etwas (Geißen resp. beträchtlich Böcke) größere Schädel als Alpengemsen, sind dagegen gleich groß wie die Gemsen in Neuseeland und im Elbsandsteingebiet. Aus der Tendenz zu Körpervergrößerung wird auf gute Kondition der Individuen, auf eine ausreichende Biotopqualität, insbesondere auf ein gutes qualitatives Nahrungsangebot geschlossen.

Bei Adultgeißen wird dieser Vorteil vermutlich durch die Belastung einer überdurchschnittlichen Fortpflanzungsleistung aufgehoben, so daß der verstärkte Sexualdimorphismus auftritt.

Bezüglich Gehörnwachstum zeigen Juragemsen ein überdurchschnittliches Wachstum in den ersten zwei Altersjahren, auf Kosten des späteren Zuwachses. Dieses Wachstumsmuster dürfte, wie schon bei anderen Artiodaktyla nachgewiesen wurde, mit dem herabgesetzten ersten Setzalter der Juragemsen in Beziehung stehen."

Wie oben schon angedeutet hat das anfänglich gute Gedeihen von Neueinbürgerungen verschiedene Ursachen:

Zunächst dürften die günstigen Äsungsverhältnisse, insbesondere das reichhaltige und vielseitige Nahrungsangebot und die verhältnismäßig milden Winter einen maßgeblichen Einfluß ausüben.

Auch kann die anfänglich geringe Wilddichte kurz nach dem Aussetzen eine nahezu vollständige Parasitenfreiheit der Tiere bewirken:

Endoparasiteneier und Larven werden mit dem Kot ausgeschieden und infolge der Weiträumigkeit des Einstandes nur in ganz seltenen Fällen mit der Äsung wieder aufgenommen.

Neuinfektionen über die Schnecken als Zwischenwirt dürften infolge der Trockenheit des Lebensraumes (Jura) kaum auftreten.

Geringe Wilddichten wirken sich immer positiv auf die körperliche Verfassung des Einzeltieres aus.

Wie es sich auch im Schwarzwald gezeigt hat, können günstige Lebensverhältnisse den Zeitpunkt der Geschlechtsreife und die Vermehrungsrate beeinflussen: Führende dreijährige Geißen und Geißen mit Zwillingskitzen sind im Schwarzwald und auch im Schweizer Jura häufiger als in den Alpen.

Zusammenfassende Betrachtung

Das größte europäische Vorkommen des Gamswildes befindet sich im österreichischen und deutschen Teil der Alpen. Die im Walde durch das Gamswild angerichteten Schäden sind, großräumig betrachtet, von geringer Bedeutung, auch wenn sie mitunter kostspielige biologische Verbauungsmaßnahmen erheblich erschweren können. In keinem Falle erreichen sie das Ausmaß jener Schäden, wie sie vom Rotwild hingenommen werden müssen.

Im Rahmen der großzügigen Planungen, die für den Alpenraum eingeleitet werden, ist wohl eine Verminderung des Rotwildstandes nicht zu vermeiden. Es liegt nahe, die freiwerdenden Räume dem Gamswild zu überlassen, insbesondere weil in den Alpen noch große Räume vorhanden sind, die für die Wiederbesiedlung durch Gamswild geeignet wären. Nachdem aber die gesamten Ostalpen, von kleinen Inseln abgesehen, Gamsräudegebiete sind, wären alle Wiedereinbürgerungen in diesem Gebiet zurückzustellen. Noch hat die Gamsräude das Inntal nicht überschritten. Es sind aber bis heute keine wirksamen Abwehrmaßnahmen gegen die Gamsräude gefunden worden. Der weitere Verlauf dieser Seuche ist nicht vorauszusagen. Die alpinen Gamsbestände von Österreich, Deutschland, Jugoslawien und Italien müssen als räudegefährdet gelten.

Trotz dieser Gefährdung werden heute große Anstrengungen für die Vermehrung des Gamswildes in Jugoslawien unternommen. Nachdem dort die Freiweide von Ziegen und Schafen erheblich eingeschränkt worden ist, bestehen gegen die Wiedereinbürgerung des Gamswildes in diesen Räumen keine ökologischen Bedenken. Voraussetzung ist allerdings die Eignung des vorgesehenen Lebensraumes. Abzulehnen wäre die Einbringung von Gamswild in Waldgebieten und in Karstlandschaften, in denen umfangreiche Wiederaufforstungen vorgesehen sind. Dort würde nämlich auch das Gamswild durch Verbeißen von Forstpflanzen erhebliche Schäden anrichten. In der Kampfzone des Waldes sind die durch Gamswild verursachten Schäden gering, da im Sommer keine Holzpflanzen verbissen werden und im Winter das Gamswild sich in tieferen Lagen aufhält. In Frankreich kommt Gamswild in den Alpen, in den Pyrenäen und in den Vogesen vor. Im Vergleich zu der zur Verfügung stehenden Fläche ist sein Bestand sehr gering. Eine mehr nach biologischen Gesichtspunkten ausgerichtete Bejagung würde wohl in kurzer Zeit die wünschenswerte Vermehrung des Bestandes an Gamswild in den Westalpen bringen.

Überraschend gut gedeiht der junge Gamsbestand in den Vogesen, der seit 1975 nach einem Abschußplan bejagt wird. Leider hat aber das Gamswild nicht nur die kahlen Höhenrücken, sondern auch den etwas tiefer liegenden Wald besiedelt. Auf keinen Fall ist das Gamswild in dem mit einem hohen Tannenanteil ausgestatteten Wirtschaftswald erwünscht.

Ausgesprochen gamsarm sind die italienischen Teile der Alpen: dort ist aber auch die Waldfläche gering. Schaf- und Ziegenweide, sowie der Bedarf an Schiffbauholz der Römer und Venetianer haben in Jahrhunderten die Wälder vernichtet. Es wäre ein verfehltes Beginnen, nach dem „Arche-Noah-Prinzip“ in den kahlen Bergen der italienischen Alpen Gamswild aussetzen zu wollen. Äsung und ein deckungsreicher Einstand wären die notwendigen Voraussetzungen für ein solches Unternehmen. So begrüßenswert es wäre, diese fast wildleeren Räume wieder zu beleben, so muß doch von allen übereilten Schritten abgeraten werden. Es würde den Unwillen der einheimischen Bevölkerung erregen, wenn die Schaf- und Ziegenweide verboten würde, um dem Gamswild Äsungs- und Einstandsmöglichkeiten zu schaffen.

Die Begründung von Gamskolonien

Zahlreiche Erfahrungen haben gezeigt, daß es immer zweckmäßig ist, Wild aus einem dürftigen Standort in einen besseren zu bringen. Der umgekehrte Fall wird nur zu einem Mißerfolg führen. Auch sollte man nicht zwei Wildarten mit den gleichen Standortsansprüchen zusammenbringen! Stets wird die heimische Wildart die neueingebrachte bedrängen. Ferner ist die Rangordnung der einzelnen Tiere von Bedeutung: So meidet Gamswild die vom Steinwild eingenommenen Äsungsplätze. Auch die Gefahr der gegenseitigen Parasitenübertragung darf nicht außer Acht gelassen werden.

Vor einigen Jahren bestand die Absicht, in Colorado (Raum Denver) Gamswild einzubürgern. Da im vorgesehenen Einbürgerungsraum bereits eine Wildschafart vorkommt, wäre dieser Versuch kaum gelungen. Das Wildschaf hätte das Gamswild verdrängt und es auch mit den ihm arteigenen Endoparasiten infiziert. Für diesen Versuch wäre wohl am zweckmäßigsten eine unbewohnte Insel, deren Klimaverhältnisse ungefähr den Alpen entsprechen müßten. Dort hätten unvorherzusehende Entwicklungen jederzeit gestoppt werden können. Auch die Gefahr der Übertragung einer eingeschleppten Seuche wäre leicht zu bannen gewesen.

Bei jeder Einbürgerung von Gamswild muß weitgehend dem Trieb des Gamswildes, sich den täglich und jahreszeitlich schwankenden Witterungsverhältnissen anzupassen, Rechnung getragen werden.

Im Frühjahr und Herbst besucht das Gamswild gerne die Almen, solange diese noch nicht oder nicht mehr befahren sind. Im Hochsommer stellt es sich meist in Hochlagen ein, wechselt aber bei Schlechtwettereinbrüchen in die Alpenwaldzone. An heißen Tagen zieht das Gamswild dem Schatten nach und pflegt auf kleinen Schneeflecken zu ruhen.

Den November, die Zeit der Brunft, verbringt das Gamsrudel dort, wo es zu dieser Jahreszeit noch Äsung findet. Der Bock folgt dem Rudel und nimmt von ihm Besitz. Schließlich, nach Beendigung der Brunft, beziehen Bock und Rudel getrennte Einstände. Gute Wintereinstände sind steile nach Süden und Südwesten geneigte Hänge, auf denen, infolge der Sonneneinstrahlung, die Schneehöhe den ganzen Winter über gering bleibt. Auch Hochflächen und Grate, auf denen der Wind den Schnee beseitigt, bilden für das Gamswild bevorzugte Wintereinstände. Bei hoher Schneelage erfährt der Rudelverband seine Bewährung: Ein Tier allein könnte den Wechsel von Einstand zum Äsungsplatz auch bei geringen Entfernungen gar nicht austreten.

Eine gewisse Vielgestaltigkeit in der Geländeausformung und in der Exposition ist Voraussetzung für die Eignung eines Gebietes zur Einbürgerung von Gamswild: Almen, kahles Felsgebirge, Latschenfelder und licht stehenden Hochlagenwald braucht es zu seinem Gedeihen.

Waldgamskolonien sind aus forstlichen Gründen nicht erwünscht!

Die Hochlagen über der Zone des Wirtschaftswaldes sollen der Einstand des Gamswildes bleiben!

Bei der Neubegründung von Gamskolonien wären folgende Gesichtspunkte zu beachten:

1. Die Belastung des vorgesehenen Gebietes mit Weiderechten für Ziegen und Schafe: Bergstöcke, die mit umfangreichen Schafweiderechten belastet sind, eignen sich nicht für die Einbürgerung von Gamswild. Schafe und Gamswild sind Äsungskonkurrenten! Verschiedene Parasiten kommen sowohl auf dem Schaf, wie auf dem Gamswild vor!

2. Teile von Gebirgen, für welche umfangreiche Aufforstungsprogramme bestehen, müssen für die Einbürgerung von Gamswild ausscheiden!

3. Die Einstellung der Bevölkerung zum Gamswild ist von wesentlicher Bedeutung für den Erfolg einer Einbürgerung. Das Gamswild darf nicht als Äsungskonkurrent der lebenswichtigen Haustiere auftreten! Fremdenverkehrsgebiete sind meist wildfreundlicher als Gebiete, in denen die Weide von Schafen und Ziegen eine wirtschaftliche Notwendigkeit bildet.

4. Die zahlenmäßige obere Begrenzung des künftigen Gamsbestandes und die räumliche Abgrenzung des Einstandsgebietes sollten genau festgelegt werden. Auch wirksame Maßnahmen, die diese Abgrenzungen sichern, wären vorher durchzudenken.

5. Von ausschlaggebender Bedeutung für das Gedeihen eines Gamsbestandes ist immer das winterliche Äsungsangebot.

Zusammenfassend darf wohl festgestellt werden, daß es heute vordringlicher erscheint, die vorhandenen Gamsbestände gesund zu erhalten und der Gamsräude entgegenzuwirken, als neue Gamskolonien zu begründen.

Erst nach der vollkommenen Überwindung der Gamsräude sollte an die Wiedereinbürgerung von Gamswild gedacht werden. Auch die Umwandlung des Bergwaldes in einen arten- und strauchreichen Bergmischwald sollte vorher beendet sein!

Wald und Wild gehören zusammen! Der Aufbau des Waldes muß jedoch so gelenkt werden, daß er auch dem Wilde Einstand und in bemessenem Umfang auch Äsung liefert. Einstand des Gamswildes soll das Felsgebirge bleiben!

Den geringen Schaden, den es im Walde anrichtet, wollen wir gerne tragen, um dieses edle Wild auch der Nachwelt übergeben zu können!

Gott erhalt
Wild und Wald!

XV.
Waidgerechte Ausdrücke

Verzeichnis der gebräuchlichsten waidgerechten Ausdrücke beim Schalenwild

Aalstrich	heißt der dunkle Streifen bei Rot- und Gamswild entlang des Rückgrates.
Abbrunften, abgebrunftet	Nach Beendigung der Brunftzeit haben Rot-, Gams- und Rehwild abgebrunftet. Ein männliches Stück Schalenwild ist abgebrunftet, wenn es während der Brunftzeit an Gewicht verloren hat.
Abfangen	das Töten eines krankgeschossenen Stückes mit dem Hirschfänger durch einen Stich hinter das Schulterblatt in Richtung Herz. Das Abfangen ist heute kaum mehr üblich. Der Fangschuß ist humaner.
Abhalsen	das Abnehmen des Halsbandes beim Hund, wenn er ein angeschweißtes Stück hetzen und stellen soll, heißt abhalsen oder schnallen.
Abkämpfen	Ein männliches, zur hohen Jagd gehörendes Stück verjagt einen Rivalen. Das verjagte Stück ist abgekämpft worden. Für gebrochene Enden beim Hirschgeweih gebraucht man auch den Ausdruck „abgekämpft".
Abkommen	heißt die Zieleinrichtung des Zielfernrohres. Als Abkommen bezeichnet man auch den Punkt des Zieles, auf den beim Brechen des Schusses die Visierlinie gerichtet war
Abknicken	das Töten eines angeschossenen Tieres durch einen Stich mit dem Messer in das Rückenmark zwischen Haupt und erstem Wirbel. Auch das Abknicken sollte durch den humaneren Fangschuß ersetzt werden.
Abnorm	sind alle regelwidrigen Bildungen an der Trophäe.
Afterklauen	sind das hintere Klauenpaar beim Schalenwild. Das Gamswild setzt sie nur beim steilen Bergabwechseln auf.
Äsen	nennt man die Nahrungsaufnahme des Schalenwildes mit Ausnahme der Sauen. Letztere „fressen".
Äser	heißt das Maul des Schalenwildes ausgenommen die Sauen. Letztere haben ein Gebräch.
Äugen	ist das prüfende Mustern der Umgebung mit den Lichtern (= Augen).
Altersringe	sind die unteren Ränder der jährlich sich bildenden Horntüten an der Krucke des Gamswildes.
Annehmen	das Aufsuchen einer Salzlecke oder einer Futterstelle: Das

	Wild nimmt die Lecke an. – In seltenen Fällen nimmt ein angeschweißter Hirsch den Hund an, wenn dieser ihm zu nahe kommt.
Anschuß	d. i. die Stelle, an der sich das Wild im Augenblick der Schußabgabe befand.
Anschweißen	ein Stück Wild so verwunden, daß es schweißt (= blutet) (Schweißfährte).
Ansitz, Anstand	eine meist vorbereitete Sitzgelegenheit um Wild zu erwarten.
aufnehmen	fortpflanzungsfähig sein beim weiblichen Schalenwild
Ansprechen	ein Stück Wild auf Geschlecht, Alter und Gesundheit mit dem Glas oder dem Auszugsfernrohr beurteilen.
Aufbrechen	nennt man das Öffnen der Bauchdecke und das Herausnehmen aller inneren Organe
Aufbruch	die inneren Organe: Edler Aufbruch: Herz, Lunge, Leber, Niere, Milz; Unedler Aufbruch: Der Pansen und das Gescheide (Gedärme).
Aufhaben	Das männliche Schalenwild hat auf, d. h. es trägt ein Geweih; z. B. „der Hirsch hat gut auf" – der Hirsch trägt ein gutes Geweih.
Auslage	der größte Abstand der beiden Schläuche beim Gams oder der Stangen beim Rotwild, bzw. beim Rehbock.
Beschlag, beschlagen	der Akt der Begattung beim Schalenwild; eine beschlagene Gamsgeiß d. i. eine trächtige G. geiß.
Bestätigen	den Einstand oder Wechsel feststellen
Bett	d. s. die Stellen, an denen sich das Gamswild mit Vorliebe niedertut, sodaß dort kein Gras mehr gedeiht.
Bezoarsteine	heißen die im Pansen des Gamswildes vorkommenden Gebilde aus Harz, Erde und Gras. Man nennt sie auch „Gamskugeln".
Blatt	das Schulterblatt. – Der Blattschuß ist ein Schuß auf das Schulterblatt, der meist sehr erhebliche Wildbretzerstörungen verursacht. Besser ist der Schuß „zwei Finger hinters Blatt". Er ist genau so tödlich.
Blädern	der Brunftlaut des suchenden oder erregten Gamsbockes.
Bohne	der einzelne kugelige Körper der Losung von Rot-, Gams- und Rehwild.
Brandadern	d. s. die innen oberhalb des Beckenknochens sichtbaren dunklen Adern, die beim Aufbrechen aufgestochen werden, um das Ausschweißen vollständig zu machen.

Bruch	ein grüner Zweig von Fichte, Tanne, Kiefer, Latsche, Eiche oder Buche, den sich der Jäger nach der Erlegung eines Gamsbockes oder Hirsches an die rechte Hutseite steckt. Der Zweig mit dem der Jäger den Anschuß bezeichnet heißt Hinweisbruch. Er liegt so, daß das abgebrochene Ende in die Fluchtrichtung des beschossenen Wildes zeigt.
Brunft	die Begattungszeit des Schalenwildes. Beim Schwarzwild spricht man von Rauschzeit.
brunftig	ist eine zur Paarung bereite Gamsgeiß
Brunftfeige	das Drüsenpaar hinter den Krucken.
Brunftrute	das männliche Glied beim Schalenwild.
Brunftkugeln	die Hoden.
Decke	die Haut des Schalenwildes; Ausnahme: das Schwarzwild hat eine Schwarte.
Drücken	ein Stück Wild bedächtig in eine bestimmte Richtung treiben; ein Stück Wild drückt sich, wenn es die Treiber vorbeigehen läßt und sich versteckt.
Drossel	Luftröhre
Durchrinnen	durchschwimmen beim Schalenwild.
Eingehen	das langsame Verenden des Wildes.
Einstand	Aufenthaltsgebiet im Revier (Tageseinstand, Wintereinstand)
Fadenkreuz	Visiereinrichtung des Zielfernrohres
Fallwild	Verendetes Wild, das nicht mehr genießbar ist.
Färben, verfärben	der Haarwechsel beim Schalenwild im Frühjahr und Herbst.
Faselzeug	junge nicht schußbare Gams, zu einem Rudel vereint.
Feige	der Geschlechtsteil der Gamsgeiß, für alle Schalenwildarten gebräuchlich.
Feist	das Fett von Rot- und Gamswild.
Feuchtblatt	= Feige, siehe dort.
Flüchten, Flucht	sich schnell entfernen; Flucht = Sprung; der Hirsch macht eine Flucht (= einen Sprung).
Gamsbart	die langen Haare entlang des Rückgrates beim Gamsbock werden zum Gamsbart gebunden.
Gamsradl	die in „Radlform“ gebundene Leithaare des Gamsbockes
Gelt	das weibliche Stück Schalenwild ist gelt, wenn es nicht mehr fortpflanzungsfähig ist. Geltgeiß.
Genossen machen	dem Hund vom frisch erlegten Wild ein Stück Leber, Herz, Milz usw. geben. Dies ist eine gefährliche Unsitte, die

	wegen der Gefahr der Verparasitierung aufzugeben wäre.
Geräusch	Herz, Lunge, Leber.
Gering	schwach; wird für den Wildbretzustand und für die Trophäe gebraucht.
Gescheide	Pansen (= Magen) und Eingeweide.
Graffel	führende Geißen mit Kitzen und Jahrlingen.
Grind	ein unschöner Ausdruck, der durch Haupt zu ersetzen wäre, für den Kopf des Schalenwildes.
Haberl	ein Stehenbleiben („Verhoffen") während des Wegflüchtens. Das Gamswild macht meist ein Haberl, das Rotwild selten.
Hakeln	mit den Krucken kämpfen. Es entstehen dabei Rißwunden.
Hochwerden	aufstehen beim Schalenwild; Gegensatz: sich niedertun.
Hochwild	Schalenwild: Elchwild, Rotwild, Sikawild, Damwild, Gamswild, Steinwild, Schwarzwild. Raubwild: Bär, Luchs, Wolf. Greifvögel: Adler
Jägerrecht	der edle Aufbruch und die Trophäe; zum edlen Aufbruch gehört beim männlichen Trophäenwild auch der Lecker (= Zunge).
Jahresringe	siehe Altersringe.
Jahrling	Gams beiderlei Geschlechts im zweiten Lebensjahr.
Keule	der Schlegel von Rotwild, Gams und Reh.
Kitz	Gams im ersten Lebensjahr; Bockkitz und Geißkitz.
Klagen	das Rufen des Gamskitzes nach seiner Mutter; auch eine schmerzhafte Verletzung kann Anlaß zum Klagen sein.
Kochwildbret	Hals und Wände (= Seitenteile mit Rippen).
Kohlgams	schwarze Varietät der alpinen Gams.
Krank	Verwundetes Wild, sei es durch einen Schuß oder durch eine andere Einwirkung.
Krellschuß	Schuß, der ein blitzartiges Zusammenbrechen des Tieres verursacht. Nur ein sofortiger zweiter Schuß kann den Schützen vor dem Verlust des Tieres bewahren.
Krickel, Krucke	Kopfschmuck des Gamswildes.
Kurzwildbret	die Hoden des Schalenwildes.
Laubbock	ein Gamsbock, der sich bevorzugt in den unteren Lagen des Gamsgebirges aufhält; auch ein Gamsbock, der in den Grünerlen („Laublatschen") seinen Einstand hat, heißt „Laubbock".

Gerne wählt das Gamswild Ruheplätze an Felsvorsprüngen und Graten. An solchen Stellen finden sich oft maulwurfshaufengroße Losungsmengen, die die häufige Benutzung zeigen.

Ältere Steinböcke in der Ruhe.

Zwei starke Steinböcke beim Äsen.

5–6jähriger Steinbock.

Brunftiger Gamsbock: Er flehmt nach oben, zu der dort befindlichen Geiß und stellt die Barthaare. (H)

Im Sommer sucht das Gamswild zur Ruhe oder zum Wiederkauen an heißen Tagen Schneefelder auf.

Lauf	der Fuß des Schalenwildes; beim Schwarzwild heißt der Fuß „Hammer“.
Laufschuß	Schuß in den Fuß.
Lecker	Zunge des Schalenwildes.
Lichter	die Augen des Schalenwildes.
Leitgams, Leitgeiß	ältere das Rudel führende Geiß
Niedertun sich	die Ruhestellung einnehmen.
Oberrücken	Afterklauen
Pansen	der erste Magenteil des Wiederkäuermagens.
Pechkrucke, Pechringe	Gamskrucken, an denen sich mit Erde vermischtes Fichten- oder Latschenharz in dicker Auflage befindet.
Pfeifen	der Warnlaut des Gamswildes. Er wird durch Ausstoßen der Luft durch die Nasenlöcher erzeugt.
Pinsel	siehe Brunftrute
Platzbock	der Gamsbock, dem das Rudel gehört und der jeden Rivalen vertreibt.
Rudel	eine Anzahl führender Geißen, junger Geißen, Jahrlinge und manchmal jüngerer Böcke.
Salzlecke, Sulze	Anlage, an der dem Wild Salz angeboten wird.
Schalen	die Klauen des Schalenwildes.
Scharwild	jüngeres Wild, das meist im Rudelverband angetroffen wird.
Schlauch	der schwarze Teil der Krucke.
Schloß	der Beckenknochen.
Schneeblindheit	eine seltene, vorübergehende Erkrankung des Gamswildes.
Schöpfen	trinken; das Gamswild schöpft selten.
Schweiß	Blut
Setzen	gebären; die Geiß setzt ein Kitz.
Sichern	ältere Stücke jeglichen Schalenwildes prüfen vor Beginn des Äsens und während des Äsens die Sicherheit ihrer Umgebung durch den Gesichtssinn und den Geruchssinn (durch „Äugen und Windholen“).
Spiegel	die Hinterseite des Schalenwildes.
Spinne	das Euter.
Sprengen	das Verfolgen eines Rivalen oder eines weiblichen Stückes.
Standwild	Wild, das das Revier kaum verläßt; Gegensatz Wechselwild.
Standlaut	das Bellen des Hundes, wenn er ein Stück Wild am Verlassen eines Platzes wirksam hindert.
Steherl	siehe Haberl.

Stellen	Gehetztes, meist verwundetes Wild erwartet den Hund und nimmt ihn an mit den Läufen oder mit dem Kopfschmuck.
Stirnzapfen	Knochenzapfen, der beim Gams die Krucke und beim Hirsch und Rehbock das Geweih trägt.
Totverbellen	der Hund bleibt beim erlegten Stück, das er bei der Nachsuche aufgefunden hat und ruft den Jäger durch lautes, andauerndes Bellen.
Totverweisen	der Hund kommt nach einer gewissen Zeit zurück und führt den Jäger zum erlegten Wild.
Tritt	ein einzelner Schalenabdruck (Schale = Klaue).
Verbeißen	das Abäsen von jungen Trieben und Forstpflanzen durch das Schalenwild.
Verbrechen	das Kennzeichnen einer bestimmten Stelle im Revier durch einen grünen Zweig: „den Anschuß verbrechen"
Verenden	Sterben beim Wild.
Verfärben	der Haarwechsel im Frühjahr und im Herbst beim Schalenwild.
Vergrämen	Wild, das wiederholt in seinem Einstand (= Ruheplatz) oder Äsungsplatz gestört wird, ist vergrämt und wandert ab.
Vernehmen	das Wild hört nicht, sondern es „vernimmt".
Vertraut	Wild benimmt sich vertraut, wenn es von der Nähe seines Feindes, des Menschen, keine Witterung hat.
Wachler	Dialektausdruck für Gamsbart.
Waidloch	After
Warm	eine Fährte, die unter zwei Stunden alt ist, gilt als warm. Man benützt warme Fährten zur Ausbildung junger Hunde.
Wechsel	heißen regelmäßig benutzte Wege des Wildes.
Wechselwild	Schalenwild, das in mehreren benachbarten Revieren Äsung und Einstand je nach Jahreszeit sucht.
Widersinnig	siehe abnorm
Wildbret	das Fleisch des Schalenwildes, aber auch für weibliches Rotwild gebraucht: „Der Hirsch hat Wildbret bei sich", d. h. der Hirsch befindet sich beim Rudel.
Windfang	Nase des Wildes.
Wind holen	einen verdächtigen Platz so umkreisen, daß ein Feind unter allen Umständen gewittert würde. Besonders häufige Gewohnheit des alten Rehbockes.

Winden Wittern	riechen, das Wild wittert den Menschen.
Zeichnen	das vom Schuß getroffene Wild reagiert je nach dem Sitz der Kugel durch bestimmte typische Bewegungen. Es reagiert anders auf einen Lungenschuß und anders auf einen Schuß durchs Gescheide
Zerwirken	das sachgemäße, zünftige Zerlegen des erlegten Wildes.
Ziehen	das Gehen des Wildes; der Hirsch oder der Gams zieht zum Äsen auf die Alm.
Zwerchfell	Muskelpartie, die die Leibeshöhle abteilt: oberhalb des Zwerchfelles befinden sich Lunge und Herz, unterhalb Leber, Milz und Nieren sowie das unedle Gescheide.

Fährtenbild eines flüchtigen Gams

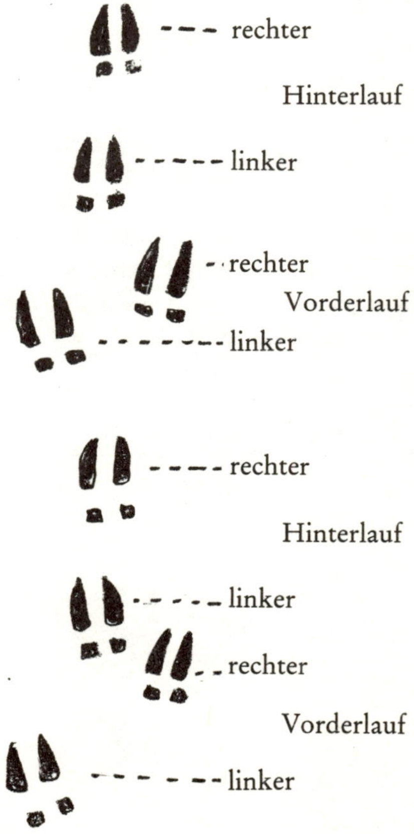

Fährtenbild des langsam ziehenden Gams

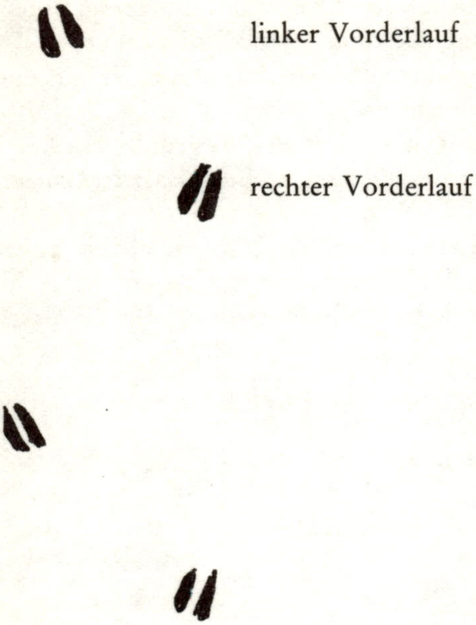

Beim langsamen Ziehen werden die Afterklauen nicht aufgesetzt. – Abstand vom linken Vorderlauf bis zum rechten Hinterlauf etwa 120 cm.
Die Schalen des Gamswildes unterliegen einer ungleichmäßigen Abnutzung und hinterlassen deshalb auch verschieden geformte Abdrücke.

Literaturverzeichnis

H. Fuschlberger / W. Nerl: Das Gamsbuch, F. C. Mayer Verlag, München 71, sowie die dort verwendete Literatur.

W. Knaus / W. Schröder: Das Gamswild, 2. Auflage, Verlag Paul Parey, Hamburg 2

B. Rothleitner: Volkstümliches über die Gemse; Jahrbuch des Vereins zum Schutze der Alpenpflanzen und Tiere. 9. Jahrgang (1937)

G. Rottler: Untersuchung und Auswertung einer Räudestatistik; Mitteilungsblatt Jagd in Tirol, Ausgabe Juli/August 1976

G. Hauber: Das Gamswild, Verlag von Piloty und Loehle, München 1924

U. Gruschwitz: Gams in Not. – Verlag Paul Paray, 1959

F. v. Kobell: Der Wildanger; Bavarica Reprint im Süddeutschen Verlag, München 1978

XVI.
Das Steinwild im Hagengebirge

Vorbemerkung

Der nachstehende Kurzbericht erzählt von der ersten auf bayerischem Boden begründeten Steinwildkolonie. Da Steinwild und Gamswild das Felsgebirge unter Einhaltung eines gewissen „Respektabstandes“ gemeinsam bewohnen, darf hier wohl auch kurz auf das Steinwild eingegangen werden.

Aus der Geschichte

In der „Bibel der bayerischen Jäger“, dem „Wildanger“ von Franz von Kobell, finden wir über den Steinbock folgendes:

„Der Steinbock (Capra ibex) soll vor Zeiten in unserem Wettersteingebirge vorgekommen sein, sonst aber scheint es, daß er in den Bergen des heutigen Bayern niemals heimisch gewesen ist.

Im angrenzenden Tirol dagegen war bis zu Anfang des vorigen Jahrhunderts ein guter Stand von Steinwild – damals Fahlwild, Falbwild genannt – im Zillertal, an der Floite, Stillupe usw. Auch am Steinberg zu Brandenberg und in einem Teil der Riß soll es vorgekommen sein. Von da kann es möglicherweise als Wechselwild auch unsere Berge besucht haben. Die ältesten Nachrichten finden sich hierüber im Weißkunig. Es heißt, daß der Kaiser Maximilian das Fahlwild hegen ließ und aber schon damals – um das Ende des 15. Jahrhunderts – nicht über vier Stück mehr dagewesen seien in dem Zeitpunkt, als der Kaiser das Hegen befahl. Es hätte sich aber bald vermehrt. Der Ort ist nicht angegeben, doch wahrscheinlich sind die oben genannten tirolischen Berge gemeint.

Im Zillertal war das Steinwild seit 1500 bekannt und 1585 kam die dortige Jagd an den Erzbischof Johann Jakob von Salzburg. Auf Befehl des Erzbischofs Markus Sittich wurden 1616 mehrere Stück Steinwild gefangen und nach Hellbrunn bei Salzburg gebracht. Man fing sie mit Garnen und dazu waren 80 bis 90 der besten Jäger und Steiger aufgeboten. Der Erzbischof liebte dieses Wild ganz besonders, und an seinen Bauten in Salzburg ist meistens das Bild eines Steinbocks angebracht; er selbst führte als Wappen einen goldenen Steinbock im grünen Feld.

Dieses Fangen der Steinböcke wurde während des ganzen 17. Jahrhunderts fortgesetzt und die Tiere an auswärtige Höfe verschenkt oder im Lammertal – zwischen Abtenau und Radstatt – ausgesetzt, weil man sie da besser zu schützen hoffte als im Zillertal, wo die Wildschützen immer mehr zunahmen und der Stand um 1666 nur mehr 60 Stück betrug.“ Der Steinbock gehörte stets zur hohen Jagd.

Seine unberechtigte Erlegung wurde streng geahndet. Erzbischof Hieronymus von Salzburg erließ 1772 ein Mandat, worin es hieß, daß „wer einen Steinbock, welche mit so großen Kösten, Mühe und Sorgfalt hierlands wieder eingeführt worden, schieße oder fange, solle auf 10 Jahre in Hohenwerfen eingesperrt werden und an jedem Jahrestag der Tat 50 Prügel erhalten."

Erwähnenswert erscheint auch die Tatsache, daß schon in früher Zeit, vor der Entdeckung der Mendelschen Vererbungsgesetze, Kreuzungsversuche zwischen Hausziegen und Steinwild gemacht worden sind. Dies zeigt der nachfolgende Bericht von Kobell:

„In Hellbrunn ist eine Kreuzung des Steinwildes mit zahmen Ziegen versucht worden und vorzüglich der Erzherzog Ludwig hat bedeutende Summen darauf verwendet (vermutlich in der ersten Hälfte des 19. Jahrhunderts); die Resultate sind aber zur Zeit noch nicht befriedigend. Die Bastarde haben zwar etwas vom Steinwild, die Merkmale der Ziege sind aber vorherrschend.

Auch in dem berühmten Blühnbacher Revier im Salzburgischen (an die Berchtesgadener Röth-Jagd angrenzend) sind solche Kreuzungsversuche gemacht worden, ohne die gewünschten Resultate zu geben."

Es ist möglich, Steinwild und Hausziegen zu kreuzen. Die Zuchtergebnisse gleichen allerdings sehr der Ziege. Im zoologischen Garten in Salzburg befand sich vor einigen Jahren eine solche Kreuzung. Nachdem das Steinwild keinen Wildschaden verursacht, die Ziege als Waldvernichter ersten Ranges gelten muß, dürfen solche Kreuzungen nicht in die freie Wildbahn gebracht werden.

Leider wurde der Steinbock zu allen Zeiten durch Wilderer leidenschaftlich verfolgt, da dem Schweiß (Blut) und dem „Herzkreuzl" des Steinbockes unfehlbar wirkende Heilkräfte zugeschrieben wurden. Die mittelalterliche Apotheke verwendete das getrocknete, pulverisierte Blut als Beigabe für viele Arzneien.

Kolonie im Blühnbachtal

Im Jahre 1924 entschloß sich der Eigentümer des Blühnbachtals und des Blühnbachschlosses, Dr. Gustav Krupp von Bohlen und Halbach, ein Eingewöhnungsgatter für Steinwild im Blühnbachtal am Fuße der Teufelshörner zu errichten. Ihm ist sicher der im vorstehenden aufgeführte Bericht von Franz von Kobell bekannt gewesen. Herr Krupp ließ sich eingehend vom Direktor des Schönbrunner Tierparks, Dr. Antonius und von Herren aus dem Schweizer Tiergarten „Peter und Paul" in St. Gallen bezüglich des zur Aussetzung vorgesehenen Geländes beraten.

Spätere Besucher des Revieres Blühnbach sprachen sich begeistert über das ausgewählte Gelände aus.

Der Tierpark „Peter und Paul“ war auch bereit, alpines Steinwild zu liefern und garantierte dessen Echtheit, die soweit als möglich geprüft und bestätigt werden konnte.

Das Eingewöhnungsgatter lag in einer Meereshöhe von 1100 m, war 2 ha groß und mit einem 3,5–4,5 m hohen Lattenzaun umfriedet. Die Besetzung des Gatters begann im Oktober 1924 und wurde 1928 abgeschlossen. Im Jahre 1928 befanden sich dort 14 Stück Steinwild.

Als man sich im Jahre 1936 in Deutschland mit der Einbürgerung des Steinwildes befaßte, war der Bestand in Blühnbach auf 12 Böcke, 12 Geißen und 2 Kitze angewachsen. Ein Bock und eine Geiß mußten aus heute nicht mehr feststellbaren Gründen abgeschossen werden. Die Verdoppelung des Bestandes innerhalb von 12 Jahren läßt seine geringe Vermehrungsquote erkennen.

Kolonie in der Röth

Im Jahre 1936 entschloß sich der damalige Reichsforst- und Jägermeister, auf der bayerischen Seite der Teufelshörner auch eine Steinwildkolonie zu gründen. Das vorgesehene Gebiet war die „Röth“. Dieses Gatter wurde mit 5 Böcken und 12 Geißen besetzt. Neben 2 Böcken und 4 Geißen aus St. Gallen wurde Steinwild aus dem Aostatal und den zoologischen Gärten von Berlin und München in das Eingewöhnungsgatter gebracht.

Die Anlage dieses Eingewöhnungsgatters war damals ein großes Unternehmen, nachdem Hubschrauber für derartige Zwecke noch nicht eingesetzt werden konnten.

Der wissenschaftliche Leiter dieses Unternehmens war Professor Lutz Heck. Die örtliche technische Leitung oblag dem damaligen Amtsvorstand des Forstamtes Berchtesgaden, dem heute im Ruhestand lebenden Oberforstmeister Ernst Dietrich.

Zum Transport des Zaunmaterials und der Tiere sowie für die Futterversorgung im Winter wurde eine eigene Drahtseilbahn über die Röthwand gebaut. Die Zugangssteige zu diesem Gebiet sind stark lawinen- und steinschlaggefährdet, sodaß ein Trägertransport nicht zu verantworten war.

Diese Seilbahn besteht nicht mehr. Auch der Drahtzaun des Eingewöhnungsgatters ist in den Nachkriegsjahren wieder abgebaut worden. Nachdem sich heute im Raum des ehemaligen Gatters nur selten Steinwild aufhält, wird vermutet, daß dieser Nordwesthang, obwohl er beste Äsungsmöglichkeiten bietet, dem Steinwild nicht so zusagte wie die steilen Südosthänge der Teufelshörner.

Einen ähnlichen Standpunkt vertritt auch R. Ammon, Graz †, der eine Abhängigkeit des Steinwildvorkommens von der Januarisotherme erkannt hat. Östlich der Januarisotherme von $+1°$ bis $+3°$ soll nach Ammon das Steinwild niemals natürlich vorgekommen sein.

Im Frühjahr 1944 war die bayerische Steinwildkolonie auf 9 Böcke und 15 Geißen angewachsen. Nur 4 Stücke gingen ein. Die Vermehrungsrate ist ebenfalls nicht befriedigend. Im Juli 1944 wurde dieses Gatter aufgelassen, da die Futterlieferung in das Gatter aus kriegsbedingten Gründen nicht mehr gesichert war. Interessanterweise bekam die Freiheit den älteren Tieren, insbesondere der Geiß und dem Bock aus Italien (Aostatal) schlecht. Sie waren dem vermutlich hochalpinen Winter nicht gewachsen und gingen ein. Die Tiere aus den zoologischen Gärten von München und Berlin sowie das Steinwild aus St. Gallen suchten und fanden Anschluß bei dem Blühnbacher Rudel. Bemerkenswert erscheint folgendes: Das Blühnbacher- sowie das Röther-Rudel beziehen während des Winters den gleichen Einstand, nämlich die Sonnenseite der beiden Teufelshörner. Im Sommer stehen sie an kühlen Tagen auf der Sonnenseite der beiden Teufelshörner, in längeren heißen Perioden bevorzugen sie die Schattseiten oder die luftigen Grate. Ältere Böcke, manchmal auch kleine Rudel, unternehmen ausgedehnte Wanderungen. Am Kahlersberg, im Landthal und im Steineren Meer kann man mit Steinwild zusammentreffen. Allerdings ist es dort noch nirgends Standwild geworden.

Heutige Verhältnisse

Seit der Auflassung des bayerischen Gatters spricht man in Österreich vom Steinwild im Blühnbachtal und in Bayern vom Steinwild in der Röth. Es handelt sich aber um das gleiche Wild, da sich beide Rudel vermischt haben.

War in früheren Zeiten der Bestand des Steinwildes durch die Wilderer gefährdet, so sind es heute die Fotografen, die es immer mehr beunruhigen. So berechtigt der Wunsch sein mag, das Steinwild im Lichtbild festzuhalten, so sollten doch im Interesse der Bergwanderer und Naturfreunde alle Störungen des Wildes vermieden werden, damit es seine bisherigen Einstände behält.

Das Zusammengehen beider Rudel ließ für die Zukunft eine Erhöhung der Vermehrungsquote und damit ein rasches Ansteigen der Steinbockkolonie erhoffen. Leider aber machte das Vordringen der Gamsräude alle Hoffnungen zunichte. Das Steinwild ist sehr anfällig gegen die Gamsräude. Seit dem Jahre 1951 wird das Gamswild von dieser furchtbaren Seuche heimgesucht. Insgesamt sind bis heute 110 Stück Steinwild aller Altersklassen und 647 Stück Gamswild im Blühnbachtal der Räude zum Opfer gefallen.

Lebensweise des Steinwildes

Das Steinwild teilt seine Einstände mit dem Gamswild. Beide halten Abstand voneinander, ohne daß es je zu Unverträglichkeiten kommen würde.

Die Brunft findet zwischen dem 10. Dezember und Anfang Januar statt. Brunftkämpfe wie beim Rotwild und beim Gamswild finden beim Steinwild nicht statt, da schon vor der Brunft die Rangordnung unter den Böcken geklärt wird.

Nach einer Tragzeit von etwa 6 Monaten setzt die Geiß ein, selten zwei Kitze. Die Hälfte der gesetzten Kitze wird aus unbekannten Gründen nicht einmal ein Jahr alt. Das Gewicht des aufgebrochenen Bockes liegt zwischen 70 kg und 100 kg mit Haupt.

Das Steinwild bevorzugt im allgemeinen als Einstand Höhenlagen über 2000 m und benötigt zu seinem Gedeihen viel Sonne. Es hält sich während des Sommers gerne in scheinbar vegetationslosen Geröllhalden auf und nimmt die dort vorkommende spärliche Äsung auf, die aber in der Regel sehr nährstoffreich ist. Wie das Gamswild und das Rotwild neigt auch das Steinwild zur Rudelbildung. Wir unterscheiden größere Rudel aus mittelalten Böcken, kleine Rudel aus alten Böcken. Geißen und Kitze leben häufig zusammen mit jungen Böcken. Man trifft aber auch Geiß und Kitz allein an. Leider haben die Lawinen im Winter 1969/70 erhebliche Verluste im Blühnbachtal verursacht: 11 Böcke, 5 Geißen und 10 Kitze fielen ihnen zum Opfer.

Schwerer noch als diese Winterverluste wiegt die Gefahr des erneuten Vordringens der Gamsräude, die bereits das Blühnbachtal erreicht hat. Allein 70 Stück Gamswild sind im Hagengebirge im Kalenderjahr 1971 der Räude zum Opfer gefallen. Es ist zu befürchten, daß das Steinwild erneut von der Räude befallen wird. Dies wird umso mehr bedauert, als heute ein Bestand von ca. 120–150 Stück Steinwild, bald diesseits bald jenseits der weißblauen Grenze seinen Einstand hat.

Bejagung

Das Steinwild wurde in Bayern bisher nicht bejagt, dagegen wurden im Blühnbachtal einige Böcke wegen Überalterung abgeschossen. Aber weder im Blühnbachtal noch in der Röth ist das Steinwild aus jagdlichen Gründen eingesetzt worden. großzügigen Veranlassern dieser Versuche ging es um eine Bereicherung der heimischen Tierwelt mit einer Wildart, die weder Schaden anrichtet noch besonderer Pflege und Fütterung bedarf.

Ausblick in die Zukunft

Es ist zu erwarten, daß das Steinwild auch die zweite Räudewelle überstehen wird. Vielleicht zeitigen doch die eingeleiteten Versuche einer medikamentösen Bekämpfung der Räude Erfolg, so daß die Verluste in erträglichen Grenzen bleiben und es allen Bergsteigern vergönnt sein möge, das Steinwild an den Teufelshörnern zu beobachten und sich am Anblick dieses herrlichen Wildes zu erfreuen. In Österreich und in der Schweiz wird von Seiten der Jägerschaft und der Naturfreunde dem Steinwild besonderes Augenmerk zugewendet. Dies ist auch bei uns der Fall. So ist z. B. eine kleine Steinwildkolonie an der Benediktenwand im Entstehen. Größere Kolonien befinden sich im Karwendel auf österreichischem Boden.

XVII.
Ein Gamsriegler des Prinzregenten Luitpold von Bayern

Spielende Kitze; fast unermüdlich jagen sich die Kitze im Sommer rund um einen Felsen, wobei die Rollen von Verfolger und Verfolgtem oft ohne ersichtlichen Grund vertauscht werden. (H)

Ausgewachsene Murmeltiere im Sommer.

Jüngeres Gamswild im Schneefeld, das letzte Tier scheint eine „Rutschpartie" zu beabsichtigen.

Zwei jüngere Böcke, die vom Platzbock nicht beim Rudel geduldet wurden: Der linke stellt den Bart, der rechte flehmt, vermutlich in Richtung des Rudels. (H)

Gamsgeiß beim Äsen in einem Karrenfeld. (P)

Mit Vorliebe halten sich die Gams auf Geröllfeldern und nehmen die dort vorkommende spärliche Äsung auf. (A)

Gamsjagd in der Bockskehl im Hagengebirge

Der nachfolgende Bericht über eine Riegeljagd des Prinzregenten Luitpold ist dem im Jahre 1924 erschienenen Buch „Das Gamswild“ von Oberforstmeister Georg Hauber entnommen, der jahrelang die Jagden des Landesherrn im Berchtesgadener Land geleitet hatte.

Alle Jahre weilte Prinzregent Luitpold im Oktober im Berchtesgadener Lande, um auf Hirsche und Gemsen zu jagen.

Das Hofjagdlager wurde abwechselnd nach Hintersee, nach St. Bartholomä und auf den Priesberg verlegt:

In der Jägerhütte sitzen um den großen Tisch der Jagdleiter und sein Forst- und Jagdpersonal. Sie beraten lebhaft über die einzelnen Gamstriebe. Da kommt plötzlich der Befehl: „Der Regent will morgen die Bockskehl jagen.“

Nun ist es zu Ende mit dem Beraten und Zweifeln. Jetzt gibt es nur noch feste Aufträge und strenge Weisungen für die Jäger und für die ortskundigen Treiber. Der Förster des Bezirks kommt in Tätigkeit. Die Wahl des Gamstriebes paßt ihm. „Wenn kein Bergfex durchg'rennt ist, Gamsböck sind d'rinn. Aber der Wind muaß guat sei. In der Bockskehl is der Wind ein Luada. Der wenn net ganz rein is, nacha spukt's.“

Wiederholt sieht der Förster nach dem Wetter. Seine Hoffnung, daß ein schöner Jagdtag mit gutem Winde zu erwarten sei, steigt. Der Nebel senkt sich und zieht in gewünschter Richtung. Damit wächst auch die Zuversicht des Försters. Immer wieder stellt er den Einzelnen ihre Aufgaben vor. Er gerät allmählich in Kommandostimmung. Leute, die besonders wichtige Gänge ausführen müssen, die nimmt er beim Rocke, während er ihnen seine Befehle einschärft. Um den Eindruck zu erhöhen, blickt er ihnen dabei mit weitgeöffneten Augen scharf ins Gesicht und droht eindringlichst mit dem erhobenen Zeigefinger der anderen Hand. Als alter Militär läßt er sich die erteilten Befehle wiederholen. Er stachelt den Ehrgeiz einzelner an: „Bist do' sunst so g'scheid. Auf di' kimmt's an.“

Die Aufgaben sind ausgeteilt. Alle sind in das Gefühl der Verantwortung gebracht. Wehe, wenn ein Jäger oder ein Treiber jetzt noch einen Zweifel hat. Der Förster gerät in Erregung. Seine Kollegen machen sich den Spaß, absichtlich Mißverständnisse vorzubringen. Da wird er derb und deutlicher.

Unterdessen hat sich ein klarer Sternenhimmel gezeigt. Es ist sicher, daß am kommenden Tage herrliches Wetter zu erwarten ist. Das beruhigt unseren Förster. Er prophezeit nun in geringen Zeitabständen eine immer größere Strecke. Noch mehr Gamsböcke. Er wird schließlich geneigt zu wetten. Die Stimmung wächst allgemein. Alles wird voll Zuversicht, die Heiterkeit steigt. In später Stunde zieht sich der ganze Jägerkranz ins Heulager zurück. Bald hat ein tiefer Schlaf die ganze Gesellschaft umfangen.

Am anderen Morgen, da ist es Ernst. Der Förster überwacht den Abmarsch der einzelnen Jäger mit ihren Treibergruppen. Links und rechts wandern die Abteilungen auf ihre Flügel, die einen, um die Gams vom Torennerjoch und dem Schneiber einzutreiben, und die anderen, um die Flucht der Gams gegen den Fagstein hinüber abzuwehren.

Ein prachtvoller Morgen. Die Sonne leuchtet über die hohen Berge herein auf das Jagdhaus und die abziehenden Gruppen. Wenige Worte! Kurze Befehle! Der Förster wandert zuletzt weg. Er ist schweigsam. Heute äußert er sich über die vermutliche Strecke gar nicht mehr. Er ist in Examensstimmung. Hie und da beunruhigen ihn Bedenken, Möglichkeiten, derentwegen die Jagd mißlingen könnte. Er tröstet sich: „Alles ist richtig angeschafft. Es kann nix fehl'n."

Der Regent ist zur richtigen Zeit auf seinem Stande. Das Signal zum Beginn des Triebes wird geblasen. Bergesstille herrscht. Der Förster sitzt auf seinem Beobachtungsposten und überblickt das Ganze. Erwartungsvoll schaut er auf die Wände links vom Stande. Dort sollten sich bei richtigem Verlaufe der Jagd die ersten Gams zeigen. Keine sieht er. Wieder das Perspektiv ans Aug. Noch nichts. „Jetzt soll si' scho' bald 'was rühr'n", denkt er bei sich. „War scho' Zeit. Es kann do' nix fehl'n." Es erscheint immer noch kein Gams. Dreiviertel Stunden gehen allmählich vorüber. Der Förster unterdrückt aufsteigende Bedenken und tröstet sich: „Die Gams werden do' net auskemma sei'. Ausgeschlossen. Das gibt's net. Is ja alles in Ordnung." Er rückt unruhig auf seinem Sitz hin und her. Er hebt sein Weinfläschlein zu einem Beruhigungstrunk hoch, einen kleinen Rest verschüttet er in der Hast über die Weste. Da! Jetzt steigen hoch oben zwei Gams herein. Über die Miene des Försters zieht eine Befriedigung. Die Gams springen mäßig flüchtig, öfters verhoffend und sichernd gegen die Wechsel ober dem Stand herein. Gerade recht, wie man's wünscht. Sie sind bald auf Schußweite dort. Doch die Büchse des Regenten hebt sich nicht. Was ist denn los? Ein Blick durchs Perspektiv. „Ja, so! Geißen. Schad'! Hätten g'rad so guat zwei Böck' sei' könna: und so schö' war'ns kemma. Es ist koa' Reim dabei." Während in dieser Weise der Förster bei sich klagt, kommt wieder ein einzelnes Gams auf den gleichen Wechsel. „Dös muaß a' Bock sei'." Der Bock wechselt schön ober dem Stand durch. Wieder kein Schuß. Perspektiv ans Aug. „Ein vierjähriger". Die Miene des Försters verliert immer mehr an Sicherheit, sie verfinstert sich. Er beginnt zu zweifeln. Plötzlich prasseln Steine von rechts unter dem Reinersberg. Ein kapitaler Bock springt schnurgerade in die Richtung zum Stande herein. „Das is der richtige; den lass' i' mir g'fall'n. Der wird recht." Aber plötzlich bleibt der Bock stehen und sichert. Er hat irgend etwas wahrgenommen, eine Bewegung des Schützen oder hat er schließlich Wind bekommen? Lange, peinliche Zeit! Wird er umschlagen? Oder wird er sich beruhigen? Endlich springt er vorwärts und flüchtet ober dem Stand vorbei. Er verhofft. „Jetzt soll's tuschen“, meint der Förster, der in höchste Aufregung versetzt ist. Das Pech. Ein Felsblock hat den Bock gedeckt. Der Schuß war nicht anzubringen. Die Flucht geht weiter und höher hinüber. Es wird schon weit für einen Kugelschuß. Da! Der Bock verhofft nochmals. Ein kurzer Knall und der Kapitale quittiert den Schuß mit einem hohen Satz und nach zwei Fluchten bricht er zusammen.

„Bravo! Den lass' i' mir g'fall'n, der gilt für drei. Jetzt is ma wohler. Schau den Wachler an. Bald hätt' er etwas g'merkt, der Schlaumeier. Jetzt hats'n do' derwischt, den Tropfen.“ Diese Grabrede hält der erfreute Förster dem erlegten Gamsbock. Unterdessen springen in gestreckter Flucht drei gute Böcke herein. Kein Aufenthalt und kein Verhoffen. Die Flucht geht links am Stande vorbei. Zwei Schüsse und ein dritter rasch hintereinander. Zwei Böcke liegen, der dritte rast abwärts durch das Kar.

Gehobenen Gemütes steht nun der Förster von seinem Platze auf; er streckt die vom Stutzen steifen Glieder und noch einmal so breit läßt er sich wieder auf seinen Sitz zurück. Er legt eine gewisse Behäbigkeit in seine Haltung. Schmunzelnd und befriedigt steckt er eine Zigarre in Brand. „Drei guate Böck'. I' hab's glei' g'sagt; die Bockskehl laßt net aus. Vielleicht kriag'n ma' no' ein. Wär' scho' mögli'. G'rad' vor die Treiber stecken sie si' no', die Teufeln.“

Die Treiber müßten schon ganz nah sein. Ein kleines Rudel von fünf Stück Geißen und Jährlingen, die sich anscheinend in den Wänden zum Schutze eingestellt hatten, flüchten herein, begleitet von dem Schrei einiger Treiber. Sie springen ahnungslos am Stande vorbei. Der Regent freut sich an ihrem Anblick und beobachtet sie. Mehrere Treiber erscheinen schon im Hochlicht. Da! Plötzlich ein langgestreckter Juhschrei aus der Kehle eines Treibers. Der hat sicher die geschossenen Böcke gesehen. Von allen Seiten wird dieser bekannte Freudenschrei erwidert. Wie mit Funkentelegraphie geht auf diese Weise die Nachricht, daß das Waidwerk gelungen sei, von Fels zu Fels. Aus allen Enden eilen sie zum Stande herab, die Jäger und Treiber: Bauern und Holzhauer aus der Gegend, lauter wackere, wagsame Steiger. Allen sieht man die Freude am Erfolge an.

Der hohe Jagdherr, vergnügt über sein Waidmannsheil, umringt von den Gebirglern, denen die Freude aus den Augen leuchtet. Einzelne ziehen die erlegten Gamsböcke herbei.

Der Regent zieht aus der Joppe sein mappenartig umfangreiches Zigarrenetui und jeder der Gratulanten erhält eine Zigarre gereicht, die auch gleich geraucht wird.

Eine leichte, blaue Wolke von Zigarrenrauch zittert über der frohen Gruppe und verkündet weithin das gelungene Waidwerk. Solche Gamstreibjagden werden wohl in absehbarer Zeit nicht mehr abgehalten werden können. Sie kommen unter den gegenwärtigen Geldverhältnissen zu teuer. Auch die berechtigten Bestrebungen der

Almwirtschaft und der Touristik stehen der Entwicklung guter Gamsstände entgegen. Gamswildstände, wie wir sie zu Anfang dieses Jahrhunderts noch erlebt haben, werden schwerlich wiederkommen.

XVIII.
In memoriam Hans Fuschlberger

Dem Entdecker der Altersbestimmung des Gamswildes nach der Krucke

Vorbemerkung:
Dem Forstmeister Hans Fuschlberger (†) gebührt der Ruhm, den Zusammenhang zwischen den Altersringen an der Krucke und dem Lebensalter entdeckt zu haben. Fuschlberger hat diese seine Erkenntnis am 31. Mai 1918 in „Wild und Hund" veröffentlicht.

Dr. Georg Stroh hat im Jahre 1920 im Band 4 des Jahrbuches des Institutes für Jagdkunde einen Aufsatz „Über die Altersbestimmung des Gamswildes nach Gebiß und Krucke" veröffentlicht.

Oberforstmeister Hauber, Berchtesgaden, ein hervorragender Kenner des Gamswildes, berichtet in dem 1924 erschienenen Buche von dieser Art der Altersermittlung. Er scheint aber von der Richtigkeit dieser Entdeckung nicht überzeugt gewesen zu sein.

Die Altersbestimmung der Gams nach der Krucke

Von Forstmeister Hans Fuschlberger - Schladming

In dem Werke „Die Hohe Jagd", Verlag Paul Parey, habe ich in meiner Abhandlung über die Gemse geschrieben: „Das Alter des Stückes (der Gemse) kann nach den Krucken nur annähernd bestimmt werden; keinesfalls läßt es sich an den Querrinnen abzählen." Seit der Zeit, zu der ich dies niedergeschrieben, habe ich einiges hinzugelernt, und das möchte ich hiermit bekanntgeben.

Das Alter der Gemsen läßt sich an den Krucken ziemlich genau feststellen, und zwar durch Abzählen der Hornkappen.

Um diese Art der Altersbestimmung erläutern zu können, muß ich einiges über den Wachstumsgang der Krucke vorausschicken. Bei einem Baum findet das Wachstum bekanntlich derart statt, daß sich an das alte Holz alljährlich, sowohl nach außen als auch nach oben, neue Holzsubstanz anlegt. Daher kann beispielsweise jenes Holz, das ein zehnjähriges, 1 m hohes Fichtenbäumchen bildet, nie in den Wipfel der aus ihr erwachsenen hundertjährigen Fichte kommen, sondern wird bis zu 1 m Höhe deren Kern bilden. Im Querschnitt nennt man die Breite jener Holzmasse, die sich während eines Jahres um das alte Holz herumlegt, einen

Jahrring. Nach der Anzahl dieser Jahrringe läßt sich das Alter des Baumes genau feststellen. Auch das Horn der Gamskrucke besteht aus solchen Jahreszuwachsschichten; nur ist hier die jüngere Substanz außen und die ältere innen; also umgekehrt wie beim Holz des Baumes.

Ich habe geschrieben das Horn der Gamskrucke, weil diese aus zwei Teilen besteht: dem Horn (Schlauch) und dem Stirnzapfen. Der letztere ist ein lebender, von Gefäßen durchzogener Knochen. Um ihn herum ist die Hornsubstanz gelagert. Diese ist eine tote Materie, wie Haar und Schalen. Der Stirnzapfen wächst in die Länge und Dicke wie jeder andere im Wachsen begriffene Knochen. Im ersten Lebensjahre der Gemse durchbricht er die Decke. Gleichzeitig bildet sich um ihn herum einer Hornkappe. Im zweiten Jahre bildet sich neuerlich eine solche Hornkappe. Die erste Kappe wird durch diese zweite vom Stirnzapfen ab und in die Höhe geschoben. Im dritten Jahre entsteht vom Stirnzapfen aus wiederum eine Hornkappe, welche die beiden schon vorhandenen in die Höhe drängt. So wiederholt sich dieser Vorgang von Jahr zu Jahr. Die erste Hornkappe bildet immer die Spitze der Krucke. Ihr folgen von außen nach innen und von oben nach unten die zweite Kappe, dann die dritte und so fort.

Wenn die Absonderung der Hornmasse während des ganzen Jahres gleichmäßig fortlaufend erfolgen würde, müßte sich eine einheitliche Hornmasse bilden, an der keine Abstufungen zu erkennen sein könnten. Tatsächlich sind solche Abstufungen aber zu erkennen, und zwar sowohl nach außen an den Krucken als auch im Längsschnitt durch dieselben. Das Wachstum der Krucken dürfte sich sonach auf einen bestimmtem Zeitabschnitt des Jahres beschränken und im Zusammenhang mit dem Haarwechsel stehen. Wahrscheinlich geschieht es gleichzeitig mit der Bildung des Winterhaares. An einer in Gefangenschaft gehaltenen Gemse ließe sich dies leicht mit Sicherheit feststellen. Leider habe ich dermalen zu dieser Beobachtung keine Gelegenheit.

Die Altersbestimmung außen an der Krucke geschieht, wie schon gesagt, durch Abzählen der unteren Ränder der übereinander gesteckten Hornkappen. Diese dürfen aber nicht mit den ringförmigen Wülsten verwechselt werden, welche jede Gamskrucke in größerer Zahl zeigt und die mit der Altersbestimmung nichts zu tun haben. An manchen Exemplaren sind die Ränder der Hornkappen so deutlich, daß die Krucke den Eindruck macht, als bestünde sie aus übereinander gesteckten Tüten, was ja eigentlich auch so ist. Andere Krucken wieder sind so stark mit Harz verschmiert, daß die Kappenränder nur sehr schwer zu finden sind. Der Rand der obersten Hornkappe, also des Jahrlingszäpfchens, ist zumeist undeutlich, weil er in der Krümmung der Krucke liegt, wo diese ganz glatt gewetzt ist. Man zählt in solchen Fällen bis zum höchsten Punkt der Krümmumg ein Jahr und bis zum ersten deutlich erkennbaren Kappenrand, der schon ein gutes Stück tiefer ist, zwei Jahre. Wenn man Krucken auf das Alter ihrer Träger betrachtet, wird man finden, daß sie im zweiten und dritten Lebensjahre am meisten wachsen; im vierten schon weniger, im fünften noch weniger und in späteren Jahren nur mehr um ein ganz Weniges, oft kaum um 1 mm in der Höhe. Eigentümlich ist auch der Umstand, daß sich die Krucken älterer Gemsen unten verjüngen, was darauf zurückzuführen ist, daß sich in späterem Alter nur mehr ganz dünne, oft wirklich nur papierstarke Hornkappen um den Stirnzapfen lagern.

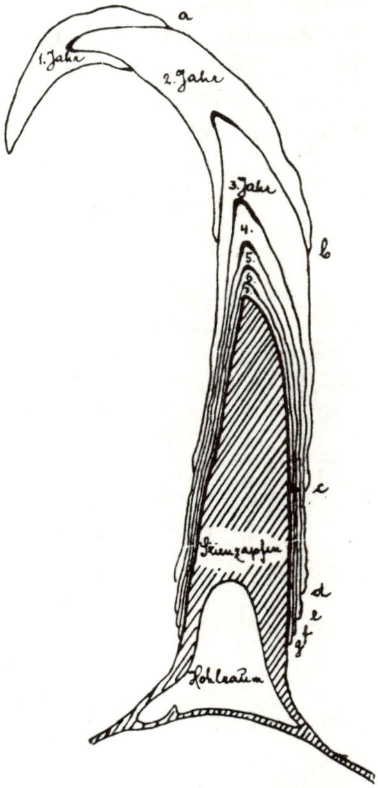

Längsschnitt durch eine Krucke eines 7jährigen Gamsbockes.

An stämmigen Bockkrucken ist diese Art der Altersbestimmung zumeist leichter als an Geißkrucken. Die letzteren haben nämlich meistens so viele Querwülste, daß die Hornkappenränder nicht deutlich hervortreten.

In der nebenstehenden Skizze ist ein Längsschnitt durch eine Krucke, die von einem siebenjährigen Bock stammt, schematisch dargestellt. Nach den Hornkappenrändern a bis g war auch äußerlich an den Krucken das Alter des Bockes leicht festzustellen. Die Trennungslinien der einzelnen Hornkappen sind in der Natur im

Längsschnitt ziemlich deutlich zu erkennen, während sie im Querschnitt gar nicht oder nur teilweise erkennbar sind.

Aus der Skizze ist noch eine Eigentümlichkeit der Gamskrucke ersichtlich, die ich schon einmal in einem Aufsatz in „Wild und Hund" erwähnt habe. Der Stirnzapfen ist in seinem unteren Teil hohl! Die Knochenwand, welche den Hohlraum umgibt, ist sehr dünn, wie überhaupt die Schädeldecke der Gemse auffallend dünn ist. Dafür ist sie aber wohl um so elastischer. Dieser Umstand hat sicher einen bestimmten Zweck; wahrscheinlich den der Möglichkeit eines Ausfederns bei einem Stoß oder Schlag. Bei der Lebensweise der Gemse und bei ihrem Aufenthaltsort, dem Hochgebirge, wird es oft vorkommen, daß sie von einem losgelösten Stein auf das Haupt getroffen wird oder abstürzt. In solchen Fällen bilden die federnden Krucken und die elastische Schädeldecke zweifellos einen besseren Schutz als starke, spröde Knochen, die viel leichter brechen oder anspringen würden.

XIX.
Die Gamskrucken auf den Jagdausstellungen in München und Budapest

Die Gamskrucken der Internationalen Jagdausstellung in Budapest (1971)

Österreich

Ausstellungs-Nr.	Lfde.-Nr.	Name des Erlegers od. Eigentümers	Erlegungsort	Erlegungsjahr	Punkte	Preis
2477	1	Reiterer Bertl.	Schneeberg	1932	126.73	I
2478	2	Weinlander Ernst	Koziak	1922	126.30	I
2479	3	Unterlab Peter	Göriach	1948	123.00	I
2480	4	Ronacher Hans	Rading	1927	122.90	I
2481	5	Pichier Oswald	Würmlach	1932	120.66	I
2482	6	Eder Josef	Viehhofen	1963	119.80	I
2483	7	Achatz Hans	Verderberg	1931	119.80	I
2484	8	Prinig Otto	Dobratsch	1964	119.75	I
2485	9	Brunner Ferdinand	Goldeck	1936	119.30	I
2486	10	Dr. Poleiner Richard	Kühwegalm	1960	118.62	I
2487	11	Kavallar Hermann	Zlannock	1942	118.30	I
2488	12	Pirch Josef	Dellach (Drau)	1965	117.65	I
2489	13	Rohr Josef	Silbergraben	1932	117.60	I
2490	14	Robwein Josef	Heiligenblut	1947	117.32	I
2491	15	Spannring Florian	Schneeberg	1957	116.42	I
2492	16	Dipl.Ing. Niederreder Werner	Hollenburg	1964	116.30	I
2493	17	Bachlechner Peter	Rattendorf	1934	116.00	I
2494	18	Granögger Veit	Heiligenblut	1936	115.95	I
2495	19	Dr. Murath Eugen	Untervillach	1920	114.87	II
2496	20	Platzer Jakob			114.02	II
2497	21	Rotschild Elie de	Scharnitz	1963	113.30	II
2498	22	Scherl Adolf	Grins	1969	112.62	II
2499	23	Nicolas Fritz	Arlgebiet	1970	111.75	II
2500	24	Exenberger Willy	Riadan	1967	111.57	II
2501	25	Dr. Withalm Hermann	Schneeberg	1957	111.47	II
2502	26	Herzog Bourbon Parma	Hochschwab	1960	111.37	II
2503	27	Mensdorff Pouilly	Eisenkappel	1961	111.37	II
2504	28	Dr. Murath Eugen	Untervillach	1931	110.90	II
2505	29	Koren Max	Voitsberg	1960	109.80	II
2506	30	Rotschild Elie de	Scharnitz	1955	190.45	II
2507	31	Rohr Josef	Koswesnock	1927	108.80	III
2508	32	Rotschild Elie de	Scharnitz	1955	108.45	III
2509	33	Dr. Wiessberger	Zederhaus	1957	108.05	III
2510	34	Rotschild Elie de	Scharnitz	1955	107.92	III

Bulgarien

Ausstellungs-Nr.	Lfde. Nr.	Name des Erlegers oder Eigentümers	Erlegungsort	Erlegungsjahr	Punkte	Preis
2511	1	Kotev Petár	Rila	1917	111,02	II
2512	2	Andreev Hristo	Rila	1938	110,57	II
2513	3	Pavlov Pavlin	Stara Plamina	1938	108,87	III
2514	4	Botev Nikola	Stara Plamina	1930	104,95	III
2515	5	Petrov Alexi	Stara Plamina	1934	103,85	III
2516	6	Jwanov Georgi	Rila	1950	103,62	III

Deutsche Jagdausstellung 1964 in München: Die prämierten Gamskrucken aus den Alpen und dem Schwarzwald

Rang-Nr.	Erlegungsjahr	Land	Erleger oder Besitzer	Kruckenlänge r	Kruckenlänge l	Kruckenhöhe	Schlauchumfang	P Auslage	Alterspunkte	P Abzug	Wertziffer	Rangklasse
1	1962	B.-W.	E. Grether	31,0	30,8	22,8	7,4	19,8	1,0	–	119,6	I
2	1960	Bay.	A. Böhm	28,0	28,0	17,5	8,9	17,5	2,0	–	114,6	I
3	1962	Bay.	Reichsgraf v. Spee	27,2	27,2	19,8	9,0	15,1	2,0	–	113,7	I
4	1960	B.-W.	E. Dietsche	24,6	25,0	16,8	11,3	15,9	3,0	5,0	113,1	I
5	1961	Bay.	L. Steinherr	27,5	27,5	17,8	9,0	16,1	1,0	–	112,2	I
6	1961	Bay.	K. Götschl, sen.	27,4	27,4	17,5	7,9	18,5	3,0	–	111,7	I
7	1963	Bay.	S. Neuner (Fallw.)	27,0	27,0	17,2	8,6	16,9	2,0	–	111,0	I
8	1955	Bay.	R. Schratz	26,6	26,6	17,4	9,0	15,2	2,0	–	110,5	I
9	1962	Bay.	H. Thierfelder	27,0	27,0	17,9	8,8	13,9	3,0	–	110,5	I
10	1960	Bay.	Dr. J. v. Rümker	28,0	27,2	19,8	8,5	13,2	2,0	–	110,4	I
11	1962	Bay.	W. Eckart	26,0	26,0	16,0	9,2	17,5	2,0	1,0	110,3	I
12	1962	Bay.	A. Klietsch	26,7	27,0	18,9	7,9	16,2	3,0	–	110,0	I
13	1956	Bay.	K. Laubmann	26,4	26,4	17,2	9,5	14,2	1,0	–	110,0	I
14	1961	Bay.	Hegering Werdenfels	27,1	27,1	19,0	8,4	13,5	3,0	–	109,8	I
15	1957	Bay.	H. Seeweg	28,0	28,0	20,3	7,6	14,1	3,0	–	109,8	I
16	1960	Bay.	Hegering Werdenfels	26,7	26,7	18,5	8,5	14,2	3,0	–	109,8	I
17	1957	Bay.	Hegering Werdenfels	28,0	27,2	19,4	8,9	10,2	3,0	–	109,6	I
18	1963	Bay.	H. Schütz (Fallw.)	27,0	27,0	16,9	8,6	15,7	2,0	–	109,5	I
19	1960	Bay.	Prinzessin Bona v. Bayern	25,8	25,8	17,6	9,2	13,3	3,0	–	109,4	I
20	1955	Bay.	H. Seeweg	24,0	26,0	18,0	8,9	15,2	3,0	–	109,3	I
21	1960	Bay.	Dr. A. Knoerzer	25,4	25,6	15,8	9,2	14,6	3,0	–	108,5	II
22	1962	Bay.	S. Neuner	26,2	26,2	16,8	8,8	14,0	3,0	–	108,3	II
23	1955	Bay.	H. Seeweg	24,8	24,8	17,3	8,8	15,6	3,0	–	108,3	II
24	1956	Bay.	Deppisch	25,8	25,8	17,8	8,5	14,5	3,0	–	108,0	II
25	1962	Bay.	H. Schütz	24,7	24,7	15,9	9,3	15,6	2,0	–	107,8	II
26	1960	Bay.	F. Prager	26,0	26,0	17,1	8,5	15,6	2,0	–	107,7	II
27	1960	Bay.	Prinz Eugen v. Bayern	26,2	26,4	19,6	7,0	17,3	3,0	–	107,4	II
28	1962	Bay.	Fürst F. J. v. Thurn u. Taxis	25,4	25,0	16,7	8,9	14,2	3,0	–	107,3	II
29	1963	Bay.	L. Pfaudler	26,0	25,8	18,7	8,0	14,6	3,0	–	107,2	II
30	1955	B.-W.	H. Eckardt	27,4	27,4	18,3	8,5	12,7	1,0	–	107,1	II
31	1959	Bay.	K. Wörlen	26,6	26,0	16,8	9,0	12,8	2,0	–	107,1	II
32	1962	Bay.	Hegering Werdenfels	26,0	26,0	16,7	8,0	16,3	3,0	–	107,0	II
33	1960	Bay.	J. Schmidt	25,6	25,6	16,0	10,0	11,6	1,0	–	107,0	II
34	1962	Bay.	A. Erhard	26,0	25,5	17,5	8,3	14,7	3,0	–	107,0	II
35	1958	Bay.	Hegering Werdenfels	26,2	26,2	17,2	9,0	13,5	1,0	–	107,0	II

Rang-Nr.	Erlegungsjahr	Land	Erleger oder Besitzer	Krucken-länge r	l	Kruckenhöhe	Schlauchumfang	Ø Auslage	Alterspunkte	Ø Abzug	Wertziffer	Rangklasse
36	1960	Bay.	R. Guter	26,3	26,7	17,7	7,9	15,9	2,0	–	107,0	II
37	1958	Bay.	J. Schmidt	25,9	25,6	16,9	8,5	14,3	3,0	–	106,9	II
38	1961	Bay.	U. Ph. Graf von u. zu Arco-Zinneberg	26,7	26,5	17,6	9,6	9,9	3,0	2,0	106,8	II
39	1963	Bay.	B. Schmidt	26,1	25,5	17,5	9,2	11,6	2,0	–	106,6	II
40	1960	Bay.	C. Zechbauer	26,4	26,4	17,6	8,7	12,6	2,0	–	106,6	II
41	1962	Bay.	H. Seeweg	26,6	26,6	19,7	7,0	15,9	3,0	–	106,5	II
42	1961	Bay.	Dr. F. Saukel	26,6	27,0	19,2	8,3	10,7	3,0	–	106,3	II
43	1960	Bay.	Erbgraf von u. zu Toerring	26,8	27,0	17,7	8,2	14,3	1,0	–	106,2	II
44	1961	Bay.	H. G. Schreiber	26,2	26,5	16,4	8,4	15,3	1,0	–	105,8	II
45	1960	Bay.	Hegering Werdenfels	26,4	26,4	17,3	9,2	11,0	1,0	–	105,7	II
46	1961	Bay.	M. Doppler	24,9	24,9	16,8	8,9	13,9	2,0	–	105,7	II
47	1959	Bay.	G. Graf v. Waldburg-Wolfegg	25,4	25,4	17,9	8,5	12,6	3,0	–	105,6	II
48	1960	Bay.	Dr. A. Knoerzer	25,2	25,0	17,8	8,1	14,6	3,0	–	105,5	II
49	1962	Bay.	Prinz Eugen v. Bayern	23,8	24,4	16,9	9,1	13,0	3,0	–	105,5	II
50	1956	Bay.	M. Hailer	25,2	25,8	15,4	8,6	14,4	3,0	–	105,5	II
51	1961	Bay.	K. Dippolder	24,9	24,7	16,5	9,3	12,6	2,0	–	105,5	II
52	1962	Bay.	A. Käufler	24,6	24,4	17,0	8,4	15,0	3,0	–	105,4	II
53	1963	Bay.	A. Erhard (Fallw)	26,8	27,0	18,1	8,3	12,7	1,0	–	105,4	II
54	1955	Bay.	J. Heinrich	25,0	24,6	16,0	10,0	14,0	3,0	5,0	105,2	II
55	1962	Bay.	H. Seeweg	25,2	24,8	16,7	8,5	13,9	3,0	–	105,1	II
56	1958	Bay.	K. Götschl, sen.	27,0	27,0	18,1	8,2	11,1	2,0	–	104,5	II
57	1960	Bay.	Dr. v. Lutterotti	25,0	25,4	16,7	8,6	12,6	3,0	–	104,5	II
58	1960	Bay.	O. Schall	25,2	25,2	16,5	8,3	14,0	3,0	–	104,5	II
59	1961	Bay.	L. Mühlegg	25,0	25,0	18,3	8,4	13,9	1,0	–	104,3	II
60	1960	Bay.	U. Ph. Graf von u. zu Arco-Zinneberg	25,2	25,8	16,5	8,7	12,6	3,0	1,0	104,2	II
61	1960	Bay.	Prinz Konrad v. Bayern	25,3	25,3	17,2	9,1	11,5	1,0	–	104,1	II
62	1957	Bay.	Prinz Eugen v. Bayern	25,6	25,6	17,7	8,5	12,8	1,0	–	103,9	II
63	1962	Bay.	J. Högerle	24,0	24,8	16,7	8,2	14,6	3,0	–	103,7	II
64	1962	Bay.	Hegering Werdenfels	24,6	24,6	16,6	7,7	16,4	3,0	–	103,7	II
65	1962	Bay.	J. Eisenberger	25,5	25,5	16,6	8,5	13,8	1,0	–	103,7	II
66	1960	Bay.	A. Käufler	24,2	25,0	18,8	7,0	16,9	3,0	–	103,6	II
67	1962	Bay.	Hegering Werdenfels	24,7	24,3	16,7	7,5	16,9	3,0	–	103,4	II

Bemerkung: Von den 67 prämierten Krucken haben 41 zwei, bzw. drei Alterspunkte bekommen. Es ist dies ein erfreuliches Zeichen waidgerechter Bejagung der wirklich alten Gams.

Jugoslawien

Ausstellungs Nr.	Lfde.-Nr.	Erleger oder Eigentümer	Erlegungsort	Erlegungsjahr	Länge rechter Schlauch	Länge linker Schlauch	Kruckenhöhe	Umfang des stärkeren Schlauches	Auslage	Bewertungspunkte	Preis
2517	1	Djuro Pucar	Prenj	1965						122,22	I
2518	2	Krivec Gregor	Urslja Gora	1950	28,0	28,0	18,3	10,5	16,2	121,50	I
2519	3	Licof Franc	Triglav	1957						121,10	I
2520	4	Turokovic Davorin	Kam. Bistrica	1936	28,6	28,8	19,6	8,3	21,0	119,90	I
2521	5	Pudja Dusan	Tara	1961						119,73	I
2522	6	Burja Anton	Triglav	1947						119,60	I
2523	7	Knezevic Milan	Prenj	1930						119,60	I
2524	8	Fabijan Ivan	Triglav	1962						119,10	I
2525	9	Bradaskija Ciril	Trenta	1964						119,10	I
2526	10	Cafner B.	Prenj	1937						119,10	I
2527	11	Burja Franc	Triglav	1969	26,4	29,5	21,1	8,5	19,8	118,83	I
2528	12	Potocnik Miha	Bled	1956						118,30	I
2529	13	Svetina Tone	Triglav	1969	28,1	28,0	19,1	9,0	17,8	117,98	I
2530	14	Ojtzl Mirko	Kokra	1937						117,90	I
2531	15	Kardelj Edvard	Kam. Bistrica	1947	29,6	29,6	18,1	9,0	18,4	117,90	I.
2532	16	Turkovic Davorin	Kam. Bistrica	1936						117,80	I
2533	17	Kelih Milos	Kam. Bistrica	1935						117,80	I
2534	18	Knezevic Milan	Vran	1931						117,80	I
2535	19	Dragovic Zarko	Ljuta	1966						117,70	I
2536	20	Kravanja Tonge	Trenta	1951	28,1	28,4	19,2	8,9	17,1	117,30	I
2537	21	Ciril Janko	Pohorje	1946	27,6	28,0	17,3	10,2	18,3	117,30	I
2538	22	Kranjc Franc	Solcava	1964						116,95	I
2539	23	Ricardo Chippa	Pohorje	1969						116,70	I
2540	24	Tisler Florijan	Triglav	1970	28,0	28,0	18,3	9,0	20,0	116,60	I
2541	25	Nimani Dzavid	Sara PL	1964						116,48	I
2542	26	Vidmar Uros	Triglav	1970	28,8	27,5	19,1	8,9	16,5	116,43	I
2543	27	Martincic Raphael	Triglav	1970	28,5	28,4	19,0	8,8	17,5	116.38	I
2544	28	Turkovic Davorin	Bistrica	1935						116,30	I
2545	29	Kokalj Stane	Kranj	1945						115,83	I
2546	30	Tisler Florijan	Triglav	1969	27,2	27,5	18,5	9,5	17,3	115,83	I

An heißen Tagen suchen die Gemsen häufig Schneefelder auf, wo sie sich niedertun. Die Kitze geben sich dort ausgelassenen Spielen „Rutschpartien“ auf der Seite liegend hin. (A)

Mittelalteriger, etwa sechsjähriger Gamsbock im November. Die Krucke ist durchschnittlich. Bei einer Bewertung dürfte sie etwa 95 Punkte bekommen. Der Bock wäre seiner Jugend wegen nicht aus der Wildbahn zu nehmen.

Beim „Spekulieren". Zum einwandfreien Ansprechen eines Stück Gamswildes auf Alter, Gesundheit und in manchen Fällen sogar auf das Geschlecht ist das „Spektiv" unentbehrlich.

Das Gamsgebirg im Winter: Der Lochgraben im Rotwandgebiet.

Sprengende Gamsböcke in der Brunft; als „sprengen" bezeichnet man das sich gegenseitige Jagen von Gamsböcken. (H)

In der Brunft: Verfolger und Verfolgter machen ein „Haberl". Beim rechten Bock sind die Pinselhaare zu sehen, der linke scheint einen guten Bart zu haben. (R)

2547	31	Markelj Marjan	Triglav	1948						115,42	I
2548	32	Djuricic Blazo	Prenj	1967						115,40	I
2549	33	Markic Ciril	Bovec	1952						115,40	I
2550	34	Torel Pavel	Triglav	1954						115,23	I
2551	35	Kosir Mirko	Kranska-Gora	1952	27,0	27,3	17,3	9,0	18,1	115,20	I
2552	36	Pucar Djuro	Zelengora	1961						115,08	I
2553	37	Martinovic Raphael	Triglav							114,18	II
2554	38	Klobucar Josip	Risnjak	1970						114,10	II
2555	39	Krivec Rudolf	Visoka Pec	1959						114,10	II
2556	40	Danilovic Ugljesa	Treskavica	1958						113,95	II
2557	41	Pucar Djuro	Drenj	1965						113,75	II
2558	42	Mastilovic Mirko	Zelengora	1962						113,73	II
2559	43	Rant Joze	Kamnik	1948						113,70	II
2560	44	Turkovic Davorin	Kam. Bistrica	1937						113,60	II
2561	45	Markelj Marjan	Triglav	1948						113,40	II
2562	46	Jug Franc	Podgorje	1969						113,38	II
2563	47	Cori Danilo	Soca	1950						113,25	II
2564	48	Kovac Plojz	Triglav	1964						113,22	II
2565	49	Markir Ciril	Bovec	1946						112,90	II
2566	50	Pretner Janez	Triglav	1969						112,88	II
2567	51	Lalic Ibro	Cabulja	1953						112,55	II
2568	52	Pucar Djuro	Prenj	1963						112,15	II
2569	53	Lazarevic Vlatko	Prenj	1961						112,05	II
2570	54	Visnjic Vlado	Trenta	1966						112,00	II
2571	55	Benigar Joze	Bled	1958						111,80	II
2572	56	Lalic Ibro	Cabulja	1962						111,77	II
2573	57	Pudja Dusan	Prokletije	1964						111,70	II
2574	58	Markelj Marjan	Kranj	1962						111,68	II
2575	59	Petric Tone	Maribor	1956						111,60	II
2576	60	Turkovic Davorin	Jezersko							111,50	II
2577	61	Hrabac Anton	Zelengora	1952						111,20	II
2578	62	Skomavac Rudi	Triglav	1950						111,15	II
2579	63	Pucar Djuro	Treskavica	1961						110,75	II
2580	64	Miklavcic Franc	LD Poljane	1970						110,72	II
2581	65	Hoja Ivan	Sp Jezersko	1938						110,60	II
2582	66	Lazarevic Vlatko	Prenj	1962						110,25	II

Ausstellungs Nr.	Lfde.-Nr.	Erleger oder Eigentümer	Erlegungsort	Erlegungsjahr	Länge rechter Schlauch	Länge linker Schlauch	Krucken-höhe	Umfang des stärkeren Schlauches	Auslage	Bewertungspunkte	Preis
2583	67	Drobnig Annibale	Zdg. Kozorog	1963						110,10	II
2584	68	Jurjevic dr. Ivan	Prenj	1960						109,98	II
2585	69	Abaza Serif	Ruzevaca							109,85	II
2586	70	Leben Franc	Borovnica	1953						109,30	II
2587	71	Pucar Djuro	Treskavica	1963						109,50	II
2588	72	Decko dr. Drago	Topolsica	1956						109,23	II
2589	73	Tisler Florjan	Triglav-Bled							109,20	II
2590	74	Lalic Ibro	Cabulja	1961						109,18	II
2591	75	Pucar Djuro	Javorjak	1961						109,05	II
2592	76	Hrabac dr. Tomo	Zelengora	1956						109,05	II
2593	77	Komprej Pavel	Pogorevc	1961						108,90	III
2594	78	Siemetinger Milan	Pogorevc	1070						107,48	III

Ungarn

Aus-stellungs-Nr.	Lfde.-Nr.	Name des Erlegers oder Eigentümers	Erlegungs-ort	Erlegungs-jahr	Bewer-tungs-punkte
2595	1	Feher Lajos	Javorina	1966	93,35

Bundesrepublik Deutschland

Aus-stellungs-Nr.	Lfde.-Nr.	Name des Erlegers oder Eigentümers	Erlegungs-ort	Erlegungs-jahr	Punkte	Preis
2596	1	Fallwild	Schwarzwald	1962	118,27	I
2597	2	Dietsche E.	Schwarzwald	1960	109,50	II
2598	3	Asal E.	Schwarzwald	1968	107,37	III
2599	4	Eckardt H.	Schwarzwald	1955	106,42	III
2600	5	Schattling P.	Schwarzwald	1955	106,17	III
2601	6	Brender N.	Schwarzwald	1958	105,55	III
2602	7	Henschler H.	Schwarzwald	1953	103,55	III
2603	8	Schattling P.	Schwarzwald	1966	102,80	
2604	9	Storm	Schwarzwald	1955	102,70	
2605	10	Kiss F.	Schwarzwald	1966	102,25	
2606	11	Schattling P.	Schwarzwald	1965	100,32	
2607	12	Otto H.	Allgäu	1969	101,57	

Rumänien

Aus-stellungs-Nr.	Lfde.-Nr.	Erleger oder Eigentümer	Erlegungs-ort	Erlegungs-jahr	Schlauch-länge rechts	links	Krucken-höhe	Auslage	Bewertungs-punkte	Preis-
2608	1	Hessheimer A.	Girdomen-Fogaras	1934					141,10	I
2609	2	Bömches Frieder	Bucegi	1934					135,60	I
2610	3	Teposu Josif	Vl. Vladului-Arges	1948					132,55	I
2611	4	Clinciu Jon.	Bucegi	1968	31,0	31,4	22,2	10,5	127,50	I
2612	5	Kendeffy Ghe.	Hateg	1931					124,72	I
2613	6	Kirr Ivan	Retezat	1969	29,3	29,4	20,2	10,4	123,83	I
2614	7	Stavros Aristide	Ciobotea-Brasov	1960					121,63	I
2615	8	Comsia A. M.	Fogaras	1923					125,50	I
2616	9	Orehovschi Carol	Piatra Craiului	1962					121,45	I
2617	10	Clinciu Jon	Bucegi	1964					121,12	I
2618	11	Stavros Aristide	Simbaata	1970	28,1	27,9	19,8	9,5	119,60	I
2619	12	Dr. Steichita J.	Fogaras	1934					119,50	I
2620	13	Almasan Bujor	Bucegi	1967	27,2	27,0	18,0	10,0	118,53	I
2621	14	Toroczkay Francise	Galbenu-Retezat	1931	28,3	28,4	19,1	9,9	118,43	I
2622	15	Orehovschi Gustav	Laita-Fogaras	1936	28,6	28,6	19,0	10,2	118,00	I
2623	16	Lupas C-tin	Retezat	1970	29,5	28,9	19,2	9,4	117,90	I
2624	17	Stavros Aristide	P-tra-Craiului	1961					117,75	I
2625	18	Golgotin Nicolae	Pietrele-Retezat	1957	28,1	27,8	19,2	9,5	117,63	I
2626	19	Comsia A. M.	Fogaras	1918					116,80	I
2627	20	Theil Norbert	Boteanu-Fogaras	1966					116,80	I
2628	21	Hass Alfred	Riul Ses-Retezat	1970	28,0	28,2	20,5	9,0	116,75	I
2629	22	Palocsay Rudolf	Zänoaga-H-dara	1964					116,75	I
2630	23	Zeno Soica	Tarcu	1968	27,3	28,1	17,8	9,4	115,75	I
2631	24	Lupas C-tin	Cimpuselul-H-doara	1966	27,8	28,5	18,4	9,3	115,70	I
2632	25	Turea Stf. Tepesu	Dimboviciora	1969	27,5	27,6	18,0	9,3	115,33	I

Schweiz

Aus-stel-lungs-Nr.	Lfde. Nr.	Erleger oder Eigentümer	Erle-gungs-ort	Erle-gungs-jahr	Länge des rechten Schlauches	Länge des linken Schlauches	Krucken-höhe	Umfang des stärkeren Schlauches	Aus-lage	Bewer-tungs-punkte	Preis
2633	1	Hänni W. Tester Chr.	Safien	1941						134,60	I
2634	2	Rähmi Simon	Pontresina	1962	31,5	30,3	21,9	8,6	21,5	126,15	I
2635	3	Degonda Christoph	Somviz	1957	30,3	30,3	19,1	10,1	18,5	123,45	I
2636	4	Sprecher Simon	Nufenen	1936						121,00	I
2637	5	Rauch Andrea	Pontresina	1944						120,70	I
2638	6	Buchli Julius	Safien	1937						120,70	I
2639	7	Gertsch Arnold	Spätenwald	1962						119,60	I
2640	8	Gergneux Gustave	Collombey	1946	29,2	30,2	18,7	8,9	18,7	119,55	I
2641	9	Summermatter Wern.	Eisten	1957	28,5	29,0	19,2	9,5	18,0	119,32	I
2642	10	Hösli H.	Linthal	1958	28,0	28,1	19,3	9,0	18,5	118,87	I
2643	11	Ries N.	Klöntal	1962	28,7	28,8	19,0	9,3	17,5	118,82	I
2644	12	Schäli Hans	Melchtal	1950						118,70	I
2645	13	Oehrli Hans	Saanen	1938						117,80	I
2646	14	Parolini Georg	Scuol	1957	27,5	27,6	19,0	9,3	19,2	117,73	I
2647	15	Jüsy Adolf	Reichenbach	1940						117,50	I
2648	16	Lüthi Albert Dr.	Innertkirchen	1929	28,7	28,5	19,0	8,8	19,0	117,10	I
2649	17	Felder Karl	Näfels	1946	28,0	28,0	19,6	8,6	18,0	117,00	I
2650	18	Depeder Nicolo	Zernez	1951						116,70	I
2651	19	Heim Albert	Ober-wil	1960	28,6	29,0	17,3	8,9	19,4	116,50	I
2652	20	Snieder Tomas	St. Martin	1953						115,80	I
2653	21	Schieli M.	Klöntal	1942	28,8	29,3	18,8	8,4	18,8	115,77	I
2654	22	Glatthard Arnold	Innertkirchen	1941	28,5	29,2	18,1	8,3	18,1	115,67	I
2655	23	Jüsy Adolf	Reichenbach	1940						115,60	I
2656	24	Mooser Emil	Jaun	1938	29,2	28,5	17,4	8,6	17,4	115,47	I
2657	25	Feuerstein Domenic	Scuol	1947	27,0	26,9	17,0	8,9	19,0	115,03	I
2658	26	Oehrli Hans	Launen	1952						114,80	II
2659	27	Langen Theo	Zernez	1965						114,70	II
2660	28	Schieli M.	Mollis	1930						114,57	II
2661	29	Theler Hans Dr.	Turtmann	1968						114,32	II

Ausstellungs-Nr.	Lfde. Nr.	Erleger oder Eigentümer	Erlegungsort	Erlegungsjahr	Länge des rechten Schlauches	Länge des linken Schlauches	Krückenhöhe	Umfang des stärkeren Schlauches	Auslage	Bewertungspunkte	Preis
2662	30	Marlettaz Francois	Les-Plans Sur.Bex	1969						114,17	II
2663	31	Tosio Erno	Pontresina	1957						113,77	II
2664	32	Linder Fritz	Walenstadt	1949						113,60	II
2665	33	Grischott Non	Thusis	1958						113,57	II
2666	34	Campel J. A. Dr.	Susch	1946						113,52	II
2667	35	Egger Ottó	St.Stephan	1951						113,45	II
2668	36	Binda Franco	Lostalló	1925						113,45	II
2669	37	Theles Hans Dr.	Ausserberg	1969						113,42	II
2670	38	Bürgi Rolf	Plaffeien	1948						113,27	II
2671	39	Peissard Venanzius	Jaun	1967						113,25	II
2672	40	Rohrer Wyzel	Melchtal	1952						113,00	II
2673	41	Gemperle Jakob	Andeer	1938						112,60	II
2674	42	Rüssli Josef	Schwarzenberg	1959						112,40	II
2675	43	Conrad Abraham	Andeer	1937						112,35	II
2676	44	Steinmann Willi	Niederurnen	1934						112,20	II
2777	45	Theler Hans Dr.	Ergisch	1968						111,87	II
2678	46	Jaggi Hans	Gadmen	1960						111,77	II
2679	47	Götte Johannes	Pontresina	1949						111,65	II
2680	48	Gyger Paul	Lenk	1968						111,52	II
2681	49	Denoth Gasper	Zernez	1943						111,47	II
2682	50	Jüsy Aolf	Reichenbach	1938						111,40	II
2683	51	Schieli M.	Kläntal	1912						111,35	II
2684	52	Scherz Ernst	Lateien	1968						110,82	II
2685	53	Rasselli Erminio	Poschiawe	1969						110,80	II
2686	54	Holzner Melchior	Zernez	1947						110,72	II
2687	55	Seener Hans	Gsteig	1957						110,52	II
2688	56	Hermann Hari	Reichenbach	1948						110,50	II
2689	57	Trammer Renato	Zernez	1959						110,45	II
2690	58	Smid Flury	Arosa	1932						110,35	II
2691	59	Walker Charles	Oberied	1969						110,32	II
2692	60	Abplanalp Alex	Susten	1963						110,25	II

2693	61	Roganti Mario	Bergli	1969	110,12	II
2694	62	Largiader Fritz	Sta. Maria	1922	110,00	II
2695	63	Gasser Franz	Lungern	1956	109,77	II
2696	64	Staub Werner	Pontresina	1964	109,72	II
2697	65	Jüsy Adolf	Reichenbach	1941	109,67	II
2698	66	Reck E.	Klöntal	1942	109,60	II
2699	67	Carrel Robert	Charmey	1967	109,52	II
2700	68	Pajarola Otto	Andeer	1957	109,50	II
2701	69	Marti Hans	Kintal	1961	109,48	II
2702	70	Rauch Andrea	Pontresina	1942	109,47	II
2703	71	Casuti Martin	Andeer	1945	109,40	II
2704	72	Glatthard Arnold	Jochli	1964	109,32	II
2705	73	Barmettler Thomas	Kerns	1957	109,20	II
2706	74	Vivalda Massimo	Masocco	1963	109,15	II
2707	75	Stalder Werner	Boltigen	1969	109,10	II
2708	76	Ganzoni Costante	Bergell	1968	108,87	III
2709	77	Stechner Franz	Tarasp	1952	108,75	III
2710	78	Stalder Werner	Zweisimmen	1962	108,67	III
2711	79	Linder Fritz	Walenstadt	1950	108,67	III
2712	80	Röttlin Lazarus	Kerns	1970	108,55	III
2713	81	Jüsy Adolf	Reichenbach	1964	108,45	III
2714	82	Reichenbach W,	Gstaad	1958	108,40	III
2715	83	Bernhard Giancarlo	Nufenen	1970	108,35	III
2716	84	Gwerder Josef	Muotathal	1963	108,30	III
2717	85	Feuerstein Nicolin	Zernez	1963	108,22	III
2718	86	Barella Elvezio	Mesocco	1945	108,22	III
2719	87	Wiget Josef	Schwyz	1968	108,17	III
2720	88	Wendl Alexander	Kandersteg	1967	108,12	III
2721	89	Schmid Konrad	Filsur	1962	108,10	III
2722	90	Zanetti Antonio	Scuol	1969	107,95	III
2723	91	Gilgen Hans	Mutten	1963	107,70	III
2724	92	Conrad Adolf	Musten	1945	107,65	III
2725	93	Staub Werner	Pontresia	1965	107,57	III
2726	94	Mooser Emil	Jaun	1924	107,40	III
2727	95	Abplanalp Alex	Susten	1963	107,28	III
2728	96	Giger Pius	Lukmanier	1961	107,27	III

Ausstellungs-Nr.	Lfde. Nr.	Erleger oder Eigentümer	Erlegungsort	Erlegungsjahr	Länge des rechten Schlauches	Länge des linken Schlauches	Kruckenhöhe	Umfang des stärkeren Schlauches	Auslage	Bewertungspunkte	Preis
2729	97	Speck Alfred	Arth	1963						107,22	III
2730	98	Babtista Jakob	Innerferrera	1963						107,17	III
2731	99	Alig Beneto	Mesocco	1970						107,02	III
2732	100	Stoffel Johann	Avers	1934						106,97	III
2733	101	Keller Adolf	Andeer	1950						106,95	III
2734	102	Gasser André	Lungern	1948						106,87	III
2735	103	Linder Fritz	Walenstadt	1949						106,85	III
2736	104	Clement J.	Bergün	1957						106,85	III
2737	105	Hauser Conrad	Nafels	1958						106,77	III
2738	106	Jüsy Adolf	Reichenbach	1965						106,62	III
2739	107	Roganti Mario	Bergeli	1040						106,60	III
2740	108	Janutin Eugen	Churwalden	1969						106,60	III
2741	109	Zweifel Ludwig	Davenna	1934						106,57	III
2742	110	Mani Peter	Andeer	1945						106,52	III
2743	111	Fanconi Annunzió	Poschiávo	1968						106,52	III
2744	112	Vivalda Eugenio	Mesocco	1938						106,50	III
2745	113	Ciocco Alfredo	Mesocco	1957						106,37	III
2746	114	Meister Arthur	Arth	1970						106,25	III
2747	115	Caviezel Alois	Vrin	1967						106,25	III
2748	116	Rauch Andrea	Pontresina	1941						106,10	III
2749	117	Griachott Non	Alp Mutt	1963						106,07	III
2750	118	Jenny Burghard	Poschiavo	1923						105,97	III
2751	119	Kunfermann Mathias	Scheid	1962						105,92	III
2752	120	Schmid Alban	Blitzingen	1967						105,87	III
2753	121	Roner Jon	Scuol	1951						105,80	III
2754	122	Mengelt Andreas	Sent	1955						105,77	III
2755	123	Tschander Nuot	Zernez	1965						105,72	III
2756	124	Staub Werner	Pontresina	1969						105,62	III
2757	125	Jaggi Hans	Gadmen	1966						105,52	III
2758	126	Imsand Félix	Münster	1962						105,45	III
2759	127	Bachmann Franz	Amden	1970						105,37	III
2760	128	Gabrieli Karl	Glärnisch	1966						105,25	III

2761	129	Biner Bayil	Zermatt	1970	105,22	III
2762	130	Gartmann Arnold	St. Peter	1948	105,17	III
2763	131	Reichenbach W.	Gsteig	1959	104,70	III
2764	132	Ciocco Alfredo	Mesocco	1930	104,52	III
2765	133	Schléger Ulrich	Bergün	1954	104,32	III
2766	134	Fanconi Annunzio	Poschiavo	1964	104,27	III
2767	135	Imboden Erich	Oberwald	1962	104,10	III
2768	136	Von Allmen Karl	Gstaad	1960	104,10	III
2769	137	Landolt Josef	Näfels	1965	104,02	III
2770	138	Albertini Pierino	Mesocco	1956	103,92	III
2771	139	Maurer Jakob	Felsberg	1960	103,87	III
2772	140	Buchli Julius	Safien	1967	103,85	III
2773	141	Räber Hanspeter	Bergün	1969	103,70	III
2774	142	Jüsy Adolf	Reichenbach	1964	103,57	III
2775	143	Engi Arnold	Splügen	1967	103,52	III
2776	144	Lozza Nicolaus	Marmorera	1967	103,27	III
2777	145	Depeder Nicolo	Zernez	1968	103,10	III
2778	146	Mettier Stephan	Bergün	1963	103,00	III
2779	147	Schäli Hans	Melchtal	1965	102,65	
2780	148	von Allmen Karl	Gstaad	1954	101,80	
2781	149	Oehrli Hans	Saanen	1933	101,30	
2782	150	Romang Villy	Gsteig	1968	100,88	
2783	151	Hunger Anton	Safien	1967	99,50	
2784	152	Gasser Franz	Lungern	1930	98,75	
2785	153	Tschander Nuot	Zernez	1958	98,02	
2786	154	Gyger Gotlieb	Adelboden	1952	97,52	

Spanien
(Pyrenäengams, „Isard“)

Aus-stel-lungs-Nr.	Lfde.-Nr.	Erleger oder Eigentümers	Erle-gungs-ort	Erle-gungs-jahr	Länge des rechten Schlauches	Krucken-höhe	linken Schlauches	Umfang des stärkeren	Aus-lage	Bewer-tungs-Punkte	Preis
2796	1	D. Santos José Luis	R. N. de Vinamala	1970	25,1	25,0	16,9	8,7	16,7	105,47	I
2797	2	D. Chias Salvádor	Monte Larri	1970	26,2	26,4	17,6	8,4	12,0	103,65	I
2798	3	D. Trinxet José Antónió	Valle de Areo	1959	25,0	22,7	16,6	8,2	15,2	102,67	I
2799	4	D. Botey José	Noharre	1952	25,6	25,8	18,8	7,5	12,5	101,85	I
2800	5	D. Cera Felipe	Los Estatos	1959	24,0	24,2	17,2	7,0	15,9	100,25	I
2801	6	D. Rierola Miquel	Valle de Otal	1959						98,82	II
2802	7	D. Vigon Jaime	Valle de Aran	1963						97,90	II
2803	8	D. Argüelles Luis	Purapintó	1960						90,85	III
2804	9	D. Loring Carlos	Los Mazos	1968						89,02	

Privater Aussteller

Aus-stellungs Nr.	Lfde. Nr.	Name des Erlegers oder Eigentümers	Erlegungs-ort	Erlegungs-jahr	Punkte	Preis
2787	1	Schuster Marion	Brühnhach	1969	110,47	II
2788	2	Schuster Marion	Arpas	1968	109,22	II
2789	3	Schuster Marion	Arpas	1964	108,60	III
2790	4	Schuster Marion	Arpas	1959	106,82	III
2791	5	Schuster Marion	Imst	1961	104,30	III
2792	6	Schuster Marion	Arpas	1968	103,05	III
2793	7	Schuster Marion	Imst	1953	102,35	
2794	8	Schuster Marion	Imst	1953	98,20	
2795	9	Schuster Marion	Imst	1962	97,85	

Bemerkung zur Trophäenliste

Die vorstehenden Übersichten zeigen, daß Österreich, Jugoslawien und die Schweiz die Budapester Schau reich beschickt haben und auch über gute Gamsbestände verfügen.

Ungarn hat wenig Gamswild.

Deutschland, das in den Alpen und im Schwarzwald gepflegte Gamsreviere besitzt, hat sich an der Budapester Gamsschau nur gering beteiligt.

Die rumänischen und die spanischen Gamsbestände sind nicht sehr hoch. Die rumänischen Gams haben gute Krucken, die spanischen gehören einer besonderen Rasse an, die den Namen „Isard“ (Rupicapra pyrenaica) führt.

Leider haben die Erleger nur ungenaue und lückenhafte Angaben über die Bewertungsgrundlagen gemacht, so daß gewisse Charakteristika nicht herausgearbeitet werden können.

Zum Schluß

Die Verkleinerung des Lebensraumes aller Wildarten hat auch das Gamswild getroffen und seine zahlenmäßige Höhe in den Alpen vermindert. Außerdem sind die Gamsbestände in Bayern und Österreich durch die Gamsräude gezehntet worden. Im gesamten Alpenraum liegen heute die Gamsbestände erheblich unter dem Äsungsangebot der Hochlagen, die den eigentlichen Lebensraum des Gamswildes bilden. Nur in ganz wenigen Revieren dürfte der vorhandene Gamsstand die dem Äsungsangebot angepaßte Wilddichte übersteigen.

Möge dieses Buch beitragen zur Erhaltung und Vermehrung gesunder und biologisch richtig aufgebauter Gamsbestände. In diesem Sinne allen Freunden der Berge guten Anblick und den Gamsjägern Waidmannsheil!

Dieses Gamsbuch darf jedoch nicht abgeschlossen werden ohne dem Ilmgauverlag, insbesondere Herrn Wilhelm Ludwig für die verständnisvolle Beratung und die gediegene Ausstattung zu danken.

Danken möchte ich auch Herrn Professor Dr. Dr. Josef Boch, München, für die Überarbeitung des Abschnittes über die parasitären Erkrankungen des Gamswildes, sowie Frau Dr. Dr. habil. Ute Drescher-Kaden, München, für den ernährungsphysiologischen Beitrag und schließlich Herrn Werner Sattler, Freiburg im Breisgau, für seinen Bericht über das Gamswild im Schwarzwald.

Lichtbilder haben liebenswürdigerweise zur Verfügung gestellt die Herren Hans Ammon, Berchtesgaden; Hofrat Asteghen, Ebensee; Paul Horvat, Lutterbach; Hans Lutz, Vaterstetten; Hans Nicodem, Reichraming; Teja Preußler, München; Max Schmid, Hintersee; Albert Rastl, Grundlsee und die Zoologische Staatssammlung München.

Bad Reichenhall im November 1979
Wilhelm Nerl

V. Hege und Abschußplanung

VI. Die Bejagung des Gamswildes

VII. Das Versorgen des erlegten Wildes und die Behandlung der Trophäen

VIII. Die Krankheiten des Gamswildes

IX. Die Ausrüstung des Gamsjägers

X. Die Besonderheiten des Schießens im Gebirge

XI. Das Gamswild in der Sage und der Heilkunde des Volkes

XII. Die Gamsjagd im Mittelalter

XIII. Der alpine Lebensraum und seine Bewohner

XIV. Außeralpine Gamsvorkommen

XV. Waidgerechte Ausdrücke

XVI. Das Steinwild im Hagengebirge

XVII. Ein Gamsriegler des Prinzregenten Luitpold von Bayern

XVIII. In memoriam Hans Fuschlberger

XIX. Die Gamskrucken auf den Jagdausstellungen in München und Budapest